流体力学

Fluid Mechanics

水島 二郎　柳瀬 眞一郎　百武 徹　共著

森北出版株式会社

まえがき

流体力学は物理学をはじめ，工学・気象学・地球科学・天文学などの基礎となる学問の一つであり，その歴史は古く，紀元前3世紀ごろにはすでにアルキメデスにより流体中にある物体には浮力がはたらくことが見いだされている．物理学においては，変形する流体の運動を場として取り扱うことから，流体力学は電磁場や量子場の考え方を学ぶための最適な基礎であるとみなされてきた．物理学としての流体力学は，かつては2次元非粘性非圧縮性流れの数学的な完成度の高さに影響を受け，その教科書では理論としての美しさや整合性に重点が置かれて記述されてきた．一方，機械工学・土木工学・航空工学などの工学においては，整合的な理論の完成度よりも実用性に力点が置かれ，多くの場合に経験則や実験から得られた関係式が重視されてきた．このように，物理学としての流体力学と工学としての流れ学あるいは流体工学はそれぞれ独自の道を歩み，その接点は比較的少なかった．流体の運動を取り扱うこれら二つの学問を共通の立場から考えて学ぶことを目指したのが，筆者たちが本書を執筆しようした動機である．

本書の1章と2章では流体の性質と静止流体中での圧力を取り扱っており，3章ではおもに工学的取り扱い方を説明している．4章以降から最終章である10章までで物理学的な流体力学の立場から，工学的な考え方あるいは取り扱い方の説明を試みている．

これまでにも日本語で書かれたすばらしい流体力学の教科書が数多く出版されている．その中でも今井功著「流体力学（前編）」，巽友正著「流体力学」，日野幹雄著「流体力学」などは比較的物理学的な記述がなされており，谷一郎著「流れ学」は物理学的な記述と工学的な題材がうまく調和している名著である．これらの名著がすでに出版されているにもかかわらず，本書を世に出すのは，最近では初学者がこれらの本を読み通すことが難しくなっていることと，それに伴ってこれらの名著が廃版の危機に瀕しているためである．本書を読み終えたあとにこれらの名著に触れていただける機会があれば幸いである．

筆者の内，水島・柳瀬は，京都大学理学部・大学院理学研究科を通して巽友正先生の指導と薫陶を受けた．その精神がいくばくかでも本書に反映されていれば，筆者達の本望である．本書により流体力学を学んだ読者が日本の流体力学や工学の発展に寄与していただければ，これもまた筆者達の欣快とするところである．

本書は，水島が同志社大学において25年間，柳瀬が岡山大学において11年間，百武が横浜国立大学において7年間にわたって行ってきた講義に基づき，約5年間の歳月をかけて講義ノートを整理し直し，受講した学生の意見を取り入れ，筆者達が意見を戦わせてまとめあげたものである．講義を受講し，貴重な意見をいただいたかつての学生の皆さんに感謝を申し上げる．そして，いくつかの図を描いていただいた渡辺毅博士にも感謝申し上げる．また，本書の出版にあたって，編集と校正において大きな貢献をしていただいた森北出版の村瀬健太氏にも筆者一同感謝を申し上げる．

2017年8月

水島・柳瀬・百武

目　次

7章　渦と渦度　143

8章　境界層　163

9章　遅い粘性流れ　180

10章　物体を過ぎる流れ　200

記 号 表

記号	意味	記号	意味	記号	意味
c	流量係数（3 章），音速（1 章，3 章）	Kn	クヌーセン数	W	複素速度ポテンシャル
c_c	収縮係数	L	角運動量（3 章），揚力（10 章）	γ	比熱比
c_f	壁面摩擦係数	Ma	マッハ数	Γ	循環，渦糸の強さ
c_p	定圧比熱	$\boldsymbol{M}$	運動量	δ	境界層厚さ
c_v	定積比熱（1 章，3 章），速度係数（3 章）	p	圧力	δ^*	排除厚さ
C_D	抗力係数	p_0	大気圧	δ_M	運動量厚さ
C_L	揚力係数	$\boldsymbol{n}$	単位法線ベクトル	λ	管摩擦係数
D	変形速度テンソル（4 章），抗力（10 章）	q	質量流量（4 章），速度の大きさ（6 章）	μ	粘性係数（粘度）
D_E	ひずみ速度テンソル	Q, q_V	体積流量	ν	動粘性係数（動粘度）
D_O	回転速度テンソル	R	気体定数	ρ	密度
g	重力加速度	Re	レイノルズ数	τ	接線応力，せん断応力
h, h_s, h_τ	損失ヘッド	Re_c	臨界レイノルズ数	$\boldsymbol{\tau}$	応力ベクトル
I	単位テンソル	St	ストローハル数	ϕ	速度ポテンシャル
I_{xx}, I_{xy}	断面 2 次モーメント	$\boldsymbol{t}$	単位接線ベクトル	Φ	トロイダル関数
K	体積弾性係数	T	温度，表面張力	ϕ	流れ関数
		$\boldsymbol{u}$	速度ベクトル	Ψ	ポロイダル関数
				ω	渦度
				$\boldsymbol{\Omega}$	角速度

1章 流体力学の基礎

私たちの身のまわりにはさまざまな流れが存在する．これらの流れ，つまり，流体の運動を定式化して調べる学問を流体力学または流れ学という．流体力学では流れの場をできる限り厳密に調べようとするのに対して，流れ学では工学への応用を目指す立場から複雑な流れの問題を実験や現象論を用いて単純化して取り扱う．いずれの場合も条件によって流れはさまざまな特徴をもつため，流れを分類することが大切である．流体力学について学ぶために必要な概念は圧力，粘性，表面張力，圧縮性などであり，とくに粘性は重要な流体の基礎的性質である．また，流体力学に限らず，さまざまな物理現象を理解するうえで，単位や次元といった概念は非常に重要である．

1.1 流体とは

気体と液体を総称して**流体**とよび，その運動を調べる学問を流れ学または流体力学という．液体と気体はいろいろな点で異なる物理的性質をもつが，これらの運動を調べるときには区別する必要はほとんどない．

●1.1.1●流体の定義

物質の状態は**固体・液体・気体**の三つの相に分けられる[†1]．液体と気体は，小さい力が加わっただけでも容易に変形する．液体や気体を容器に入れると，それらの中に流れが生じ，容器と同じ形になろうとする．このため，液体と気体をまとめて流体とよぶ．これに対して，固体は小さい力を加えても容易には変形しない．

液体と気体の一番大きな違いは圧縮性である．液体は大きな力を加えてもその体積はほとんど変化しないが，気体は比較的小さな力でも体積が変化する．一般には，液体は圧縮されにくく，気体は圧縮されやすい．

流体の運動を調べるときには，これから説明する**連続体近似**という近似を用いる．連続体近似は固体の弾性変形[†2]を考えるときにもしばしば用いられる．物質は原子あるいは分子から成り立っている．固体の分子間距離は $2{\sim}3 \times 10^{-10}\,\mathrm{m} = 2{\sim}3\,\text{Å}$（オ

---

†1 気体は，電気的に中性の分子からなっているときは単に気体とよばれるが，正の電荷をもつイオンと負の電荷をもつ電子とに分離しているときは**プラズマ**とよばれる．

†2 加えられた力を取り除くと元の形にもどる変形を弾性変形という．

ングストローム）であり，液体の分子間距離は，水を例にとると，1 気圧（1 atm, 1.013×10^5 Pa（パスカル））でおよそ 3×10^{-10} m $= 3$ Å である．また，気体の例として空気を考えると，空気に含まれている酸素や窒素の分子間距離は，標準状態（0°C (273 K)，1 気圧）でおよそ 34×10^{-10} m $= 34$ Å である．これらの分子間距離は工学で対象とする現象の長さスケールに比べて極めて小さい．したがって，分子や原子間距離に比べて非常に大きなスケールの現象を取り扱うときには，原子や分子のような物質を構成する要素の存在を無視して，それらを平均化した均一の物質として考えることができる．これを連続体近似といい，この近似を用いることを**連続体仮説**という．

連続体近似という考え方は，どのように小さなスケールの変形や運動を考えるときにも，物質が均一であると仮定することを意味している．このことは，たとえば物質の密度を定義するときなどでも問題となる．物質が存在している空間の微小体積 δV に含まれている物質の質量を δM とすれば，その密度は

$$\rho = \lim_{\delta V \to 0} \frac{\delta M}{\delta V} \tag{1.1}$$

で定義されるが，この定義でも δV が非常に小さくなる極限を考える．このような極限では，現実には原子や分子間距離だけでなく，原子よりも小さな長さスケールを取り扱うことになるが，連続体近似ではこのような小さなスケールでも原子や分子を考慮しないことを意味している．

図 1.1 のように，固体や液体の場合には（図 1.1 (a), (b)），ほとんど常に隣り合う分子間で相互作用が行われており，運動量やエネルギーが均一になろうとしているが，気体の場合には（図 1.1 (c)），分子はほとんどの時間でそれぞれ独立に自由に運動しており，衝突するときにのみ相互作用を行う．一度衝突してからつぎに衝突するまでに分子が進む距離を**平均自由行程**とよび，この衝突により，分子間の運動量やエネルギーが交換される．したがって，気体の運動の代表的な長さスケールは平均分子間距離ではなく，平均自由行程である．気体の場合には，平均自由行程を l，流れの代表的スケールを L とすれば，その比

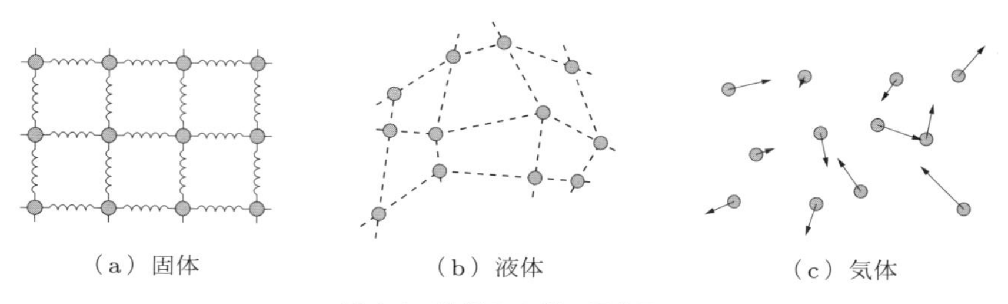

図 1.1　物質の 3 態の概念図

$$Kn = \frac{l}{L} \tag{1.2}$$

を**クヌーセン数**とよび，$Kn \to 0$ の極限で連続体近似が成り立つ．標準状態（0°C，1 気圧）の空気で，平均自由行程は $l \sim 6 \times 10^{-8}$ m ほどであり，$Kn \sim 1/5$ でも連続体近似が成り立つことがわかっているので，$L \sim 30 \times 10^{-8}$ m $= 0.3$ μm の小さな空間スケールの運動でも連続体近似が正しいことになる．

連続体近似が成り立つとき，その考察の対象を連続体とよぶ．一般に，弾性体と流体を連続体とよび，その力学を連続体力学という．

●1.1.2●流体の分類

流体の運動を調べるときには，流体の性質によって調べ方が異なるので，流体を分類することが重要である．ここでは，流体をその運動の性質の違いから分類し，それぞれの分類について詳しく説明をしていこう．

圧縮性に着目すると，流体は非圧縮性流体と圧縮性流体の二つに分類できる．一般に，液体は圧縮するのに非常に大きな力が必要であり，気体は小さな力でも圧縮できる．したがって，液体は**非圧縮性流体**であり，その運動を調べるときには，圧力変化による体積の変化を無視することができるが，気体は**圧縮性流体**であり，圧力変化による体積の変化を無視することができない．しかし，液体の運動であっても，非常に高速の運動を考えるときや音波の伝播を調べるときには，圧縮性流体として取り扱う必要がある．逆に，気体の運動においても遅い流れを調べるときは，圧縮性を無視することができる．

流体が流れるとき，流れの場の中に速度の違いがあれば，速度の違いを小さくする方向に力を受ける．この力が粘性力であり，流体中で粘性力がはたらく性質を**粘性**とよぶ．通常の流体には必ず粘性があり，その運動は粘性力の影響を受けるが，流体が高速運動をしており，まわりに物体がないときは粘性力の影響が小さい†．流体がそのような運動をするとき，その流体を非粘性流体といい，非圧縮性をもつ非粘性流体を**完全流体**または**理想流体**とよぶ．これに対して，通常の流体を**粘性流体**という．粘性流体は**ニュートン流体**と**非ニュートン流体**に分類されるが，その違いについては後に説明する．工学的応用を目指す流れ学の範囲では，流体運動を非粘性流れと仮定して，運動を調べることも多い．ただし，物体にはたらく抗力（抵抗力）や管路内流れの圧力降下を議論するときには，粘性の影響を考慮する．したがって，本書の 3 章「流れの工学的取り扱い」を学ぶときには，場合に応じて仮定が異なっていることも多いので，そのことに十分注意する必要がある．

---

† 液体ヘリウムは超流動性をもつ場合がある．このときの液体ヘリウムの粘性は 0 である．

問 1.1　標準状態（0℃, 1 気圧）における空気分子の平均自由行程は 3.06×10^{-8} m である．直径 1 cm の円柱を過ぎる空気の流れを調べるとき，連続体近似を用いることが正しいかどうか考えよ．

1.2 単位と次元

現在，科学・工学・技術・産業分野では，国際単位系（SI）が広く使われている．また，単位と深く関連して次元という概念があり，いくつかの物理量の間の関係や法則，あるいは方程式を考えるときに大切な概念である．

●1.2.1●国際単位系（SI）

すべての物理量は単位をもつ．過去には，これらの単位として，長さ・質量・時間の基本単位に，cm，g，s を用いる cgs 単位系や m，kg，s を用いる MKS 単位系，または MKS 単位系に電流 (A) を加えた MKSA 単位系も混在して使われていた．現在では，科学・工学・技術・産業分野において，MKSA 単位系を拡張した国際単位系（SI）が広く使われている．ここで，SI という略称は，国際単位系のフランス語，Le Système International d'Unités に由来する．

国際単位系では，長さを表すメートル (m)，質量のキログラム (kg)，時間の秒 (s)，電流のアンペア (A)，温度のケルビン (K)，物質量のモル (mol)，光度のカンデラ (cd) の七つの単位を基本単位として，すべての物理量はこれらの基本単位または基本単位の組み合わせ（組立単位）で表現される．表 1.1 はいくつかの組立単位の例である．たとえば，力の単位は N（ニュートン）という組立単位であるが，基本単位で表すと $\mathrm{kg{\cdot}m/s^2}$ となる．

物理量を国際単位系で表したとき，その数字が大きな数字であったり，小さな数字であったりするが，人間に理解しやすい大きさの数字で表したいときには，SI 接頭辞（表 1.2）を用いる．SI 接頭辞を用いる表示は，数学における浮動小数点表示（例：$1013.25=1.01325\times10^3$）とよく似ている．たとえば，1 気圧 ($1.0325 \times 10^3$ hPa) はしばしば 1013.25 hPa と表される．これは，かつて 1 気圧を 1013.25 mbar（ミリバー

表 1.1　SI の組立単位の例

物理量	SI 組立単位	基本単位表示
力	N（ニュートン）	$\mathrm{kg{\cdot}m/s^2}$
圧力	Pa（パスカル）	$\mathrm{N/m^2}$
エネルギー，仕事，熱量	J（ジュール）	$\mathrm{N{\cdot}m}$
仕事率	W（ワット）	$\mathrm{N{\cdot}m/s}$

表 1.2 SI 接頭辞

倍 数	接頭辞	記 号	倍 数	接頭辞	記 号
10^{12}	テラ	T	10^{-1}	デシ	d
10^{9}	ギガ	G	10^{-2}	センチ	c
10^{6}	メガ	M	10^{-3}	ミリ	m
10^{3}	キロ	k	10^{-6}	マイクロ	μ
10^{2}	ヘクト	h	10^{-9}	ナノ	n
10^{1}	デカ	da	10^{-12}	ピコ	p

ル：1 mbar = 1 hPa）と表していたときと同じ数字になるように工夫した表現法である．

●1.2.2●次 元

次元と単位とはしばしば混同される概念である．ある物理量 Z をいくつかの基本的な物理量 $A, B, C, \cdots$ の組み合わせで，$Z = \eta A^{\alpha} B^{\beta} C^{\gamma} \cdots$（$\eta$ は定数）と表せるとき，$A^{\alpha} B^{\beta} C^{\gamma} \cdots$ を Z の次元とよぶ．このとき，物理量 Z の次元を $[Z]$ と表し，$[Z] = [A^{\alpha} B^{\beta} C^{\gamma} \cdots] = [A]^{\alpha}[B]^{\beta}[C]^{\gamma} \cdots$ となる．たとえば，ある式

$$A_1 = A_2 + A_3 \tag{1.3}$$

において，左辺の A_1 も右辺の A_2 と A_3 も同じ次元をもつことはいうまでもない．一般に物理法則は式で表される．式には加減乗除の演算記号が含まれるが，同じ次元の物理量間でなければ加減算を行うことはできないので，式の左辺と右辺や，それぞれの項は同じ次元でなければならない．これを**次元の斉次性の原理**，あるいは**同次元の法則**とよぶ．このことを利用して，いろいろな物理量がほかの物理量とどのような関係をもつか推定したり，あるいは決定できることがある．これを**次元解析**という．

力学や流体力学などでは，基本的な物理量として，質量 [M] と長さ [L] と時間 [T] の三つの基本量を用いる．このとき，たとえば，速さまたは速度 v は長さ [L] と時間 [T] により

$$[v] = [\mathrm{LT}^{-1}] = \frac{[\mathrm{L}]}{[\mathrm{T}]} \tag{1.4}$$

のように表される．流れ学や流体力学でよく使われる物理量には，**密度** ρ [kg/m^3]（$[\rho] = [\mathrm{ML}^{-3}]$），**温度** θ [K]（$[\theta] = [\mathrm{K}]$，このように温度を基本物理量に用いることもある），**圧力** P [N/m^2]（$[P] = [\mathrm{ML}^{-1}\mathrm{T}^{-2}]$），**運動量** L_m [kg·m/s]（$[L_m] = [\mathrm{MLT}^{-1}]$），**角運動量** M_m [kg·m^2/s]（$[M_m] = [\mathrm{ML}^2\mathrm{T}^{-1}]$）などがある．

次元解析の例として，水中にある物体にはたらく浮力がどのような式で表されるか調べてみよう．水中の物体にはたらく浮力 f は物体の質量には無関係で物体の体積

V と水の密度 ρ および重力加速度 g によって決まると考えられる．浮力の次元は $[f]$=[MLT^{-2}] であり，$[V]$ = [L^3]，$[\rho]$ = [ML^{-3}]，$[g]$ = [LT^{-2}] なので，これらの物理量の間に関係

$$f \propto \rho^{\alpha} g^{\beta} V^{\gamma} \tag{1.5}$$

があるとすれば，

$$\mathrm{MLT^{-2}} = (\mathrm{ML^{-3}})^{\alpha}(\mathrm{LT^{-2}})^{\beta}(\mathrm{L^3})^{\gamma} \tag{1.6}$$

が成り立つ．式 (1.6) の両辺で，M，L，T の各次元が等しいとおくと，$\alpha = 1$，$-3\alpha + \beta + 3\gamma = 1$，$-2\beta = -2$ が得られる．これらの式を連立して解くと，$\alpha = 1$，$\beta = 1$，$\gamma = 1$ となり，関係

$$f \propto \rho g V \tag{1.7}$$

が求められる．

問 1.2　エネルギーの単位は J（ジュール）である．1 J の定義とその次元を示せ．

問 1.3　速さ 20 m/s で飛んできた質量 2 kg の物体に 0.1 s の時間だけ力を加えることで物体を静止させる．このとき必要な力の大きさを求めよ．

問 1.4　水平面内で，速さ 120 m/s で半径 3 m の円運動をしている質量 3 kg の物体がもつ円の中心点まわりの角運動量を求めよ．

1.3 流体の基本的性質

流体がもつ基本的物理量には，密度・圧力・温度・速度などがある．流体内部のある点にはたらく力を考えるときは，その点を含む適当な面をとり，面内の単位面積あたりにはたらく力を調べる．これを応力とよぶ．応力は圧力とせん断応力に分解することができる．このときのせん断応力は粘性力である．また，異なる 2 種類の流体の界面には表面張力がはたらく．

●1.3.1●密　度

単位体積中に含まれる物質の質量を**密度**といい，その単位は kg/m^3 である．1 気圧（1 atm = 1.013 × 10^5 Pa）においては，水の密度 ρ は 4℃ (277 K)† で最大であり，1000 kg/m^3 である．現在使用されている g の単位は元来，4℃ における 1 cc (= cm^3) の水の質量を 1 g として決められたのである．表 1.3 のように，水の密度は温度が変わってもあまり変化することはなく，沸騰する寸前の 100℃ (373 K) でも

† 絶対温度 T [K] と摂氏温度 t [℃] との間には $T = t + 273.15$ の関係がある．

表 1.3　水と空気の密度（1 気圧：1.013×10^5 Pa）

温　度 [°C]		0	10	15	20	40	60	80	100
ρ [kg/m^3]	水	999.8	999.7	999.1	998.2	992.2	983.2	971.8	958.4
	空　気	1.293	1.247	1.226	1.205	1.128	1.060	1.000	0.9464

958.4 kg/m^3 であり，4℃ における密度との差はおよそ 4% である．単位質量の物質が占める体積を**比体積**といい，$v = 1/\rho$ [m^3/kg] で表す．すなわち，密度と比体積は互いに逆数の関係にある．

●1.3.2●応力と圧力

流体に限らず，連続体の内部あるいは境界面にはたらく力について考える．連続体内部のある点にはたらく力を調べるときには，その点を含む面を考える．面積 S の小さな面にはたらく力を $\boldsymbol{F}$ とするとき，単位面積にはたらく力

$$\boldsymbol{\tau} = \frac{\boldsymbol{F}}{S} \tag{1.8}$$

を**応力**といい，その単位は Pa（= N/m^2，パスカル）である．

応力はベクトル量であり，面に垂直な方向成分である法線応力 $\tau_\perp$ と面に平行な方向成分である接線応力 $\tau_\parallel$ に分解することができる．図 1.2 のように，面の単位法線ベクトルを $\boldsymbol{n}$，単位接線ベクトルを $\boldsymbol{t}$ として，面の表側の流体が裏側の流体に及ぼす力 $\boldsymbol{F}$ を $\boldsymbol{F} = F_\perp \boldsymbol{n} + F_\parallel \boldsymbol{t}$ のように分解すると，$\tau_\perp = F_\perp/S$，$\tau_\parallel = F_\parallel/S$ である．一般に，一つの点にはたらく応力は，面の方向と表裏によって異なる．

静止した流体の場合には，面に垂直にはたらく力は面を挟んで押し合う力のみである．静止流体中での法線応力は**圧力**とよばれ，その大きさは面の方向と表裏によらない．したがって，静止流体中の圧力を p とすると，$\tau_\perp = -p$ である†．静止流体中

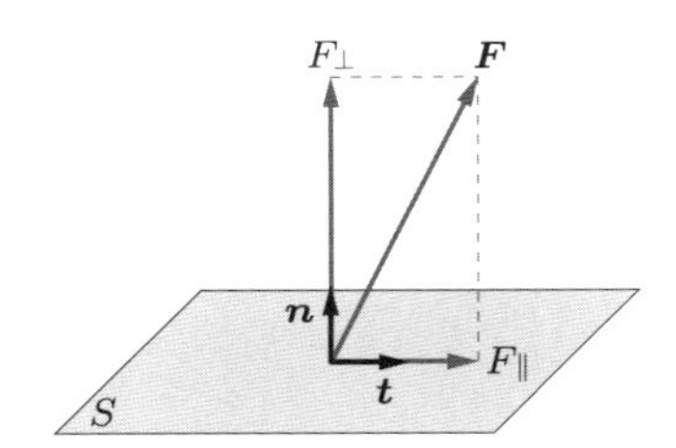

図 1.2　応力の定義．$\boldsymbol{n}$ は面 S の単位法線ベクトル．$\boldsymbol{t}$ は単位接線ベクトル．$\boldsymbol{F}$ は面の表側の流体が裏側の流体に及ぼす力．

† ある面にはたらく法線応力 $\tau_\perp$ は，面の表側の流体が裏側の流体に及ぼす力の法線方向成分 $F_\perp$ と面積 S の比であり，面の表側の流体が裏側の流体に引っ張り力を加えるとき，その符号を正（$F_\perp > 0$）としていることに注意．

では接線応力ははたらかないが，運動している流体中では接線応力も生じる．接線応力は，流体が粘性をもっていることと，流体運動に速度の勾配があることによって生じる．

静止流体中では，ある面を挟んで互いに及ぼし合う力は圧力のみであり，図 1.2 において上の流体が下の流体に及ぼす力の垂直成分 $F_\perp$ は負の量であるから，$P = -F_\perp$ と表して，これを面 S にはたらく**全圧力**とよぶ．したがって，圧力 p と全圧力 P との関係は $p = P/S$ である．全圧力の単位は力と同じ N であり，その次元は $[P] = [\mathrm{MLT}^{-2}]$ である．また，圧力の単位は $\mathrm{N/m^2}$ であり，次元は $[p] = [\mathrm{ML}^{-1}\mathrm{T}^{-2}]$ である．

●1.3.3●粘性とせん断応力

流体運動が速度勾配をもつときには，流体がもつ**粘性**という性質によって応力が生じ，これが粘性力である．粘性力は摩擦力であり，流体運動を空間的に一様な運動にするようにはたらくので，**せん断応力**ともいう．粘性力はベクトルであり，面の接線方向だけでなく，法線方向の成分をもつ場合もある†．また，その大きさは考える面の方向によって異なる．

ここでは，最も簡単な場合について考えてみよう．図 1.3 (a) のように，間隔 h [m] 離れた 2 枚の平行平板間に流体が満たされている．上の平板を下の平板に平行に速さ U [m/s] で動かす．図 1.3 (a) のように座標をとると，流体の x 方向の流速 $u(y)$ [m/s] は

$$u(y) = U\frac{y}{h} \tag{1.9}$$

となって，その速度分布は y について線形である．平板に平行な任意の面において，せん断応力 τ [Pa] は x 方向の成分のみをもち，速度勾配に比例しており，

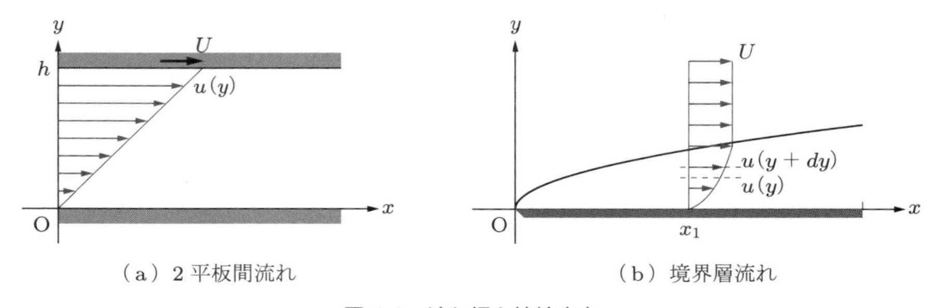

（a）2 平板間流れ　（b）境界層流れ

図 1.3　流れ場と接線応力

† 一般に，非圧縮性ニュートン流体では，粘性力は面に接する方向にはたらく．

$$\tau = \mu \frac{U}{h} \tag{1.10}$$

のように表すことができる．ここで，μ は比例定数であり，**粘性係数**または粘度とよばれる．この場合には，速度勾配は座標 y によらず一定なので，せん断応力も一定である．流体内で平板に平行な面をとれば，その面の上側の流体が下側の流体に及ぼすせん断応力は式 (1.10) で表される τ であり，逆に下側の流体が上側の流体に及ぼすせん断応力は $-\tau$ である．また，平板境界面での速度勾配も U/h なので，流体が下側の平板に及ぼすせん断応力は τ であり，上側の平板に及ぼすせん断応力は $-\tau$ である．

もう少し一般的な場合として，流速が線形速度分布をしていない場合を考えよう．図 1.3 (b) は 1 枚の平板を過ぎる流れである．この場合には，平板上で流速が 0 であり，ごく薄い層の外側では流速は U である．このような薄い層を境界層とよぶ．流れはほぼ平板に平行で，流速の y 成分 v は小さい．流速の x 成分 u は x と y の関数であり，$u(x, y)$ と表されるが，ある $x = x_1$ での断面を考えると，u は $u(x_1, y) = u(y)$ と表せる．このとき，平板に平行な面にはたらくせん断応力 τ は，速度勾配 du/dy に比例して

$$\tau = \mu \frac{du}{dy} \tag{1.11}$$

となる．平板上における速度勾配を $(du/dy)_0$ と表すと，平板が流体に及ぼすせん断応力は $-\tau = -\mu(du/dy)_0$ となる．もちろん，流速が式 (1.9) のように線形であるときは，式 (1.9) を式 (1.11) に代入すると，せん断応力は式 (1.10) のようになる．式 (1.11) のようにせん断応力と速度勾配が比例する流体をニュートン流体とよび，それ以外の流体を非ニュートン流体という．

粘性係数 μ の単位は $\mathrm{N{\cdot}s/m^2}$，すなわち Pa·s である．粘性係数の大きさは流体の粘りの強さを表しているが，今後，流体運動を調べるときには，粘性係数よりも粘性係数 μ と密度 ρ の比で表される**動粘性係数**

$$\nu = \frac{\mu}{\rho} \tag{1.12}$$

のほうが重要となる．動粘性係数は流れの中で物体が運動するときに，物体が流体から受ける粘性の影響の大きさを表している．動粘性係数 ν の単位は $\mathrm{m^2/s}$ である．表 1.4 は 1 気圧における水と空気の粘性係数と動粘性係数の値である．この表から，たとえば 20℃ では，水の粘性係数 $\mu \fallingdotseq 1.0 \times 10^{-3}$ Pa·s は空気の $\mu \fallingdotseq 1.8 \times 10^{-5}$ Pa·s よりも約 50 倍大きいが，動粘性係数は水のほうが空気よりも小さく，約 1/15 である．したがって，空気中を飛ぶ鳥や昆虫は水の中を動く動物よりも，周囲の流体によ

表 1.4　水と空気の粘性係数 μ と動粘性係数 ν の値（1 気圧）

温度 [°C]		0	10	20	30	40
水	μ [Pa·s]	1.792×10^{-3}	1.309×10^{-3}	1.008×10^{-3}	0.800×10^{-3}	0.653×10^{-3}
	ν [m^2/s]	1.794×10^{-6}	1.310×10^{-6}	1.010×10^{-6}	0.804×10^{-6}	0.659×10^{-6}
空気	μ [Pa·s]	17.23×10^{-6}	17.72×10^{-6}	18.21×10^{-6}	18.68×10^{-6}	19.14×10^{-6}
	ν [m^2/s]	13.33×10^{-6}	14.21×10^{-6}	15.12×10^{-6}	16.04×10^{-6}	16.98×10^{-6}

り大きな影響を与えることになる．

空気の粘性係数は温度が高くなるとほぼ線形に大きくなるが，水の粘性係数は温度の上昇とともに小さくなる．これら二つの物質で粘性係数の性質が異なるのは，空気と水では粘性力が生じる原因が異なるからである．空気の場合には，衝突時を除けば分子が自由に運動をしており，分子間相互作用が無視できるため，ある平面における粘性に起因するせん断応力は，分子の移動に伴う運動量の交換に起因して現れる．すなわち，ある面を境にその面の両側にある空気を考えると，分子が熱運動によって面の一方から他方に入ってくるとき，その面を境に平均流速が異なっていれば，運動量の交換が起こる．単位時間あたりに受け取る運動量は力に等しく，これが粘性力である．一方，液体の場合には，分子は常に引き合う力を及ぼし合っており，ある平面を境に流速が異なるときには，この引き合う力が粘性となって現れる．このとき，温度が上昇すると分子間にはたらく力が弱くなるので，液体の粘性力は温度が高いほど小さくなる．

●1.3.4●表面張力

水をガラス板の上に静かに垂らすと，水滴は球形に近づこうとする．とくに，水滴が自由落下するときには球に近い形となる．また，水を入れたシャーレに細いガラス管を立てると，ガラス管内の水面は外の面よりも高くなる（**毛細管現象**）．これらの現象は，図 1.4 のように，水などの液体が気体と接している面において長さ l の線分を考えたとき，この線分の両側からお互いに引き合う力 F がはたらいていると考えるとうまく説明ができる．このとき，単位長さあたりに引き合う力 F/l を**表面張力**といい，その単位は N/m である．

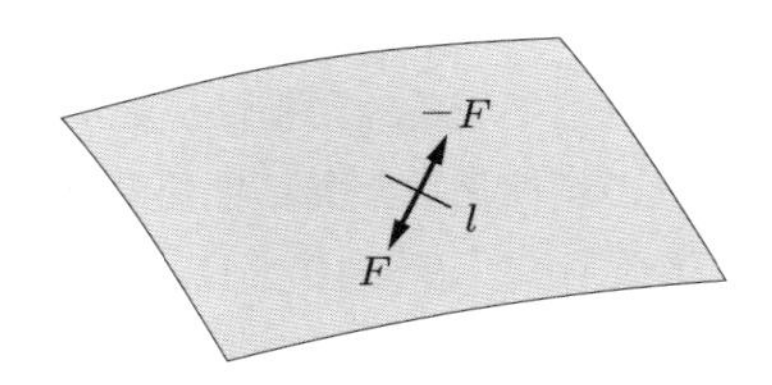

図 1.4　表面張力．液体の表面にはたらく単位長さあたりの力．

表面張力が生じる原因の説明は簡単ではない．液体の分子間には引き合う力（凝縮力）がはたらいており，その表面積を小さくする傾向がある．これが表面張力の起源である．液体内部では分子間力は四方八方にはたらいていて，それらがつり合っている．しかし，表面近くの分子には内部の分子から引っ張り力がはたらくが，表面より外側からは引っ張り力がはたらかない．分子がお互いに引き合っているとき，エネルギーは低い状態にあるが，液体表面では片側しか引き合う力がないので，エネルギーが高い状態にある．液体はなるべくエネルギーの小さな状態になろうとし，このときに発生する力が表面張力である．

思考実験を行ってみよう．図 1.5 のように，‘コ’ の字形の針金と，その平行な 2 辺の上を端辺と平行に滑らかに動く細い棒を考え，そのときできる長方形の領域に液体の膜をつくる．この細い棒を引っ張るのに必要な力の大きさ F は，液体の表面張力を T [N/m] とし，棒の長さを l とすると，$F = 2lT$ と表せる．ここで，係数 2 は，液体表面が膜の表と裏に 2 面あることによる．また，この棒を距離 s だけ引っ張るのに要する仕事は $W = 2lsT$ である．このように，表面張力に逆らって仕事をしたときは，流体の表面にエネルギーが蓄えられることになる．

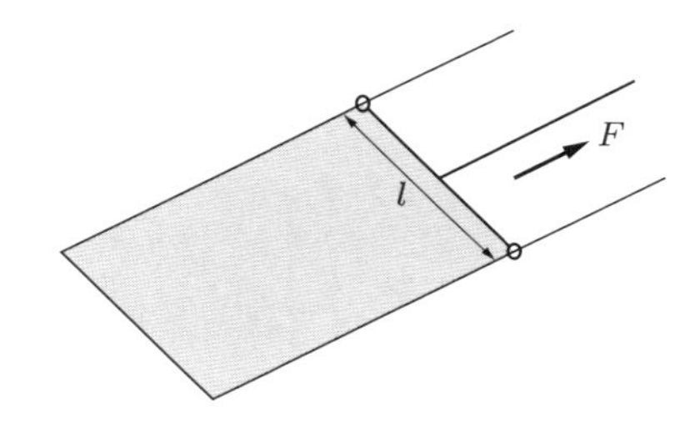

図 1.5 表面張力．液体の表面を広げるのに必要な力．

水滴は球形になったときにその面積が最小になる．力が加わって球形からゆがむと，表面積が増えるので，その分だけのエネルギーが増加する．実際に表面張力の大きさを測るときは，細い管からゆっくりと液体を押し出して，水滴が管から離れるときの水滴の半径から表面張力の大きさを計算する．表面張力の大きさは，温度 20°C において水が空気と接しているときで $T = 0.0727\,\mathrm{N/m}$ である．

液体の表面が曲率をもつときは，表面張力が現象として現れる．身近に見られる表面張力に関係した現象に，前述の毛細管現象がある．図 1.6 のように液体中に細い管を鉛直に立てると，液体は管の中を上昇または下降する．空気中でガラス管と水を用いた実験では，液体は管の中を上昇し，その表面は中央で低く，ガラス管の管壁で高くなる．このときの管内の水面の形をメニスカス（凹面）という．

毛細管現象（図 1.6）における液体の高さ h を求めよう．ガラス管の半径を r とし

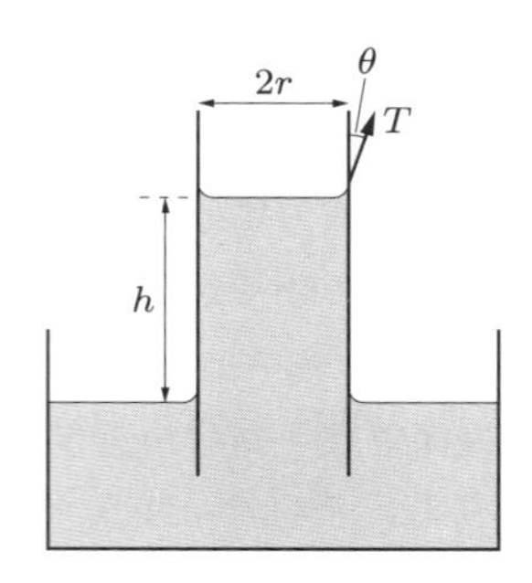

図 1.6　毛細管現象．液柱にはたらく重力と表面張力がつり合う．

て，ガラス管が液体に及ぼす表面張力による引っ張り力 $2\pi rT\cos\theta$ と液体にはたらく重力 $\pi r^2 h\rho g$ のつり合いを考えて，

$$\pi r^2 h\rho g = 2\pi rT\cos\theta \tag{1.13}$$

が得られる．ここで，r はガラス管の半径，ρ は液体の密度，T は表面張力，θ は接触角である．したがって，液の高さ h は

$$h = \frac{2T\cos\theta}{\rho gr} \tag{1.14}$$

と表される．水やアルコールが空気中でガラス管と接する場合，接触角 θ はほぼ $0°$ である．水銀が空気中でガラス管に接する場合には，接触角が $\theta = 130〜150°$ なので，水銀はガラス管の中を下降する．

容器中の水に細いガラス管を挿すと，ガラス管内部を水が上昇する．なぜ，水は重力に逆らって上昇するのだろうか．水がもつポテンシャルエネルギーを評価することにより，その機構について考えてみよう．ガラス管を水面に挿し込んだ直後は，図 1.6 の h は 0 である．このときに水がもつポテンシャルエネルギー U を基準として $U = 0$ とおく．水がもつポテンシャルエネルギー U は重力によるポテンシャルエネルギー U_g と表面張力によるポテンシャルエネルギー U_T の和である．ガラス管内の水面が h となったときに水がもつ重力によるポテンシャルエネルギー U_g は，水柱の重心が $h/2$ の高さにあることを考えると，$U_g = \rho\pi r^2 h^2 g/2$ となる．また，表面張力は重力とは逆に鉛直上向きにはたらくので，h だけ水面が上昇するとき，$2\pi rT$ の大きさの力で鉛直方向に対して角度 θ で距離 h だけ水に仕事をするので，水柱のポテンシャルエネルギー U_T は負の値をもち，$U_T = -2\pi rTh\cos\theta$ と表される．したがって，水がもつポテンシャルエネルギー U は

$$U(h) = U_g + U_T = \frac{1}{2}\rho\pi r^2 h^2 g - 2\pi rTh\cos\theta \tag{1.15}$$

となる．このときの，水面の高さ h とポテンシャルエネルギーの関係を図にすると，図 1.7 のようになる．$U(h)$ が最小値をもつのは $dU(h)/dh=0$ のときなので，$U(h)$ の h による微分

$$\frac{dU(h)}{dh}=\rho\pi r^2gh-2\pi rT\cos\theta \tag{1.16}$$

を 0 とおくと，式 (1.14) が導かれる．すなわち，この式で表される水面の高さが，水のもつポテンシャルエネルギーが最小となる位置である．

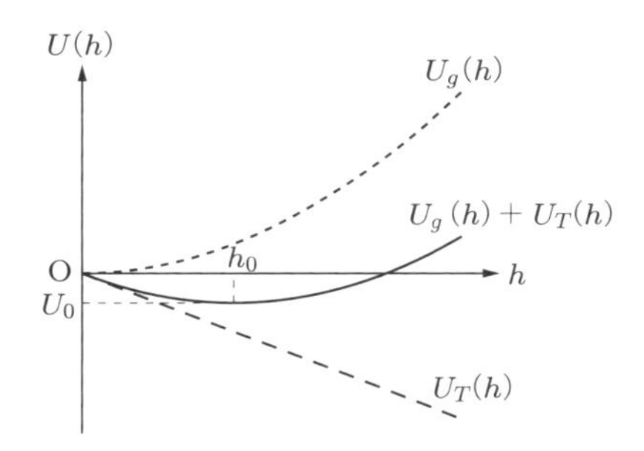

図 1.7　水がもつポテンシャルエネルギー．$U(h)=U_g(h)+U_T(h)$

●1.3.5●気体の状態方程式

極端に高圧の気体や低温の気体を除く通常の気体では，ボイルの法則とシャルルの法則がよい近似で成り立つ．温度が一定のとき，気体の体積は圧力に反比例し，その積は一定であるというのがボイルの法則である．すなわち，一定の温度のもとで，圧力 p_1 のとき気体の体積が V_1 で，圧力を p_2 にしたとき体積が V_2 になれば，$p_1V_1=p_2V_2$ の関係がある．これに対して，圧力が一定のとき，気体の体積が絶対温度に比例し，その比が一定であるというのがシャルルの法則である．すなわち，一定の圧力のもとで，温度 T_1 の気体を温度 T_2 にしたとき，その体積が V_1 から V_2 に変化したとすれば，$V_1/T_1=V_2/T_2$ の関係がある．ボイルの法則とシャルルの法則をまとめて，$p_1V_1/T_1=p_2V_2/T_2$ の関係にしたものをボイル・シャルルの法則といい，この法則に厳密に従う理想的な気体を**理想気体**とよぶ．すなわち，n モル [mol] の理想気体の体積を V [m^3]，圧力を p [Pa]，温度を T [K] とすれば，

$$pV=nRT \tag{1.17}$$

の関係がある．ここで，R は気体の種類によらず一定であるので，気体定数とよばれ，その値は $R=8.31\,\mathrm{J/(mol{\cdot}K)}$ である．式 (1.17) で p と T は気体のモル数あるいは量に関係しない物理量で，このような物理量は示強変数とよばれる．一方，V はモ

ル数あるいは量に正比例する物理量で，示量変数とよばれる．したがって，式 (1.17) の左辺はモル数に比例した物理量である．工学的取扱いでは，n [mol] の気体を考える代わりに 1 kg の気体を考えることが多く，1 kg あたりの体積，すなわち比体積 v [$\mathrm{m^3/kg}$] を用いて，ボイル・シャルルの法則を

$$pv = \overline{R}T \tag{1.18}$$

と表す．ここで，1 kg あたりの気体定数 $\overline{R}$ [J/(kg·K)] は物質により異なる値をとる．ここで，$\overline{R}$ と R の関係を求めておこう．分子量 M の気体 1 mol の質量は M [g] なので，1 kg の気体は $1000/M$ [mol] である．また，その体積は v [$\mathrm{m^3}$] であるから，これらを状態方程式に代入して $pv = (1000/M)RT$ を得る．この式と式 (1.18) を比較すると，$\overline{R} = R \times 1000/M$ の関係が導かれる．空気は単一の種類の分子からなる気体ではないが，その組成から換算すると分子量 29 の分子に相当するので，空気の気体定数 $\overline{R}$ はおよそ 287 J/(kg·K) となる．

●1.3.6●圧縮性と体積弾性係数

圧力 p において体積 V である流体にさらに圧力を加えて $p + \Delta p$ としたとき，流体の体積が $V + \Delta V$ ($\Delta V < 0$) となったとする．圧力の増加 Δp が p に比べて小さければ，体積変化率 $-\Delta V/V$ は Δp に比例すると考え，

$$\Delta p = -K\frac{\Delta V}{V} \tag{1.19}$$

と表す．ここで，比例係数 K [Pa] を**体積弾性係数**とよび，その逆数 $1/K$ を**圧縮率**という．温度 20°C で 1 気圧のときの水の体積弾性係数は $K = 2.06 \times 10^3$ MPa である．すなわち，1 気圧の水を加圧して 2 気圧にしたとき，その体積変化率 $-\Delta V/V$ は 0.05% である．このように，水は圧力が変化しても体積はほとんど変化しない．したがって，圧縮性がない流体，すなわち非圧縮性流体として近似的に取り扱われることが多い†．

気体の体積弾性係数は，圧縮するときの条件により大きく異なる．気体の量をどのように選んでも体積弾性係数は同じなので，1 mol の気体について考えよう．気体を非常にゆっくりと圧縮するときは，考える 1 mol の気体全体にわたって温度が一定で，しかもまわり（外気）の温度と同じ一定の温度に保たれるとしてよい．このように温度を一定にしたときの気体の状態変化を，定温変化とよぶ．定温変化では，式 (1.17) で $n = 1$ とおいて $pV = RT = c$（c は定数）である．ここで，V は気体 1 mol の体

† ただし，圧縮性がいかに小さくても，その効果を考慮しなければならない現象もある．たとえば，水中を伝わる音を考えるときには圧縮性を考慮に入れる必要がある．

積である．これとは逆に，圧縮変化が一瞬で終わるようなときは，いかに容器が熱伝導性のよい材質でできていても，気体はまわりと熱を交換する時間がないので，容器やその外側の気体との熱の交換がないと近似できる．このような変化を断熱変化とよぶ．断熱変化においては，$pV^{\gamma} = c$ (c は定数，γ は定圧比熱 c_p と定積比熱 c_v の比，すなわち $\gamma = c_p/c_v$) の関係がある†．一般には，気体の状態変化は定温変化と断熱変化の間にあるとして，$pV^{\delta} = c$ $(1 < \delta < \gamma)$ を仮定する．このような変化は**ポリトロープ変化**とよばれる．

1 mol の気体の体積 V を用いて，式 (1.19) を微分形で

$$K = -V\frac{\partial p}{\partial V} \tag{1.20}$$

と表す．気体の圧力と体積の関係を $p = cV^{-\delta}$ と表して，これを V で微分すると，

$$\frac{\partial p}{\partial V} = -\delta c V^{-\delta-1} = -\delta\frac{p}{V}$$

となる．この式を式 (1.20) に代入して，

$$K = \delta p \tag{1.21}$$

が得られる．すなわち，体積弾性係数は，理想気体を温度一定にして圧縮するとき $(\delta = 1)$ は $K = p$ であり，断熱条件のもとで圧縮するとき $(\delta = \gamma)$ は $K = \gamma p$ である．いずれの場合も体積弾性係数は圧力に比例する．たとえば，1 気圧で気体の体積が V であったとき，温度一定のもとで 1.1 気圧にすると，体積はおよそ 10% 減少する．

問 1.5　図 1.6 のように，水の入った器に半径 2 mm のガラス製の細管を立てると，ガラス管内の水面は外部の面よりもどれだけ高くなるか調べよ．ただし，ガラスと水面の接触角は 0° とし，表面張力の大きさ T は 0.0727 N/m とする．

演習問題 1

1.1　気体の圧力 p と体積 V の積 pV の次元を求めよ．

1.2　間隔 1 mm 離れて置かれた面積 1 m^2 の 2 枚の平行平板間に 20℃ で 1 気圧の水を満たす．片方の平板を 1 m/s で平行にずらすときに必要な力と仕事率を求めよ．

1.3　流体の粘性が生じる原因について，物理的な機構を説明せよ．

1.4　水中に直径 10 mm のガラス管を立てたとき，毛細管現象によりガラス管内を水が上昇

---

† 1 原子分子理想気体では $\gamma = 5/3$ であり，2 原子分子理想気体では $\gamma = 7/5$ である．

した．このとき，表面張力あるいはガラス管が水にした仕事はいくらか．ただし，水の温度を 20°C，大気圧を 1 気圧とする．

1.5 空気中を落下している液滴あるいは浮遊している液滴は，その表面積 S と表面張力 T との積の大きさの表面張力ポテンシャルエネルギーをもっていると考えることができる．液滴の体積を V として，この体積 V の液滴の形が立方体であると仮定したときと，球形であると仮定したときのそれぞれの場合に液滴がもつ表面張力によるポテンシャルエネルギーを計算し，どちらの形状が小さい値をもつか調べよ．

1.6 ボイル・シャルルの式は $pV = nRT$ で表される．標準状態（0°C，1 気圧）での 1 mol の気体の体積が 22.4 L であることから，気体定数 R を求めよ．また，その単位は何か．

1.7 圧力 p [Pa] の 2 原子分子理想気体の温度が T [K] のとき，体積は V [m^3] であった．この気体の体積を断熱的に 1/2 に圧縮する．このときの気体の圧力と温度を求めよ．また，気体を圧縮するときに気体に行った仕事はどのようなエネルギーとなったのか説明せよ．

1.8 20°C で 1 気圧の水および 20°C で 1 気圧の空気中を伝わる音の音速 c を求めよ．なお，水中の音速には $c = \sqrt{K/\rho}$ を，空気中の音速には $c = \sqrt{\gamma p/\rho}$ を用いよ．ここで，$\gamma = 1.4$ とせよ．

2章　流体の静力学

静止流体中ではたらく力は圧力だけである．圧力は面積力の一種であり，流体中の任意の面に垂直にはたらく．また，圧力は等方的，すなわち空間の任意の方向に等しい大きさをもつため，重力場内においても水平方向にも鉛直方向にも同じ強さで作用し，これが浮力を生み出す原因ともなる．とくに，流体工学では，流体の圧力を測定することは重要であり，その測定にはマノメータが用いられる．

2.1　静止流体の力学

静止流体中では粘性の影響が現れず，流体内の任意の面にはたらく力はその面に垂直に作用する圧力のみである．ある点を通る任意の面にはたらく圧力は，面の向きに関係なく同じ大きさである．ただし，点が異なると一般には圧力の大きさは異なる．流体中にある物体は，さまざまな方向からの圧力の合力として力を受ける．この力はあるときには浮力となる．

●2.1.1●圧力と投影面積

圧力は流体中の面にはたらく応力の垂直成分であり，静止した流体中では応力は垂直成分のみをもち，接線成分であるせん断応力は 0 である（1.3.2 項を参照）．しかも，静止流体中では，ある 1 点における圧力は面のとり方によらずに一定である．図 2.1 のように，ある 1 点を中心とする小さな面 S を考えると，この面にはたらく圧力は面の単位法線ベクトル $\boldsymbol{n}$ の方向によらず一定である．ここで，単位法線ベクト

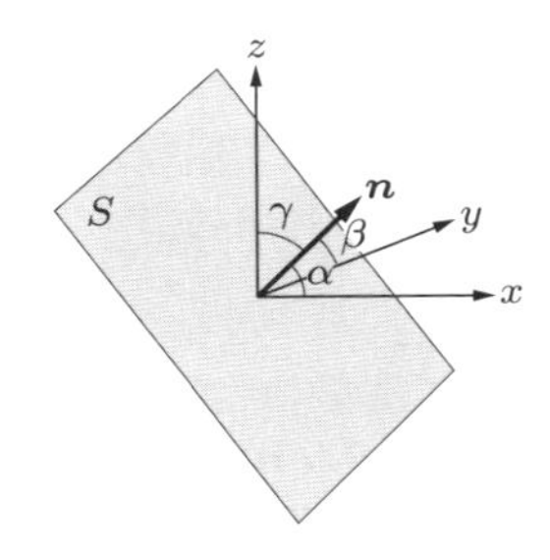

図 2.1　単位法線ベクトル $\boldsymbol{n}$ によって定義される面 S とその面にはたらく圧力

ルとは面に垂直な単位ベクトル（$|\boldsymbol{n}|=1$）であり，$\boldsymbol{n}$ が x, y, z 軸となす角をそれぞれ α, β, γ とすると，その成分は ${}^t(n_x, n_y, n_z) = {}^t(\cos\alpha, \cos\beta, \cos\gamma)$（ただし，$n_x^2 + n_y^2 + n_z^2 = 1$）のように表される†.

ある点での圧力を p [Pa] とすると，その点を中心とする微小面積 S [m^2] の表側の流体が裏側の流体に及ぼす力 $\boldsymbol{F}$ の大きさ F（$=|\boldsymbol{F}|$）は pS [N] であり，その方向は $\boldsymbol{n}$ と逆の方向なので，力 $\boldsymbol{F}$ を成分表示すると，

$$\boldsymbol{F} = (-pS\cos\alpha, -pS\cos\beta, -pS\cos\gamma) \tag{2.1}$$

となる．この力について詳しく調べるために，もう少し単純な面について考えよう．図 2.2 (a) で描かれている面 S は y 軸に平行であり，その単位法線ベクトル $\boldsymbol{n}$ は $(\cos\alpha, 0, \sin\alpha)$ である．このとき，図 2.2 (b) からわかるように，面積 S [m^2] を x 軸に垂直な yz 平面に投影した面の面積 S_x [m^2] は $S\cos\alpha$ と表せる．同様に，S_z [m^2] は $S\sin\alpha = S\cos(\pi/2-\alpha)$ となる．y 軸に平行ではない一般の面についても，その面の単位法線ベクトルを $(\cos\alpha, \cos\beta, \cos\gamma)$ とすれば，面積 S の x 軸，y 軸，z 軸への投影面の面積はそれぞれ

$$S_x = S\cos\alpha, \quad S_y = S\cos\beta, \quad S_z = S\cos\gamma \tag{2.2}$$

と表される．式 (2.2) を式 (2.1) に代入すれば，

$$\boldsymbol{F} = (-pS_x, -pS_y, -pS_z) \tag{2.3}$$

が得られる．この式は，ある一定の圧力 p が微小でない曲面にはたらく場合も同様である．

この結果を応用すると，液体中に浮かぶ気泡や気体中の液滴の内部圧力を評価することができる．液体中の小さな気泡や気体中の小さな液滴の表面には表面張力がはた

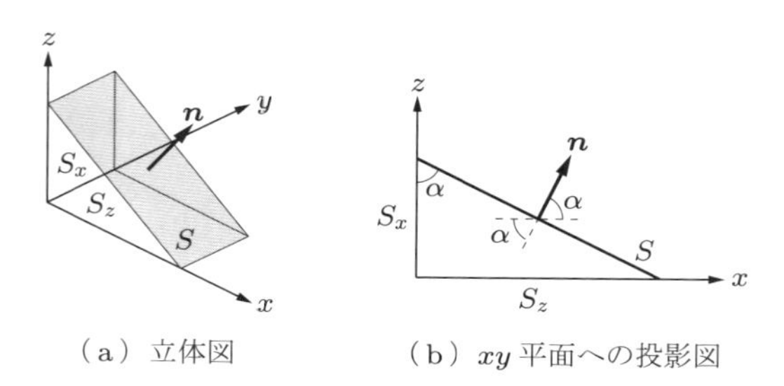

（a）立体図　　（b）xy 平面への投影図

図 2.2　単位法線ベクトル $\boldsymbol{n}$ によって定義される面 S の x 軸方向と z 軸方向への投影面積

† ${}^t(a_x, a_y, a_z)$ は横ベクトル (a_x, a_y, a_z) の転置を意味し，これらの 3 成分をもつ縦ベクトルを表す．本来は上付き添え字 t が必要であるが，以後省略し，(a_x, a_y, a_z) のように表す．

らくので，その内部の圧力は外部よりも高くなる．図 2.3 のように気泡や液滴が球形であると仮定して，その内部の圧力を見積もってみよう．ここでは，液体中に浮かぶ半径 r の気泡を考える．気泡は小さいので，その内部では圧力は一定であるとみなせる．このとき，球形の気泡を仮に上下二つに分割して二つの半球がくっついていると考えよう．内部の圧力が外部より Δp だけ高いとすると，内部の圧力により上の半球には $\pi r^2 \Delta p$ の大きさの力が上方にはたらき，同様に下の半球には下向きにはたらくので，二つの半球にはお互いに引き離されるように力がはたらく．これを止めているのが，球の表面にはたらく表面張力 $2\pi rT$ である．ここで，T は液体と気体の境界面にはたらく表面張力である．このつり合いを式で表すと，

$$\pi r^2 \Delta p = 2\pi rT \tag{2.4}$$

となり，これを Δp について表すと

$$\Delta p = \frac{2T}{r} \tag{2.5}$$

が得られる．たとえば，20℃ の水中に 1 μm の半径の空気の気泡があるとき，式 (2.5) より，20℃ で水と空気が接しているときの表面張力の値 $T = 0.0727\,\mathrm{N/m}$ を用いて，$\Delta p = 1.45 \times 10^5\,\mathrm{Pa}$ となるので，気泡の中は約 1.45 気圧も圧力が高いことがわかる．

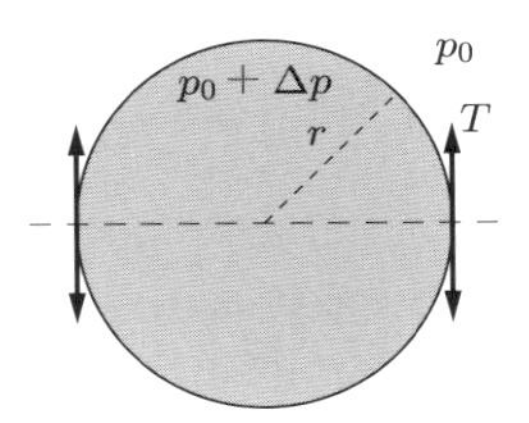

図 2.3　液体中に含まれる小さな気泡

例題 2.1　半球状のふたのついた円筒形の容器に圧力 p [Pa] の気体が入っている（図 2.4 (a)）．ふたの一端はちょうつがいで円筒部分とつながれており，反対側の一端は締め金具で止められている．容器外部の圧力は p_0 [Pa] ($p_0 < p$) であり，円筒形容器断面の半径は R [m] である．このとき，ふたの締め金具にかかる力を求めよ．

[解] 円筒形容器の中心軸方向へのふたの投影面積は πR^2 であり，容器内外の気体からふたが受ける力の合力は $(p - p_0)\pi R^2$ である．この合力の作用線は容器の中心軸に沿っており，力は中心軸に対して対称分布をしている．これより，中心軸まわりの力のモーメントは 0 で，断面 2 次モーメントについての平行軸の定理（式 (2.41) を参照）より，ちょうつ

がいのまわりのトルクは $R \times (p - p_0)\pi R^2 = (p - p_0)\pi R^3$ となる．一方，ちょうつがいと締め金具の間の距離は $2R$ である．締め金具がふたに及ぼす力 F は容器の中心軸に平行な方向にはたらくため，そのトルクは $2RF$ と表せるので，これらのトルクを等しいとおくと，ちょうつがいにはたらく力は $F = \pi R^2(p - p_0)/2$ [N] と求められる．

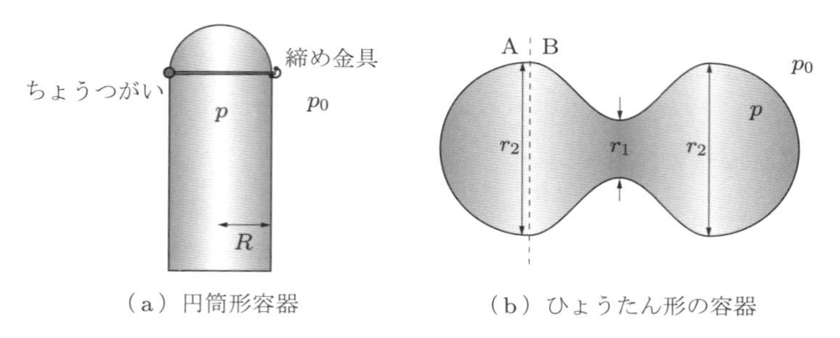

（a）円筒形容器　　（b）ひょうたん形の容器

図 2.4　高圧の気体が入った容器

問 2.1　図 2.4 (b) のようなひょうたん形の容器内に圧力 p [Pa] の高圧気体が入っている．外部の圧力は $p_0(< p)$ である．この容器を二つの部分 A と B に分けて考えるとき，A と B が気体から受ける圧力の合力をそれぞれ求めよ．ただし，容器の形は回転対称であり，その最小半径は r_1，最大半径は r_2 である．また，分割面の半径は最大半径 r_2 であるとする．

●2.1.2●静止液体中の圧力

17 世紀初頭には，汲み上げ式ポンプでは水を 9～10 m の高さまでしか上げられないことが知られていた（図 2.5 (a)）．汲み上げ式ポンプで水が押し上げられるのはおそらく大気が水を押しているからだろうということは想像されていたが，実際にこのことを実験で確かめたのはトリチェリである．トリチェリは，水の代わりに水銀を使って実験を行った（図 2.5 (b)）．一端を閉じた約 1 m のガラス管に水銀を入れて逆さまに立てたところ，水銀柱は約 760 mm の高さで静止した．このとき，水銀上部のガラス管の中はほぼ真空であると考えられる．真空では圧力が 0 Pa であり，水銀にはたらく重力と水銀を下から押す大気圧がつり合っている．水銀柱を下から押す圧力は，図 2.5 (b) の点 B で，大気圧と同じ p_0 である．ガラス管の断面積は一定で S [m^2] であるとし，水銀の密度を ρ [kg/m^3]，水銀柱の高さを h [m]，重力加速度の大きさを g [m/s^2] とすると，水銀柱にはたらく重力の大きさは $\rho g h S$ [N] である．これが下から押す大気の圧力 $p_0 S$ [N] とつり合うので，大気圧 p_0 [N/m^2] の大きさは

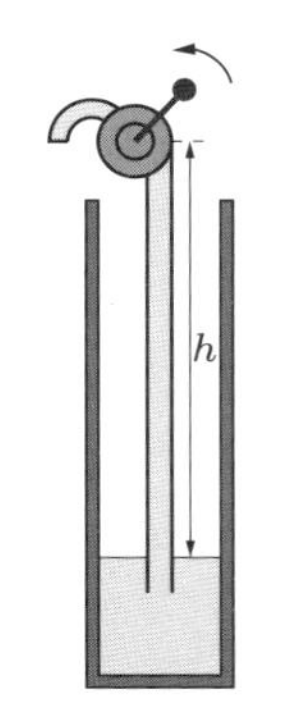

（a）汲み上げ式ポンプ

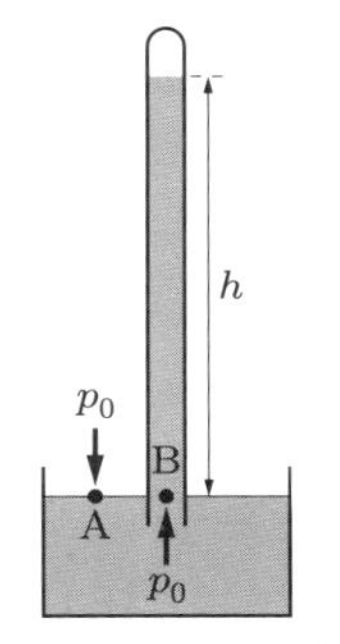

（b）トリチェリの実験

図 2.5 汲み上げ式ポンプと大気圧

$$p_0 = \rho g h \tag{2.6}$$

と求められる．この大気圧の起源は地球を取り囲む大気にはたらく重力である．地球のまわりにはおよそ 100 km の高さまで大気が存在し，その大気にはたらく重力が地表にある物体を押している．したがって，真空中においては圧力は 0 である．

つぎに，地表に置かれた水槽や海などの水中における圧力の分布について調べてみよう．図 2.6 (a) で，座標軸の原点を水面にとる．x 軸と y 軸を水平面内にとり，z 軸を鉛直下向きにとって，水中に断面積 S の柱状の体積を考える．図 2.6 (b) は，この柱状体積の中心を通る yz 平面での断面図である．点 A と B は，それぞれこの体積の上面と下面の中心である．点 A の上部は大気であり，そこでの圧力は p_0 である．したがって，上面にはたらく力は $p_0 S$ である．点 B の水面からの深さを z とし，その点での圧力を $p(z)$ とする．下面にはたらく力は上向きに $p(z)S$ である．また，柱状体積 Sz の水にはたらく重力の大きさは水の密度を ρ とすると，$\rho g S z$ であ

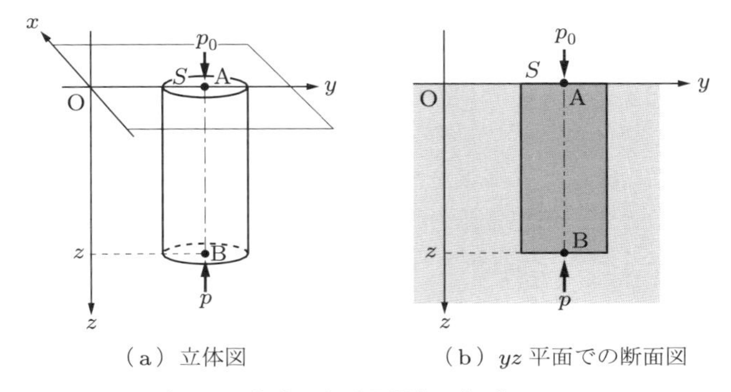

（a）立体図　　（b）yz 平面での断面図

図 2.6 水面下 z [m] における圧力 p [Pa]，$p = p_0 + \rho g z$

る．水が静止しているとすれば，柱状体積の水にはたらくこれら三つの力はつり合っているので，$p_0S + \rho gSz = p(z)S$ が成り立つ．これより，水面からの深さ z における水中での圧力は

$$p(z) = p_0 + \rho gz \tag{2.7}$$

と表せる．

●2.1.3●圧力の表し方と単位

これまで学んできたように，圧力は応力の一種なので，単位面積あたりにはたらく力であり，その単位は $\mathrm{N/m^2}$ で，これを Pa（パスカル）とよんだ．これは SI 単位であり，科学の分野ではこの単位を用いるが，工業や実用上ではさまざまな単位が使われる．重力単位系では Pa の代わりに $\mathrm{kgf/cm^2}$ を使ったり，水銀柱や水柱の高さによる測り方である，mm Hg や $\mathrm{mm\,H_2O}$（または mm Aq）も使われる．また，標準大気圧 $(1.013 \times 10^5\,\mathrm{Pa})$ を 1 atm として，atm が単位として使われることもある．

標準大気圧 1 atm は高さ 760 mm の水銀柱による圧力に等しく，また高さ 10 m の水柱による圧力 $1.0 \times 10^4\,\mathrm{mm\,H_2O}$ に等しい．ほかの単位も含めて 1 atm の表し方をまとめると，

$$\begin{aligned} 1\,\mathrm{atm} &= 760\,\mathrm{mm\,Hg} = 10 \times 10^4\,\mathrm{mm\,H_2O} \\ &= 1.013 \times 10^5\,\mathrm{Pa} = 1.033\,\mathrm{kgf/cm^2} \end{aligned} \tag{2.8}$$

となる．$1\,\mathrm{kgf/cm^2}$ を工学気圧 (at) とよぶこともある．工学上では大気圧を基準として圧力を測定することがあり，これを**ゲージ圧**といい，真空を基準に測定した圧力を**絶対圧**とよんで区別することがあるが，科学の分野では圧力といえば絶対圧を指す．

●2.1.4●気体の断熱変化とポリトロープ変化

気体が状態変化するときの，圧力 p と体積 V の関係については 1.3 節で学んだが，もう一度整理しておこう．n [mol] の気体を考えてその体積を V，圧力を p，温度を T，内部エネルギーを U とする．この気体が**断熱変化**により，体積が $V + dV$，圧力が $p + dp$ となって，温度と内部エネルギーがそれぞれ $T + dT$ および $U + dU$ になったとする．このとき，理想気体の状態方程式 $pV = nRT$ より，関係式

$$pdV + Vdp = nRdT \tag{2.9}$$

が成り立つ．1 mol あたりの定積比熱 c_v と温度の変化 dT とを用いて，n [mol] の気体の内部エネルギーの増加 dU は $dU = nc_vdT$ と表せるので，式 (2.9) の右辺は $nRdT = RdU/c_v$ となる．また，熱力学の第 1 法則より，流体に流入する熱量 dQ，

内部エネルギーの増加 dU，体積変化 dV の間には

$$dQ = dU + pdV \tag{2.10}$$

の関係があるが，ここでは断熱変化を考えているので，$dQ = 0$ であり，$dU = -pdV$ が成り立つ．したがって，$nRdT = RdU/c_v = -RpdV/c_v$ となり，これを式 (2.9) に代入して整理すると，

$$p\left(1 + \frac{R}{c_v}\right)dV + Vdp = 0 \tag{2.11}$$

となる．式 (2.11) の両辺を pV で割って，両辺を積分すると

$$\left(1 + \frac{R}{c_v}\right)\log V + \log p = C_1\,(\text{一定}) \tag{2.12}$$

となって，断熱変化における圧力 p と体積 V の関係

$$pV^\gamma = e^{C_1} = C\ (\text{一定}) \tag{2.13}$$

が得られる．ただし，$\gamma = c_p/c_v = (c_v + R)/c_v$ である．ここでは，定圧モル比熱 c_p と定積モル比熱 c_v の間の関係式 $c_p = c_v + R$ を用いた．

理想気体の定温変化における圧力 p と体積 V の関係は，状態方程式から直接

$$pV = C\ (\text{一定}) \tag{2.14}$$

であることがわかる．断熱変化と定温変化はどちらも理想的な状況であり，一般の状態変化は**ポリトロープ変化**とよんで，そのときの圧力 p と体積 V の関係を

$$pV^\delta = C\ (\text{一定}) \tag{2.15}$$

と表す．ここで，δ をポリトロープ指数といい，$1 < \delta < \gamma$ である．

問 2.2 温度 T_1 [K] の理想気体がピストンのついた容器内に入っている．気体の体積は V_1 [m^3] で，容器内の圧力は p_1 [Pa] である．容器は熱伝導性のよい材料でできており，容器内は常に外部の気温 T_1 [K] と同じに保たれている．ピストンを静かに押してこの気体の体積を V_2 [m^3] ($V_2 < V_1$) とするときに必要な仕事，外部から容器内の気体に入る熱量，容器内の気体が得た内部エネルギーをそれぞれ求め，それらの関係を示せ．

●2.1.5●大気中の鉛直圧力分布

地球大気中の圧力はどのように分布するのか考えてみよう．大気の圧力は地表から上にいくほど小さく，気体は圧縮性が大きいので，その密度は高さによって変化する．そのときの大気の圧力と体積の関係をポリトロープ変化における関係式 (2.15) で近

似する．式 (2.15) を単位質量あたりの体積（比体積）v を用いて表しても同じ式となる（ただし右辺の定数が異なる）．すなわち，

$$pv^{\delta} = C_1\,(一定) \tag{2.16}$$

である．比体積 v は密度 ρ を用いて $v = 1/\rho$ と表せるので，式 (2.16) より

$$\frac{p}{\rho^{\delta}} = C_1\,(一定) \tag{2.17}$$

となる．地表を原点として鉛直上方に z 軸をとり，地表 $(z = 0)$ における大気の圧力と密度を p_0 および ρ_0 とし，上空（高度 z）における圧力と密度をそれぞれ $p(z)$ および $\rho(z)$ とすると，式 (2.17) より，

$$\frac{p}{\rho^{\delta}} = \frac{p_0}{\rho_0^{\delta}} \tag{2.18}$$

が成り立つ．一方，静止した気体の力のつり合いより，圧力 p の高度 z による微分 dp/dz と密度の間には

$$\frac{dp}{dz} = -\rho g \tag{2.19}$$

の関係があるので，この式と式 (2.18) から ρ を消去して整理すると，

$$dz = -\frac{1}{\rho g}dp = -\frac{1}{g}\frac{p_0^{1/\delta}}{\rho_0}p^{-1/\delta}dp = -\frac{1}{g}\frac{p_0}{\rho_0}\left(\frac{p_0}{p}\right)^{1/\delta}d\left(\frac{p}{p_0}\right) \tag{2.20}$$

が得られる．式 (2.20) の両辺を積分し，p について整理すると，

$$p = p_0\left(1 - \frac{\delta - 1}{\delta}\frac{\rho_0 g}{p_0}z\right)^{\delta/(\delta-1)} \tag{2.21}$$

となる．式 (2.21) に式 (2.18) を代入して，ρ について表すと，

$$\rho = \rho_0\left(1 - \frac{\delta - 1}{\delta}\frac{\rho_0 g}{p_0}z\right)^{1/(\delta-1)} \tag{2.22}$$

が得られる．

高度 z と大気の温度 T との関係は，地表での温度を T_0 とし，理想気体の方程式から得られる関係式 (1.18)，すなわち $p/(\rho T) = p_0/(\rho_0 T_0) = \overline{R}$ （空気 1 kg あたりの気体定数）を，式 (2.21) を式 (2.22) で割って得られる式に代入すると，

$$T = T_0\left(1 - \frac{\delta - 1}{\delta}\frac{\rho_0 g}{p_0}z\right) \tag{2.23}$$

と得られる．式 (2.23) の両辺を z で微分すると，

$$\frac{dT}{dz} = -\frac{\delta - 1}{\delta}\frac{\rho_0 g}{p_0}T_0 = -\frac{\delta - 1}{\delta}\frac{g}{\bar{R}} \tag{2.24}$$

となる．対流圏では $dT/dz \sim -0.65 \times 10^{-2}\,\mathrm{K/m}$，すなわち 100 m 高度が上がると温度は約 0.65 K 下がることと，$g = 9.8\,\mathrm{m/s^2}$，$\bar{R} = 287.1\,\mathrm{m^2/(s^2{\cdot}K)}$ を式 (2.24) に代入して，δ を評価すると，$\delta = 1.24$ が求められる．空気（2 原子分子）の比熱比は $\gamma = 1.40$ であり，確かに断熱変化のときの値よりも小さい δ の値が得られている．

問 2.3 地上の対流圏の高度は緯度にもよるが，地表からおよそ 10 km までとされている．地上 10 km の高度での空気の温度，密度，圧力をそれぞれ求めよ．ただし，地表での温度を $T_0 = 288\,\mathrm{K}$，密度を $\rho_0 = 1.3\,\mathrm{kg/m^3}$，圧力を $p_0 = 1 \times 10^5\,\mathrm{Pa}$ とし，対流圏での気体のポリトロープ指数を $\delta = 1.24$ とすること．

●2.1.6●圧力の測定

圧力を測る計器として，流体の種類や目的などに応じていろいろな種類の圧力計がある．一般に，容器内の流体の圧力を測定する装置はマノメータとよばれる．圧力容器内の流体の圧力を常にモニターする目的では，ばねの弾性を用いた弾性式圧力計やブルドン管がある．ブルドン管の主要部品は，円弧状に曲げられた楕円断面をもつ金属製の管である．この管は，圧力が大きくなると断面がより円形に近くなり，円弧の半径が大きくなってまっすぐに伸びようとする．このときの円弧の先端部分の変位を機械的に増幅することによって圧力を測定する．最近では，圧力計に限らずほとんどの計器が電気式となり，圧力計も電気式のものが主流となっている．電気式の圧力計には，圧力が加わったときに生じるひずみによる電気抵抗の変化（ピエゾ抵抗効果）から圧力を求めるものと，素子に圧力が加わると圧力に応じて電圧が生じること（ピエゾ圧電効果）を利用する圧電素子が主流である．

ここでは，簡単に圧力差を目視で確認できる示差圧力計（示差マノメータ）を見てみよう．示差マノメータは U 字管の中に液体が入れられたものであり，図 2.7 のような形状である．この図では U 字管の両側の管の上部に気体が入るものと考えているが，U 字管下部の液体と混じりにくい液体であってもよい．圧力を測定する流体が気体であれば，ほとんどの気体の密度は液体の密度に比べて非常に小さいので，その質量を無視できる．このとき，図 2.7 (a) のように左側の気体の圧力を p_1，右側の圧力を p_2 とし，それぞれの液面の U 字管の最下部からの高さを z_1 および z_2 とすると，U 字管最下部の圧力 p_0 は

$$p_0 = p_1 + \rho g z_1, \quad p_0 = p_2 + \rho g z_2 \tag{2.25}$$

と表される．これより，圧力差 $p_1 - p_2$ は液柱高さの差 $H = z_2 - z_1$ を用いて

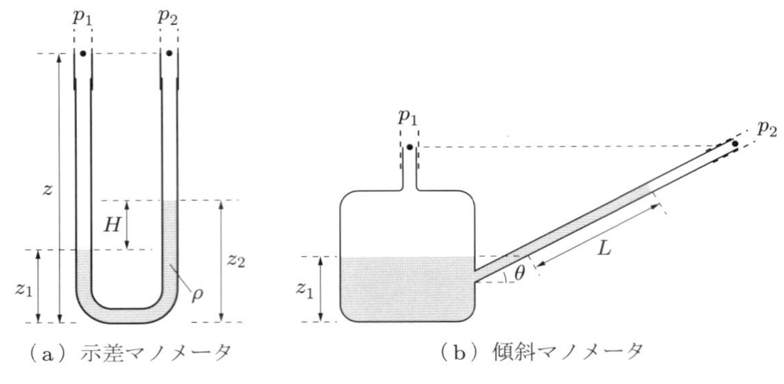

（a）示差マノメータ　　（b）傾斜マノメータ

図 2.7　マノメータ

$$p_1 - p_2 = \rho g(z_2 - z_1) = \rho g H \tag{2.26}$$

と表される．ここで，ρ は U 字管内の流体密度である．U 字管の一方の管，たとえば右側の管には何もつながずに大気に開放するときは p_2 として大気圧をとる．このときは流れの中の圧力と大気圧との差（ゲージ圧）が測定できる．

マノメータ上部の流体が液体であるときには，その質量も考慮する必要がある．圧力を測定する点を U 字管の両側で同じ高さにとり，その高さを z とする．上部液体の密度は両側で同じであると仮定し，ρ_ℓ とおくと，高さ z における液体の左側の圧力 p_1 と右側の圧力を p_2 を用いて U 字管最下部の圧力 p_0 を表すと

$$p_0 = p_1 + \rho_\ell g(z - z_1) + \rho g z_1, \quad p_0 = p_2 + \rho_\ell g(z - z_2) + \rho g z_2 \tag{2.27}$$

となり，これより，圧力差 $p_1 - p_2$ は

$$p_1 - p_2 = (\rho - \rho_\ell) g(z_2 - z_1) = (\rho - \rho_\ell) g H \tag{2.28}$$

のように求められる．

U 字管を用いて流速を測定する際，流速が小さいときや流速の差が小さいときは圧力差も小さくなり，U 字管示差マノメータでは液面高さの差 H が小さいため，精度よくその差を測定することができない．このような場合には，図 2.7(b) のように管を斜めに傾けて液面長さの差を大きく増幅する傾斜マノメータを用いる．このときも，圧力を測定する対象となる流体を気体としてその密度を無視する．液面高さの基準面を傾斜マノメータの液槽の底面（圧力は p_0）にとり，底面からの液槽内の液面の高さを z_1 とし，傾斜管における高さ z_1 の点から液面までの長さを L とすると，

$$p_0 = p_1 + \rho g z_1, \quad p_0 = p_2 + \rho g(z_1 + L \sin\theta) \tag{2.29}$$

となる．これより，圧力差 $p_1 - p_2$ が

$$p_1 - p_2 = \rho g L \sin\theta \tag{2.30}$$

のように求められる.

2.2 静止流体にはたらく力

流体が物体に及ぼす力を流体力といい，静止流体中の物体にはたらく流体力は物体の表面における圧力の総和である．したがって，その力を評価するためには，物体表面を小さな面に分割し，それらの面にはたらく力の合力を求めればよい．その合力の作用点は，小さな面にはたらく各力が物体に及ぼす力のモーメントの和が，合力のモーメントに等しくなるという条件から計算できる．ただし，物体が剛体であると仮定するときには，力の移動法則により，作用点には物理的意味はなく，作用線のみが意味をもつ.

●2.2.1●平面壁にはたらく流体力と作用線

静止している流体が物体に及ぼす力は**全圧力**とよばれる．ここで，全圧力の次元は $[\mathrm{MLT}^{-2}]$ であり，その単位は N である．したがって，全圧力は力であり，単位面積あたりの力である圧力とは次元が異なることに注意しておこう．全圧力を求めるには，物体表面を小さな面に分割し，それらの面にはたらく力の合力を求める．また，その合力の作用線を求めるには，力のモーメントを計算する必要がある.

図 2.8 のように静止した水中に平板がある場合を考えて，全圧力とその作用線を求めてみよう．この図では，水面と角度 θ をなす壁があり，壁にある形をした平板が取り付けられている．この図では平板は円形をしているが，どのような形でもよく，その面積を S とおく．壁断面と水面に垂直な方向には壁面は一様であるとする．水面と壁断面の交点を原点 O として，鉛直断面内で壁断面に沿って y 軸をとり，水面と

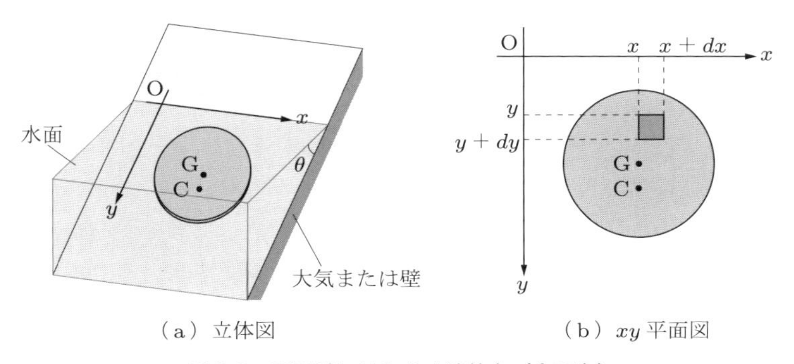

図 2.8 平面壁にはたらく流体力（全圧力）

y 軸に垂直に x 軸をとる．図 2.8 の xy 平面は壁を正面から見た図である．このとき，2 通りの場合が考えられる．一つは平板の後方（水と反対側）に大気がある場合，もう一つは平板が隙間なく壁に接している場合である．いずれの場合にも平板は流体力と壁からの抗力または平板の両側から流体力を受けて，それらの力のつり合いにより静止している．

ここでは，平板の後方は大気であり，圧力は大気圧 p_0 であるとする．平板を微小面積 $dS = dx\,dy$ に分割し，その微小面積の座標を (x, y) とする．微小面積 dS は水面から $y \sin\theta$ 下方にあるので，その点での圧力 p は $p = p_0 + \rho g y \sin\theta$ であり，pdS の力を受ける．しかし，その面の反対側から p_0 の圧力を受けており，$p_0 dS$ の力が作用している．したがって，この平板が受ける流体力は差し引き $\rho g y \sin\theta dS$ であり，この平板全体にはたらく流体力 P は

$$P = \int_{\mathrm{S}} \rho g y \sin\theta \, dS \tag{2.31}$$

と表せる．ここで，平板の中心 G の座標を $(x_{\mathrm{G}}, y_{\mathrm{G}})$ として，

$$x_{\mathrm{G}} = \frac{\int_{\mathrm{S}} x dS}{S}, \quad y_{\mathrm{G}} = \frac{\int_{\mathrm{S}} y dS}{S} \tag{2.32}$$

と定義すれば，式 (2.31) は

$$P = \rho g y_{\mathrm{G}} S \sin\theta \tag{2.33}$$

となる．ここで，点 G の水面からの深さ h_{G} は $h_{\mathrm{G}} = y_{\mathrm{G}} \sin\theta$ なので，

$$P = \rho g h_{\mathrm{G}} S \tag{2.34}$$

と表せる．この式は，平板にはたらく全圧力は図形の中心 G の位置における圧力と面積との積で表せることを示している．

つぎに，全圧力の作用点を考える．剛体にいくつかの力がはたらくとき，それらの力と同じはたらきをする力を合力とよぶ．力には物体を並進運動させる作用と自転運動させる作用があるので，合力は物体にはたらく力のベクトル和で表され，その作用点 C は合力がもつ力のモーメントとそれぞれの力のモーメントの和が等しくなるように決める．剛体にはたらく力には力の移動の法則があり，その力を作用線に沿って移動してもその作用は同じである．したがって，作用点には意味がなく，作用線のみが意味をもつ．ただし，ここでは簡便に作用点という言葉を用いる．再び，物体の表面積を微小面積 dS に分割して考える．この微小面積にはたらく力の x 軸まわりのモーメント dM_x は $pydS$ である．これを積分すると，x 軸まわりの力のモーメント M_x は

$$M_x = \int_S \rho g y^2 \sin\theta \, dS \tag{2.35}$$

と表せる．一方，全圧力の作用点を (x_C, y_C) とおくと，全圧力の x 軸まわりの力のモーメントは

$$M_x = P y_C = \rho g y_G y_C S \sin\theta \tag{2.36}$$

である．式 (2.35) と式 (2.36) より，

$$y_C = \frac{1}{y_G S} \int_S y^2 dS \tag{2.37}$$

が得られる．ここで，

$$I_{xx} = \int_S y^2 dS \tag{2.38}$$

とおいて，これを x 軸まわりの**断面２次モーメント**とよぶと，式 (2.37) は I_{xx} を用いて，

$$y_C = \frac{1}{y_G S} I_{xx} \tag{2.39}$$

と表せる．ここで，$y = y_G + \eta$ と表し，式 (2.38) に代入すると，

$$I_{xx} = \int_S y^2 dS = y_G^2 S + \int_S \eta^2 dS \tag{2.40}$$

が得られる．ただし，この式を導く過程で，$y = y_G + \eta$ を式 (2.32) に代入して得られる関係式 $\int_S \eta dS = 0$ を用いた．$\int_S \eta^2 dS$ は図形中心 G を通り x 軸に平行な直線のまわりの断面 2 次モーメント I_{Gxx} なので，

$$I_{xx} = y_G^2 S + I_{Gxx} \tag{2.41}$$

（平行軸の定理）の関係がある．これを用いると，式 (2.39) は

$$y_C = y_G + \frac{1}{y_G S} I_{Gxx} \tag{2.42}$$

と書くこともできる．

一方，全圧力の作用点の x 座標 x_C を求めるために，y 軸まわりの力のモーメントを M_y 計算する．力のモーメント M_y は

$$M_y = \int_S \rho g x y \sin\theta \, dS \tag{2.43}$$

であり，全圧力の y 軸まわりの力のモーメントは

$$M_y = Px_{\mathrm{C}} = \rho g y_{\mathrm{G}} \sin\theta \, S x_{\mathrm{C}} \tag{2.44}$$

なので，これらの式より，

$$x_{\mathrm{C}} = \frac{1}{y_{\mathrm{G}} S} \int_{\mathrm{S}} xy dS \tag{2.45}$$

となる．ここで，$I_{xy} = \int_{\mathrm{S}} xy dS$ とおくと，

$$x_{\mathrm{C}} = \frac{1}{y_{\mathrm{G}} S} I_{xy} \tag{2.46}$$

と表せる．I_{xy} は x 軸と y 軸に関する**断面相乗モーメント**とよばれる．

●2.2.2●浮　力

重力場内においては，水や空気などの流体中にある物体は**浮力**を受ける．ここでは，図2.9のように，静止した水の中にある柱状物体にはたらく浮力について考える．柱状物体は一様な断面積 S をもち，その長さは l であるとする．水面Aにおける圧力は大気圧であり，p_0 と表す．水面からの深さ h の点Bにある柱状物体の上面での圧力は $p_1 = p_0 + \rho g h$ であり，下面Cでの圧力は $p_2 = p_0 + \rho g(h + l)$ と表せる．したがって，この柱状物体が水から鉛直上向きに受ける力 F は

$$F = S\{[p_0 + \rho g(h + l)] - [p_0 + \rho g h]\} = \rho g S l = \rho g V \tag{2.47}$$

となる．ここで，$V = Sl$ は柱状物体の体積である．式(2.47)は「水の中で物体が受ける浮力の大きさは，その物体が押しのけた水と同じ体積の水にはたらく重力の大きさに等しい」ことを表している．これを**アルキメデスの原理**という．いくつかの注意をしておこう．物体が浮力を受けるのは必ずしも水の中だけでなく，空中においても物体は浮力を受ける．そのため，たとえば，気球は空気から浮力を受けて空に浮かぶ

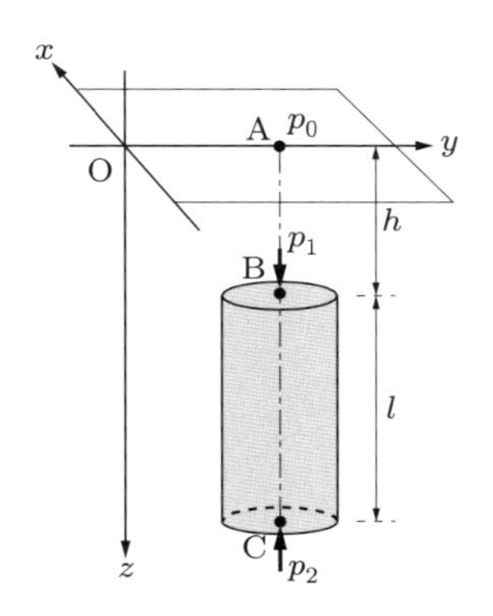

図2.9　柱状の物体にはたらく浮力

ことができる．また，図 2.9 の柱状物体の上下面は水平面と平行であったが，物体の上下面が水平面に平行でないときにも式 (2.47) は成り立つ．このことは，2.1.1 項で説明した投影面積を考えれば理解できる．

例題 2.2 氷山の一角というように，氷山の海面上に出た部分は小さくても，海中の部分は大変大きい（図 2.10）．海に浮かんでいる氷山の海面より上の部分の体積 v は，全体の体積 V の約何 % か調べよ．ただし，氷の密度 ρ_1 を $0.92\,\mathrm{kg/m^3}$，海水の密度 ρ_0 を $1.02\,\mathrm{kg/m^3}$ とする．また，重力加速度の大きさを g とする．

[解] 氷の質量は $V\rho_1$ であり，氷にかかる重力は $V\rho_1 g$ である．また，氷にはたらく浮力は $(V-v)\rho_0 g$ であり，これらの浮力と重力を等しいとおいて，$V\rho_1 g = (V-v)\rho_0 g$ より，

$$\frac{v}{V} = \frac{\rho_0 - \rho_1}{\rho_0} = \frac{1.02 - 0.92}{1.02} \approx 0.10$$

となり，氷山の全体積の約 10 % が海面より上に出ている．

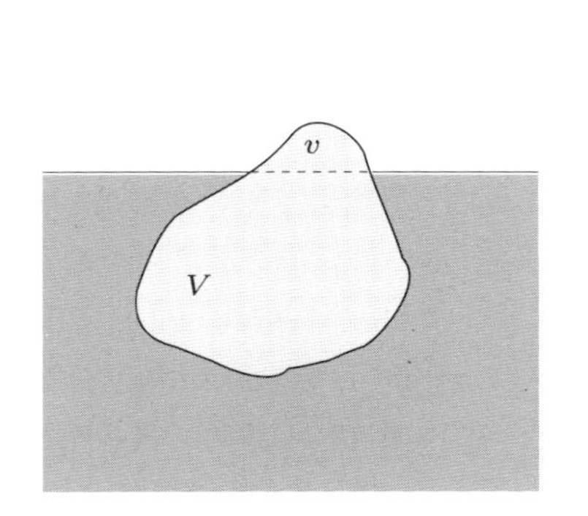

図 2.10 海に浮かぶ氷山

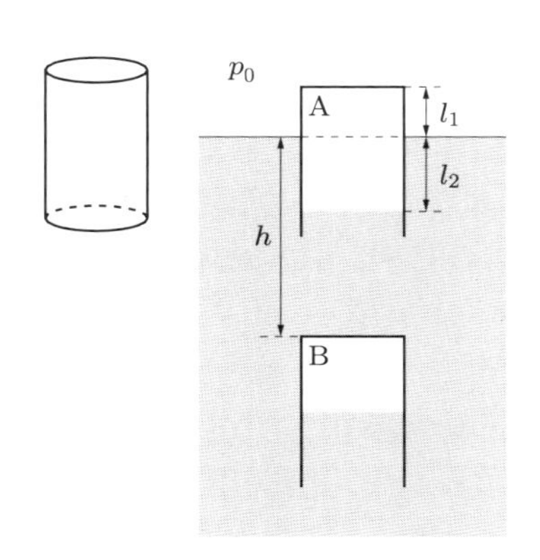

図 2.11 水中にコップを沈める

例題 2.3 図 2.11 の左上のようなコップを逆さまにして，密度 ρ の水の入った水槽につけたところ，この図の右側のように，底の部分が水面から少し出て浮かんだ．このとき，水面よりコップの底までの高さは l_1 で，コップの中の水面から外の水面までの高さは l_2 であった．底を静かに押すとコップは浮き上がろうとするが，ある深さ h のところでは力を入れなくてもコップは静止し，それ以上押すとコップは自然に沈んでいった．このときの深さ h を求めよ．ただし，空気の体積は圧力に反比例することを用いよ．また，重力加速度の大きさを g とすること．

[解] 浮かんでいるコップにはたらく力のつり合いを考える．コップの質量を M とすると，コップにはたらく重力は Mg である．コップの断面積を S とすると，浮力は $\rho g S l_2$

である．深さ h においてもこれらがつり合っているので，このときの空気の層の高さも l_2 である．コップが浮いているときと，深さ h にあるときの空気の体積の比を V_1/V_2 とすれば，

$$\frac{V_1}{V_2} = \frac{S(l_1 + l_2)}{Sl_2} = \frac{l_1 + l_2}{l_2}$$

であり，それぞれの場合のコップ内の空気の圧力の比 p_1/p_2 は

$$\frac{p_1}{p_2} = \frac{p_0 + \rho g l_2}{p_0 + \rho g(l_2 + h)}$$

となる．空気の体積と圧力は反比例するので，$V_1/V_2 = p_2/p_1$ が成り立つ．この式より

$$\frac{l_1 + l_2}{l_2} = \frac{p_0 + \rho g(l_2 + h)}{p_0 + \rho g l_2}$$

の関係が得られ，h について表すと

$$h = \frac{p_0}{\rho g}\frac{l_1}{l_2} + l_1$$

となる．

●2.2.3●パスカルの原理

密閉容器中に流体が満たされて静止しているとき，ある面に力を加えて流体中の圧力を大きくすると，流体中のどの点においても圧力は同じだけ増加する（図 2.12）．図 2.12 のように，この流体のある面（面積 S）に力 F を加えてその面に接している部分の圧力を $\Delta p = F/S$ だけ大きくすると，この容器の流体中のどの部分においても圧力が Δp だけ大きくなるのである．すなわち，いくつかの容器が連結しているとき，一つの容器中の圧力を大きくすると，連結されたすべての容器中の圧力が大きくなる．これを**パスカルの原理**という．この原理は容器中の流体が液体の場合だけでなく，気体の場合や気体と液体が共存している場合にも成り立つ．この原理によって，

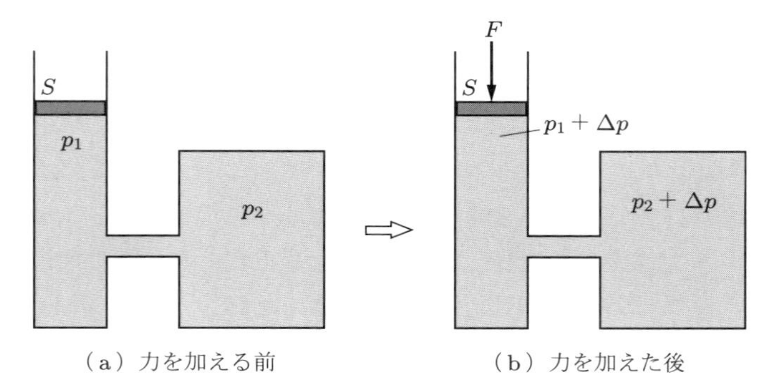

図 2.12　パスカルの原理．密閉された容器内の流体に圧力を加えると，どの点においても流体の圧力は同じだけ増加する．

圧力を加える容器の断面積が小さくて，連結された容器の断面積が大きいときには，小さな力を加えるだけで，大きな力を生み出すことができる．

パスカルの原理は自動車のブレーキや油圧機器を動作させるのに使われている．ジャッキなどの油圧機器や圧搾機などの原理について考えよう．図 2.13 は，断面積 S_1 の容器と断面積 S_2 ($> S_1$) の容器が細い管でつながった油圧機器である．断面積 S_1 の容器の上にあるピストンを力 F_1 で押すと，容器内部の流体の圧力は $\Delta p = F_1/S_1$ だけ増加し，この圧力の増加分は細い連結管を通して大きな断面積 S_2 をもつ容器中の流体に伝えられる．その結果，この容器の上部にあるピストンには，$F_2 = F_1 S_2/S_1$ の力がはたらく．もし，断面積の比 S_2/S_1 が 100 であれば，100 倍の力が大きな断面積のピストンにはたらくのである．これにより，たとえば，1 t（トン，1000 kg）の車を 10 kg の質量の物体を持ち上げるのと同じくらいの力で持ち上げることができる．ただし，仕事量は変わらないので，1 t の物体を 1 m 持ち上げるには，10 kgf = 98 N の力で 100 m 押す必要がある．このような機器の中の流体にはおもに機械油が使われている．空気などの気体を使用しない理由は，気体は圧縮性が大きいため，その分だけ力を加える距離が長くなってしまうからである．

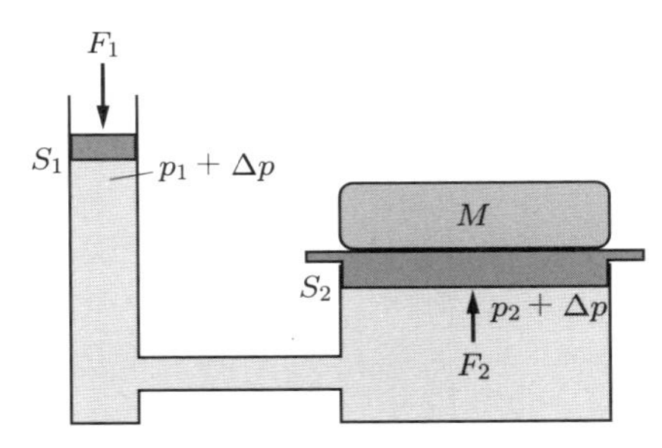

図 2.13　油圧機器（ジャッキ）．パスカルの原理の応用．

演習問題 2

2.1　静止流体中では圧力は方向によらず一定であることを示せ．また，標準状態（0℃，1 気圧）での大気圧（標準気圧）を単位 Pa で表せ．

2.2　海面下 1000 m における圧力はおよそいくらか．ただし，海水の密度を $1.03\,\mathrm{g/cm^3}$ とし，海面での気圧は 1 気圧であるとする．

2.3　静止大気の温度が上空でも一定 (0℃) であるとすると，地上 1000 m における圧力はおよそいくらか．ただし，地上では標準気圧であり，空気の分子量を 29 とする（空気 1 mol の質量は 29 g である）．

2.4　静止大気が $\delta = 1.23$ のポリトロープ変化をするとき，地上 1000 m における圧力はおよそいくらか．ただし，地上での大気の密度は $\rho_0 = 1.293\,\mathrm{kg/m^3}$ であるとする．

2.5　半径 10 cm の球が深さ 1 m の水底に置かれている．この球にはたらく流体力を求めよ．ただし，水の温度を 20°C とし，水面では 1 気圧であるとする．

2.6　半径 3 m の球状の気球の中に 1 atm のヘリウムガスが充満しているとき，空気中で気球にはたらく力はいくらか．ただし，気球のまわりの空気と気球内のヘリウムの密度はそれぞれ $1.2\,\mathrm{kg/m^3}$(20°C，1 atm)，$0.18\,\mathrm{kg/m^3}$ とする．

2.7　図 2.14 のように，半径 50 cm の円筒形容器の中に水を入れて一定の回転速度 Ω で回転させたところ，水面の最高部と最低部の差は 10 cm となった．このときの回転速度 Ω はいくらか．ただし，水の温度を 20°C とする．

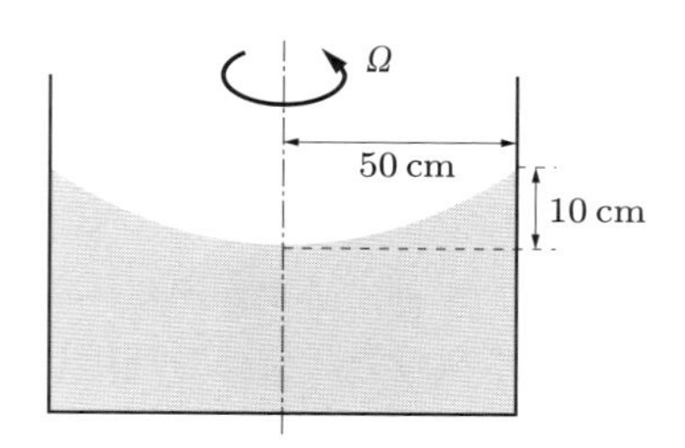

図 2.14　回転する円筒形容器の中の水

3章 流れの工学的取り扱い

工学的には，流れ場中の速度場や圧力を厳密に知ることよりも，簡単な装置で管路や水路を流れる流体の流量あるいは流速を知ることが必要とされる．そのために，管路流れにおいて断面内で流速は一定とする．すなわち，管路断面で平均した流速のみを議論し，多くの場合には流体がもつ粘性を考慮しない．大切なことは流量など知りたい物理量を，簡単に観測できる液柱高さなどの観測量の簡単な関数で表すことであり，その係数を正確に評価することを問題とはしない．その代わりに，あらかじめ流量係数や速度係数という調整パラメータを導入しておき，それらのパラメータを現実の流れと一致するように実験で決める．結果として，多くの場合には実用上問題とならない程度の誤差の範囲で正確な流量などが求められる．

3.1 流れの分類

流れの形態は多種多様であり，あるときには単純なパターンをもつが，時間的にも空間的にも複雑な性質をもつ場合もある．それぞれの流れの特徴に応じて，その取り扱い方法は異なる．したがって，流れを適切に分類することが重要となる．

●3.1.1●定常流と非定常流

流れの状態を表す物理量は，速度・圧力・密度・温度などである．これらの物理量は一般には空間座標と時間の関数であり，それぞれ $\boldsymbol{u}(\boldsymbol{x},t)$，$p(\boldsymbol{x},t)$，$\rho(\boldsymbol{x},t)$，$T(\boldsymbol{x},t)$ などと表される．空間座標 $\boldsymbol{x}$ を指定するとその点での物理量が決まるとき，そのような物理量と空間の組を場（ば）とよぶ．流れの場合は流れ場とよばれ，速度については速度場，圧力については圧力場というように，各物理量についても場という言葉を用いる．また，速度などのベクトル量の場はベクトル場とよばれ，圧力などのスカラー量の場はスカラー場とよばれる．

流れの状態を表すすべての物理量 $f(\boldsymbol{x},t)$ が空間座標 $\boldsymbol{x}$ だけの関数であり，時間 t に依存しないとき，**定常流**という．したがって，定常流の場合，空間内のある1点で物理量 $f(\boldsymbol{x})$ を観測すると時間的に一定である．ただし，一般には点が異なると，$f(\boldsymbol{x})$ の値は異なることには注意しておこう．一方，流れの中のある点やある領域または全領域で，速度・圧力・密度・温度など物理量が時間的に変化するとき，その流れを**非定常流**という．この章ではとくに断らない限り，定常流を考える．定常流を調べることは，非定常流に比べて比較的容易である．

●3.1.2●層流と乱流

一般に，流速が遅い流れでは，近接した2点から染料を流すと，その染料は2筋の線を描き，流れは層状のパターンを形成する．ところが，速い流れでは，2筋の線は複雑に混じり合い，不規則なパターンとなる．このとき，空間の各点における流速が予測不可能となり，流速は確率的にしか予測できなくなる．前者のように，流れが層状で規則的な流れを**層流**といい，後者のような不規則で乱れた流れを**乱流**という．

流れには層流と乱流の二つの状態があることは古くから知られていたが，それらの二つの状態を区別する条件を調べたのは，レイノルズ (Reynolds, 1883) である．レイノルズは，円形断面の管内流について，いろいろな直径や流速で実験を行い，流れが層流から乱流に遷移する条件は管直径 D，円形断面内の平均流速 U，粘性係数 μ，流体密度 ρ からなる無次元数

$$Re = \frac{\rho U D}{\mu} \tag{3.1}$$

により決まることを明らかにした．現在では，この無次元数 Re を**レイノルズ数**とよぶ．流れ場の境界の形が同じであり，しかもレイノルズ数が同じである二つの流れ場は相似的であることがわかっている．これを**レイノルズの相似則**という．このレイノルズ数を用いて層流と乱流の区別を表現するならば，レイノルズ数がある値より小さいときは層流であり，大きいときは乱流であるということができる．ただし，現在までの研究では，層流が乱流に遷移するときの臨界点（臨界レイノルズ数）については明確な定義もその値も見いだされていない．

レイノルズが実験を行った円管内流れは円管ポアズイユ流ともよばれる．この流れが層流から乱流に遷移する臨界レイノルズ数 Re_c は，理論的にはまだ十分に明らかにはなっておらず，実験条件にもよるが，およそ13000である．一方，乱流状態にある流れの流速を小さくしていき，レイノルズ数が約2300より小さくなると，逆に層流へ遷移すると考えられている．

問3.1　円管ポアズイユ流が乱流へ遷移する臨界レイノルズ数を $Re_c = 13000$ とする．円管直径を $D = 5\,\mathrm{cm}$，流体の密度を $\rho = 1 \times 10^3\,\mathrm{kg/m^3}$，流体の粘性係数を $\mu = 1 \times 10^{-3}\,\mathrm{Pa{\cdot}s}$ とするとき，臨界状態における平均流速 U を求めよ．

●3.1.3●非圧縮性流れと圧縮性流れ

1.1.2 項で述べたように，流体は，水に代表される**非圧縮性流体**と空気のような**圧縮性流体**に大別される．

流体が流れているときは，流れの代表的な流速と流体中を伝わる音速との比によって，圧縮性の影響を考慮すべきかどうかが決まる．流れの代表的な流速を U とし，流体中を伝わる**音速**を c とおいて，その比

$$Ma = \frac{U}{c} \tag{3.2}$$

を**マッハ数**とよぶ．ここで，1 気圧のとき，15℃ の大気中を伝わる音速 c は約 $c = 340\,\mathrm{m/s}$ である．また，水中を伝わる音速は，温度 23〜27℃ の範囲でおよそ $c = 1500\,\mathrm{m/s}$ である．マッハ数 Ma が 0.3 程度までの流れは，流体の密度変化の影響があまり大きくなく，**非圧縮性流れ**として取り扱うことができる．マッハ数が 0.3 程度より大きいときは流体の圧縮性を考慮に入れる必要があり，そのような流れを**圧縮性流れ**という．

3.2 流れの表現

質点や剛体の運動を調べるときには，対象となる物体を容易に識別することができ，その物体の重心の位置や自転の速度を時間的に追うことができる．しかし，流体の運動を調べるときには，ある時刻において閉曲面に囲まれた領域にある体積の流体は，時間と共にその形と位置が変化し，まわりの流体と閉曲面内の流体を区別することが難しい．そのため，流体力学では，ある閉曲面内の流体の運動を追わずに，流れ場の中に固定された点での流体運動を調べることが多い．

●3.2.1●流れの記述

流体の運動を記述する方法には二つの方法がある．一つは**ラグランジュ的記述**（方法）であり，力学で物体の運動を追ったように，ある時刻に閉曲面 S に囲まれた一定質量の流体の運動を追いかけながら調べる方法である．このときには，流体の位置と速度は，時間 t と流体を識別する変数 $\boldsymbol{a}$ との関数であり，$\boldsymbol{x}(t, \boldsymbol{a})$，$\boldsymbol{u}(t, \boldsymbol{a})$ のように表せる．

もう一つの記述法は，**オイラー的記述**（方法）とよばれる方法であり，空間に固定した体積 V 内の流体速度などを調べる方法である．このときには，体積 V 内の流体は時々刻々と入れ替わり，流速は位置 $\boldsymbol{x}$ と時間 t との関数で $\boldsymbol{u}(\boldsymbol{x}, t)$ のように表される．このように位置 $\boldsymbol{x}$ は従属変数ではなく，独立変数であり，電磁気学で磁場や電場を取り扱ったときと同様に流れを場として考える．

●3.2.2●流線・流管・流跡線・流脈線

オイラー的記述によって流れを考えるときには，速度は空間の各点に付随しているものであり，ある瞬間においては空間座標が与えられると各点に速度ベクトル $\boldsymbol{u}$ が定まる．図 3.1 (a) は格子状にとった各点での速度のベクトルを表した図である．このベクトルを滑らかにつないだ線を**流線**とよぶ．すなわち，流線上の各点での接線は，その点での速度と同じ方向を向いている．図 3.1 (a) の実線は空間内のある点 P_0 を通る流線である．点 P_0 以外の点をとれば，異なる流線が得られる．流れが非定常であれば，流線は時間と共に変化する．流線を実験により可視化する場合には，流体の中に光を反射する浮遊物を混入する．水の場合にはアルミ粉末などを混入する．カメラのシャッター速度を比較的短く設定して写真を撮ると，流れ場の各点でアルミ粉末が短い距離だけ尾を引くように写される．こうして写る短い線分がつながるように目で補正しながら眺めると，流線のようになる．

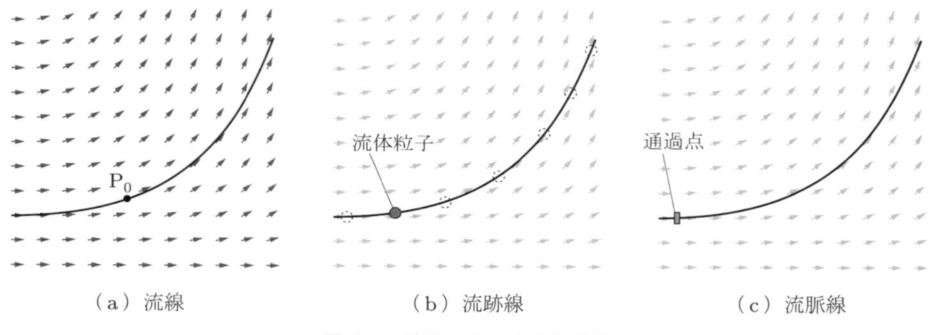

図 3.1　速度ベクトル場と流線

流線は，ある時刻 t_1 の速度場 $\boldsymbol{u}(\boldsymbol{x}, t_1)$ と空間内のある1点を決めれば，一意的に決めることができる．流線に沿ってとった長さを s とし，流線を $\boldsymbol{x}(s) = (x(s), y(s), z(s))$ と表す．また，$\boldsymbol{x}(s)$ での速度を $\boldsymbol{u} = (u(s), v(s), w(s))$ とすれば，流線上の各点で

$$\frac{dx}{u} = \frac{dy}{v} = \frac{dz}{w}, \quad \frac{dx}{ds} = \frac{u}{|\boldsymbol{u}|}, \quad \frac{dy}{ds} = \frac{v}{|\boldsymbol{u}|}, \quad \frac{dz}{ds} = \frac{w}{|\boldsymbol{u}|} \tag{3.3}$$

の関係がある．このとき，流線上の各点を表すパラメータ（媒介変数）は s となる．

流れの中に任意の閉曲線をとり，この閉曲線上の各点を通る流線を考えると，流線により取り囲まれた管状の曲面を定義できる．これを**流管**とよぶ．

流線によく似た概念に，流跡線と流脈線がある．**流跡線**は，ある時刻 t_0 にある1点 $\boldsymbol{x}_0$ $[= \boldsymbol{x}(t_0) = (x(t_0), y(t_0), z(t_0))]$ にあった流体が時間の経過と共に描く線である（図 3.1 (b)）．この線を $\boldsymbol{x}(t) = (x(t), y(t), z(t))$ と表すと，流跡線の式は

$$\frac{dx}{u(\boldsymbol{x}(t),t)}=\frac{dy}{v(\boldsymbol{x}(t),t)}=\frac{dz}{w(\boldsymbol{x}(t),t)}=dt \tag{3.4}$$

から求められる．式 (3.3) の第 1 式では，各辺の分母 u，v，w はある瞬間における流線上の各点での速度であるのに対して，式 (3.4) では，流体粒子が運動して点 $\boldsymbol{x}$ に到達したときのその点での流速である．式 (3.4) を t について，t_0 から t_1 まで積分すると流跡線を表す式が求められる．したがって，流跡線を表すパラメータは t である．実験で流跡線を可視化するには，流体内に光を反射する粒子を混入し，それらの粒子を長時間露光で写真撮影をする．

流脈線とは，空間内のある 1 点 $\boldsymbol{x}_1$ を次々と通過した流体粒子のある瞬間の位置をつないだ線である（図 3.1 (c)）．煙突から出る煙をある瞬間に眺めたときに見えるのが流脈線であり，実験で可視化するには，流れの 1 点 $(\boldsymbol{x}_1)$ から染料を注入し，その染料の描く線をある瞬間に撮影する．時刻 τ に点 $\boldsymbol{x}_1$ を通過した流体粒子の時刻 t での位置を $\boldsymbol{x}(t;\tau,\boldsymbol{x}_1)$ として，流脈線を $\boldsymbol{x}(t;\tau,\boldsymbol{x}_1)$ で表すと，流脈線を表す方程式は式 (3.4) と同じである．ただし，流跡線が満たすべき条件は $\boldsymbol{x}_0=\boldsymbol{x}(t_0)$ であり，線を表すパラメータが t であったのに対して，流脈線が満たすべき条件は $\boldsymbol{x}_1=\boldsymbol{x}(\tau;\tau,\boldsymbol{x}_1)$ であり，ある時刻 t における流脈線を表すパラメータは τ である．この条件は，流脈線を構成する流体粒子は（時刻 τ に）定点 $\boldsymbol{x}_1$ を通るという条件である．なお，定常流においては，流線と流跡線および流脈線は一致する．

例題 3.1 2 次元の流れ（2 次元流れ）を考える．時刻 t における流速が空間座標 $\boldsymbol{x}$ によらず一定で，$(u,v)=(1,\cos\pi t)$ と表されるとき，$t=0$ と $1/2$ における流線，$t=0$ において $(x,y)=(0,0)$ を通過する流体粒子の流跡線，$(x,y)=(0,0)$ を順次通過した流体粒子の流脈線について，それぞれ式を求めよ．

[解] 流速は座標 $\boldsymbol{x}$ によらず一定である．したがって，流線は直線となる．時刻 $t=0$ では速度は $(u,v)=(1,1)$ なので，x 軸および y 軸と 45° をなす直線がすべて流線である．時刻 $t=1/2$ では $(u,v)=(1,0)$ なので，x 軸に平行な直線が流線である．流跡線と流脈線を求めるために，微分方程式

$$\frac{dx}{1}=\frac{dy}{\cos\pi t}=dt$$

を解く．解は $x=t+x_0$，$y=(1/\pi)\sin\pi t+y_0$ と表される．流跡線については，流体粒子は時刻 $t=0$ に原点 $(x,y)=(0,0)$ を通過したという条件より，$x=t$，$y=(1/\pi)\sin\pi t$ となり，流跡線の式は，$y=(1/\pi)\sin\pi x$ と求められる．このように，流跡線は正弦関数で与えられる．流脈線については，時刻 τ に $(0,0)$ を通過するという条件より，$x_0=-\tau$，$y_0=-(1/\pi)\sin\pi\tau$ と求められ，解は $x=t-\tau$，$y=(1/\pi)\sin\pi t-(1/\pi)\sin\pi\tau$ となる．これらの式より τ を消去して，時刻 t における流脈線の式 $y=(1/\pi)\sin\pi t-(1/\pi)\sin\pi(t-x)$ が得られる．

3.3 連続の式

流れ学では，本来は3次元的な運動である流れを，流線に沿って流れる1次元運動とみなして解析する．この方法は，機械設計などで簡便に流速あるいは流量の推定を行うための重要な手段である．このときに用いる法則が，連続の式とベルヌーイの式および状態方程式であるが，非圧縮性流れでは連続の式とベルヌーイの式のみから流速と流量の式を導くことができる．導かれた式と実験結果とを比較することにより，式に含まれる係数を決めて，流速と流量を評価するための経験則を導く．

連続の式は，流れの中における流体の質量保存則から導かれる式であり，流速や流量を求める際に非常に重要である．ある領域に含まれている流体を考えるとき，流れによってその領域は変形し，体積が変化する可能性はあるが，その領域から流体が流れ出さない限りその質量は保存している．質量の保存則から連続の式を導く方法には，前節で述べたラグランジュ的記述とオイラー的記述がある．まずは，ラグランジュ的記述により連続の式を導こう．

この節のみならず，この章を通して，図3.2のような断面AとBに挟まれた流管の一部に含まれる流体を考える．流管の中心を通る線に沿って座標軸 s をとる．流管が曲がっているときは座標軸も曲線であり，座標 s はある点を原点として中心線に沿って測った長さである．断面Aは点 $\mathrm{P_A}$ を中心として s の方向に垂直な面で，その面積は S_A であるとする．同様に，断面Bは点 $\mathrm{P_B}$ を中心とする s の方向に垂直な面で，その面積は S_B である．二つの断面AとBのそれぞれの座標 s は s_A および s_B で，長さ Δs だけ離れているとする．ある瞬間にAB間にあった流管内の流体は，短い時間 Δt 経過したあとには，図3.3のように $\mathrm{A'B'}$ へ移動している．この間に断面Aが移動した距離は点 $\mathrm{P_A}$ での流速を v_A とすると $v_\mathrm{A}\Delta t$ と表され，断面Bが移動した距離は点 $\mathrm{P_B}$ での流速を v_B とすると $v_\mathrm{B}\Delta t$ と表される．断面AとBの間の流体の体積を $\mathrm{AA'}$ と $\mathrm{A'B}$ の二つの部分に分割し，断面 $\mathrm{A'}$ と $\mathrm{B'}$ との間の体積を $\mathrm{A'B}$ と $\mathrm{BB'}$ に分割して考える．ここで，流れは定常流であると仮定しよう．このときには $\mathrm{A'B}$ に含まれる流体の量はABと $\mathrm{A'B'}$ で共通である．したがって，はじめにABに含まれていた流体がもっていた質量は，Δt 時間の後に，$\rho_\mathrm{B} S_\mathrm{B} v_\mathrm{B} \Delta t$ だけ増加し，$\rho_\mathrm{A} S_\mathrm{A} v_\mathrm{A} \Delta t$ だけ減少したことになる．ここで，ρ_A と ρ_B はそれぞれ点 $\mathrm{P_A}$ および $\mathrm{P_B}$ における流体の密度である．しかし，ABに含まれている流体はこの間に $\mathrm{A'B'}$ へ移動しただけであり，その中に含まれている流体の質量は変化しない．したがって，質量の減少量と増加量は等しいので，

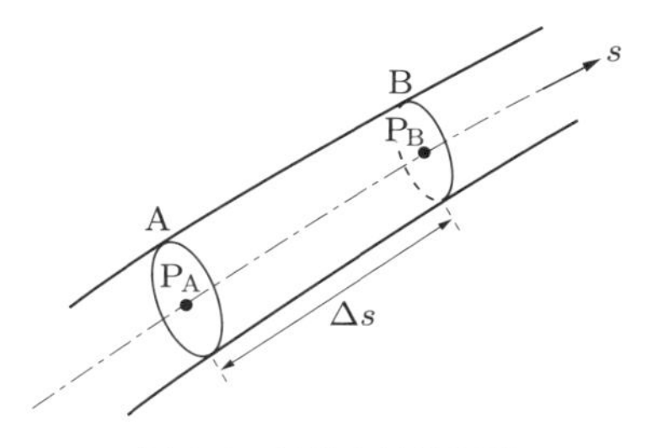

図 3.2　流管と流体運動

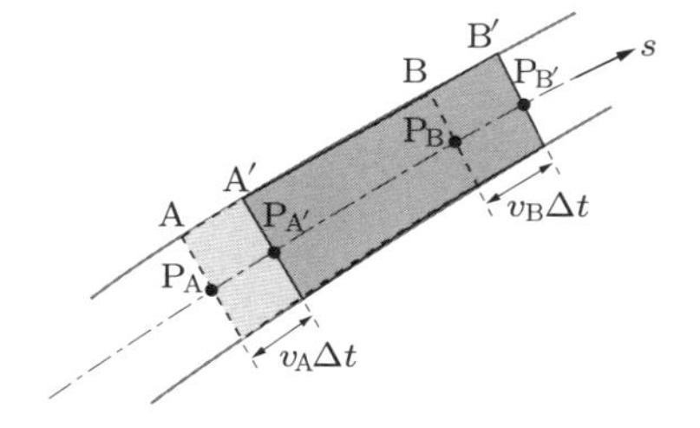

図 3.3　ラグランジュ的流体運動

$$\rho_A S_A v_A = \rho_B S_B v_B \tag{3.5}$$

が成り立つ．また，断面 A と B のとり方は任意であるから，座標軸 s 上の任意の点での流体の密度を ρ，流速を v，流管の断面積を S とすると，流管に沿っては

$$\rho S v = q_m \text{（一定）} \tag{3.6}$$

でなければならない．ここで，q_m は流管断面を単位時間に通過する質量流量である．この式が求める**連続の式**である．

同じことをオイラー的記述から導いてみよう．流管の中心線上で座標 s の点での流管の断面積を $S(s)$，流体密度を $\rho(s)$，流速を $v(s)$ とすると，図 3.2 の断面 A と B の間に含まれている流体の質量 m は，$s = [s_A, s_B]$ で積分して

$$m = \int_{s_A}^{s_B} \rho S ds \tag{3.7}$$

である．この部分に単位時間に流入する流体の質量は $\rho_A S_A v_A$ であり，この部分から単位時間に流出する質量は $\rho_B S_B v_B$ なので，質量 m の時間変化 dm/dt は

$$\frac{dm}{dt} = \rho_A S_A v_A - \rho_B S_B v_B \tag{3.8}$$

と表される．流れは定常であると仮定しているので，$dm/dt = 0$ である．これを式 (3.8) に代入すると，式 (3.5) が導かれる．

ここで，式 (3.5) における v_A と v_B，および ρ_A と ρ_B について考察しておこう．これらは点 P_A または P_B における流速あるいは密度であると定義した．図 3.2 の流管について考えるときは，細い流管の断面内で流速が一定であると仮定できるが，この連続の式を金属製やガラス製の細くない管路にも拡張して適用することがある．このような場合には管壁では流速は 0 であり，管の中心部では流速が大きい．このときには，これらの物理量を断面内での平均値であると解釈する．たとえば，v_A は断面 A における s 方向の流速 v の断面平均であると考える．

圧力が変わっても密度が変化せずに一定である非圧縮性流れでは，式 (3.5) で

$\rho_A = \rho_B = \rho$ とおき，両辺を ρ で割ると，

$$S_A v_A = S_B v_B \tag{3.9}$$

となる．同様に，式 (3.6) も

$$Sv = q_V \text{（一定）} \tag{3.10}$$

と簡単化される．ここで，q_V は流管断面を単位時間に通過する体積流量である．

例題 3.2　針が直径 1 mm の円形断面，胴が直径 6 mm の円形断面である注射器がある．このピストン部を 1 cm/s で押すとき，針の先から出る液体の流速を求めよ．ただし，注射器に満たされた液体は非圧縮性流体とみなせるとする．

[解]　ピストン部の面積は $S_A = \pi(6 \times 10^{-3}/2)^2\,\mathrm{m}^2$ であり，ピストン直前の流速は $v_A = 1 \times 10^{-2}\,\mathrm{m/s}$ である．また，針の穴の面積は $S_B = \pi(1 \times 10^{-3}/2)^2\,\mathrm{m}^2$ である．これらを式 (3.9) に代入して，$v_B = 0.36\,\mathrm{m/s}$ が針の先から出る液体の流速である．

3.4 ベルヌーイの定理

流体についてのエネルギー保存則であるベルヌーイの定理を表す式は，ベルヌーイの式とよばれ，流体の微小部分がもつエネルギーの保存則をラグランジュ的記述により表わしている．密度が一定の流れでは，ベルヌーイの式と連続の式を組み合わせて解くことにより，さまざまな流れの流速と流量を求めることができる．密度が変化する圧縮性流れでは，このほかに状態方程式などの密度と圧力との関係式および断熱条件などが必要になる．

連続の式を導いたときと同様に，ここでも図 3.2 のような流管を考え，断面 A と B の間にある流体がもつエネルギーの変化を調べる．座標 s で表される点での流体の密度を $\rho(s)$，温度を $T(s)$，圧力を $p(s)$，流速を $v(s)$ とする．また，点 P_A および P_B での流体の密度，温度，圧力，流速をそれぞれ添え字 A と B をつけて，ρ_A，ρ_B，T_A，T_B，p_A，p_B，v_A，v_B のように表す．

はじめに，ラグランジュ的記述でベルヌーイの式を導いてみよう．座標 s で単位体積 ($1\,\mathrm{m}^3$) あたりの流体がもつ運動エネルギーは $(1/2)\rho v^2$ であり，基準点からその点までの高さを z とすると，位置エネルギーは $\rho g z$ である．また，単位質量 (1 kg) あたりの定積比熱を $\overline{c_v}$ とすれば，内部エネルギーは $\rho\overline{c_v}T$ である．図 3.3 のように，ある時刻 t において，AB にあった流体が A′B′ に移動したとして，連続の式を導いたときと同様に考える．ただし，質量は流管の断面 A と B および側面を通して流入

することがなかったが，エネルギーは断面 A と B を押す圧力によって増減する可能性があり，流管の側面からエネルギーが流入する可能性もあるので，これらも考慮する必要がある．

ある時刻 t において流管の AB 間に含まれる流体がもっていたエネルギーのうち，Δt 間に A′B′ へ移動することにより減少したエネルギーは AA′ に含まれているエネルギー $\Delta E_{\mathrm{A}} = \rho_{\mathrm{A}} S_{\mathrm{A}} v_{\mathrm{A}} \Delta t \left(v_{\mathrm{A}}^2/2 + g z_{\mathrm{A}} + \overline{c_v} T_{\mathrm{A}} \right)$ であり，増加したエネルギーは BB′ に含まれているエネルギー $\Delta E_{\mathrm{B}} = \rho_{\mathrm{B}} S_{\mathrm{B}} v_{\mathrm{B}} \Delta t \left(v_{\mathrm{B}}^2/2 + g z_{\mathrm{B}} + \overline{c_v} T_{\mathrm{B}} \right)$ である．したがって，時刻 t に AB にあった流体がもつエネルギーは流体が A′B′ に移って $\Delta E_{\mathrm{B}} - \Delta E_{\mathrm{A}}$ だけ増加したことになる．この間に AB 間の流体が受けた仕事は断面 A (A′) で受ける圧力による仕事 $p_{\mathrm{A}} S_{\mathrm{A}} v_{\mathrm{A}} \Delta t$ と断面 B (B′) で受ける $-p_{\mathrm{B}} S_{\mathrm{B}} v_{\mathrm{B}} \Delta t$ である．また，単位質量の流体が流管の側面を通して $s = 0$ から s までの間で受け取る熱エネルギーを $G(s)$ とし，$G_{\mathrm{A}} = G(s_{\mathrm{A}})$ および $G_{\mathrm{B}} = G(s_{\mathrm{B}})$ とおくと，Δt の間に側面を通して AB 間にある流体が受け取る熱エネルギーは $\rho_{\mathrm{B}} S_{\mathrm{B}} v_{\mathrm{B}} G_{\mathrm{B}} \Delta t - \rho_{\mathrm{A}} S_{\mathrm{A}} v_{\mathrm{A}} G_{\mathrm{A}} \Delta t$ である．したがって，

$$\rho_{\mathrm{B}} S_{\mathrm{B}} v_{\mathrm{B}} \Delta t \left(\frac{1}{2} v_{\mathrm{B}}^2 + g z_{\mathrm{B}} + \overline{c_v} T_{\mathrm{B}} \right) - \rho_{\mathrm{A}} S_{\mathrm{A}} v_{\mathrm{A}} \Delta t \left(\frac{1}{2} v_{\mathrm{A}}^2 + g z_{\mathrm{A}} + \overline{c_v} T_{\mathrm{A}} \right)$$
$$= p_{\mathrm{A}} S_{\mathrm{A}} v_{\mathrm{A}} \Delta t - p_{\mathrm{B}} S_{\mathrm{B}} v_{\mathrm{B}} \Delta t + \rho_{\mathrm{B}} S_{\mathrm{B}} v_{\mathrm{B}} G_{\mathrm{B}} \Delta t - \rho_{\mathrm{A}} S_{\mathrm{A}} v_{\mathrm{A}} G_{\mathrm{A}} \Delta t \quad (3.11)$$

が成り立つ．ここで，$q_m = \rho_{\mathrm{B}} S_{\mathrm{B}} v_{\mathrm{B}} = \rho_{\mathrm{A}} S_{\mathrm{A}} v_{\mathrm{A}}$ であることを用いて，式 (3.11) を変形し，整理すると

$$\frac{1}{2} v_{\mathrm{A}}^2 + g z_{\mathrm{A}} + \overline{c_v} T_{\mathrm{A}} + \frac{p_{\mathrm{A}}}{\rho_{\mathrm{A}}} - G_{\mathrm{A}} = \frac{1}{2} v_{\mathrm{B}}^2 + g z_{\mathrm{B}} + \overline{c_v} T_{\mathrm{B}} + \frac{p_{\mathrm{B}}}{\rho_{\mathrm{B}}} - G_{\mathrm{B}} \quad (3.12)$$

となる．式 (3.12) は単位質量あたりの流体がもつエネルギーの保存式として表されていることに注意しておこう．

断面 A と B のとり方が任意であったことから，式 (3.12) は管の任意の断面で，

$$\frac{1}{2} v^2 + g z + \overline{c_v} T + \frac{p}{\rho} - G = C_1 \text{（定数）} \quad (3.13)$$

であることを示す．前にも説明したように，式 (3.13) 中の G は基準点 $(s = 0)$ から s までの間で流管の側面を通して単位質量の流体に供給される熱量である．また，$h = \overline{c_v} T + p/\rho$ は単位質量の流体がもつエンタルピーである．

断面 A と B の間隔 Δs が非常に小さいときには，すべての物理量の 2 点 $\mathrm{P_A}$ と $\mathrm{P_B}$ での値の差が非常に小さい．すなわち，$v_{\mathrm{B}} - v_{\mathrm{A}} = dv$，$\rho_{\mathrm{B}} - \rho_{\mathrm{A}} = d\rho$，$p_{\mathrm{B}} - p_{\mathrm{A}} = dp$，$T_{\mathrm{B}} - T_{\mathrm{A}} = dT$，$z_{\mathrm{B}} - z_{\mathrm{A}} = dz$，$G_{\mathrm{B}} - G_{\mathrm{A}} = dG$ はすべて小さいとみなせる．したがって，式 (3.13) は微分形で

$$vdv + gdz + \overline{c_v}dT + \frac{dp}{\rho} + pd\left(\frac{1}{\rho}\right) - dG = 0 \tag{3.14}$$

と表される．流管内を流体が流れると粘性によって運動エネルギーが熱エネルギーに変化するが，その量は非常に小さくて多くの場合は無視できる．このとき，単位質量あたりの熱力学の第1法則 $dQ = dG = \overline{c_v}dT + pd(1/\rho)$ を式 (3.14) に代入すると，

$$vdv + gdz + \frac{dp}{\rho} = 0 \tag{3.15}$$

となる．この式を s について積分すると，

$$\frac{1}{2}v^2 + gz + \int_0^p \frac{dp}{\rho} = C_2 \text{（定数）} \tag{3.16}$$

が得られる．これが**ベルヌーイの式**であり，この式が表している保存則を**ベルヌーイの定理**とよぶ．高速で流れる気体では，密度の変化が大きいので，圧力や温度による密度変化を考慮する必要がある．音速 c に比べてかなり遅い気体の流れや液体の流れでは，密度 ρ が一定で変化しないと近似的することができる．そのときには，式 (3.16) は

$$\frac{1}{2}\rho v^2 + \rho gz + p = C_3 \text{（定数）} \tag{3.17}$$

となる．

つぎに，もう少し単純な系について，ベルヌーイの式をオイラー的記述で導出しよう．ここでは，流体がもつ内部エネルギーの変化や流管側面からの熱の伝達を考えず，力学的運動量の保存則のみからベルヌーイの式を導く．図 3.2 で，断面 A と B に挟まれた流管内の流体がもつ s 軸方向の運動量 M は

$$M = \int_{s_A}^{s_B} \rho S v ds \tag{3.18}$$

である．断面 A を通して単位時間に流入する運動量は $\rho_A S_A v_A^2$ であり，断面 B から単位時間に流出する運動量は $\rho_B S_B v_B^2$ である．流体は断面 A にはたらく圧力 p_A により $p_A S_A$ の力を受ける．断面 B では逆向きの力 $-p_B S_B$ が作用するが，ここで注意が必要である．断面 A と B で断面積が異なっているときは，側面は座標軸 s と必ずしも平行ではなく，流管の側面にはたらく圧力は，s 軸と小さな角度をなしている．したがって，側面にはたらく圧力が流体に s 軸方向の力を及ぼすのである．側面での圧力の大きさはおよそ p_A と p_B の平均であると評価できる．また，側面の面積の断面 A または B への投影面積は $|S_A - S_B|$ である．側面の圧力が流体に及ぼす力の s 軸方向の成分は平均圧力と投影面積との積で表されるので，$(1/2)(p_A + p_B)|S_A - S_B|$

となり，その向きは断面 A と B の面積の小さなほうから面積の大きなほうに向いている．したがって，両断面と側面にはたらく力の合力の s 軸方向成分は $(p_{\mathrm{A}}-p_{\mathrm{B}})S_{\mathrm{A}}$ と表せる．ただし，$(1/2)(S_{\mathrm{A}}+S_{\mathrm{B}})\sim S_{\mathrm{A}}$ と近似を行った．これらの近似が正しいことは，図 3.4 で Δs が非常に小さいと仮定して，圧力と断面積を Δs についてテイラー展開し，Δs の 1 次の項のみをとることにより証明することができる．最終的に導かれるベルヌーイの式が正しいことは，非粘性流体の運動方程式であるオイラー方程式からベルヌーイの式を導くことで確認することができる (5.3 節)．圧力のほかに流体は重力を受けており，図 3.4 のように重力の方向と s 軸の負方向とのなす角を θ とすると，流体にはたらく重力の大きさは $\int_{s_{\mathrm{A}}}^{s_{\mathrm{B}}}\rho Sg ds$ であり，その s 方向の成分は $-\int_{s_{\mathrm{A}}}^{s_{\mathrm{B}}}\rho Sg\cos\theta\, ds$ である．運動量の時間変化率 dM/dt は，この領域に流出入する運動量とこの部分の流体にはたらく力の和に等しいので，

$$\frac{dM}{dt}=\rho_{\mathrm{A}}S_{\mathrm{A}}v_{\mathrm{A}}^2-\rho_{\mathrm{B}}S_{\mathrm{B}}v_{\mathrm{B}}^2+(p_{\mathrm{A}}-p_{\mathrm{B}})S_{\mathrm{A}}-\int_{s_{\mathrm{A}}}^{s_{\mathrm{B}}}\rho Sg\cos\theta\, ds \quad (3.19)$$

となる．

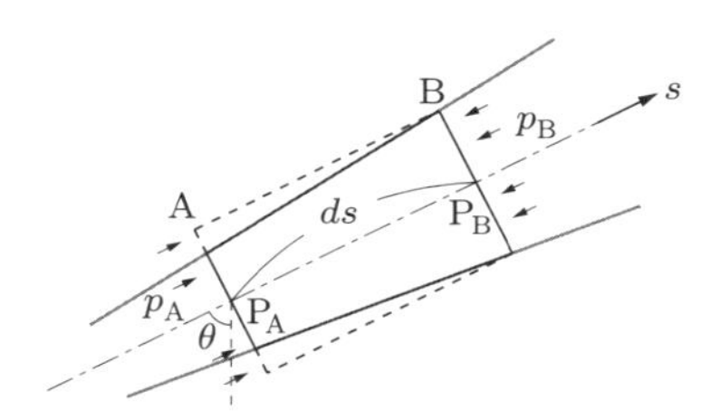

図 3.4　運動する流体とはたらく力

定常な流れを考えているので，断面 A と B の間の流管に含まれる流体がもつ運動量は一定であり，式 (3.19) で $dM/dt=0$ である．また，断面 A と B の間の長さ $\Delta s=s_{\mathrm{B}}-s_{\mathrm{A}}$ は小さいと仮定して，これを ds とおく．式 (3.19) の右辺のすべての物理量を点 A での値からのテイラー展開で表し，ds について 1 次の項のみを残し，2 次以上の項を無視すると，

$$\frac{d(\rho Sv^2)}{ds}ds+S\frac{dp}{ds}ds+\rho Sg\cos\theta\, ds=0 \quad (3.20)$$

となる．式 (3.20) の左辺第 1 項は，連続の式より $\rho Sv=q_m$（一定）であることを用いると，

$$\frac{d(\rho Sv)v}{ds}ds=\left[\frac{d(\rho Sv)}{ds}v+\rho Sv\frac{dv}{ds}\right]ds=\rho Sv\frac{dv}{ds}ds \quad (3.21)$$

となるので，この式を式 (3.20) に代入し，両辺を $\rho S ds$ で割って，整理すると，

$$v\frac{dv}{ds}+\frac{1}{\rho}\frac{dp}{ds}+g\cos\theta=0 \tag{3.22}$$

が得られる．式 (3.22) に $\cos\theta=dz/ds$ を代入し，s で積分すると

$$\frac{1}{2}v^2+gz+\int_0^s\frac{dp}{\rho}=C_2\ (\text{定数}) \tag{3.23}$$

が導かれる．ただし，$\displaystyle\int\frac{1}{\rho}\frac{dp}{ds}ds=\int\frac{1}{\rho}dp$ となることを用いた．この式は式 (3.16) と同じである．

圧力が変化しても密度が変化しない非圧縮性流れでは，式 (3.23) は式 (3.17)，すなわち

$$\frac{1}{2}\rho v^2+\rho gz+p=C_3\ (\text{定数}) \tag{3.24}$$

となるが，この式の意味について少し検討してみよう．単位体積の流体がもつ運動エネルギーと重力によるポテンシャルエネルギーがそれぞれ $(1/2)\rho v^2$ と ρgz であることは質点の場合と比較すれば容易に理解できるが，p はなぜエネルギーなのだろうか．このことを考えるために，図 3.5 のように，ある面を境にして左側の圧力が p_1 であり，右側の圧力が $p_1+\Delta p$ であるとする．左側の領域に断面積 S，長さ Δl の筒状の領域をとり，その中の流体の圧力は p_1 であるとする．この領域に含まれる流体をその左側から押して右半分の圧力 $p_1+\Delta p$ の領域に押し込むのに必要な仕事を評価しよう．体積 $\Delta V=S\times\Delta l$ の流体を Δp だけ高圧の領域に押し込むために必要な力は ΔpS であり，押す距離は Δl なので，全体積を押し込むのに必要な仕事 ΔW は $\Delta W=pS\Delta l=p\Delta V$ である．したがって，圧力 $p+\Delta p$ のもとにある体積 ΔV の流体は圧力 p をもつ流体よりもエネルギーを $\Delta p\Delta V$ だけ余分にもっていることになり，単位体積あたりの流体は $p=\displaystyle\int_0^p dp$ の圧力エネルギーをもっていることがわ

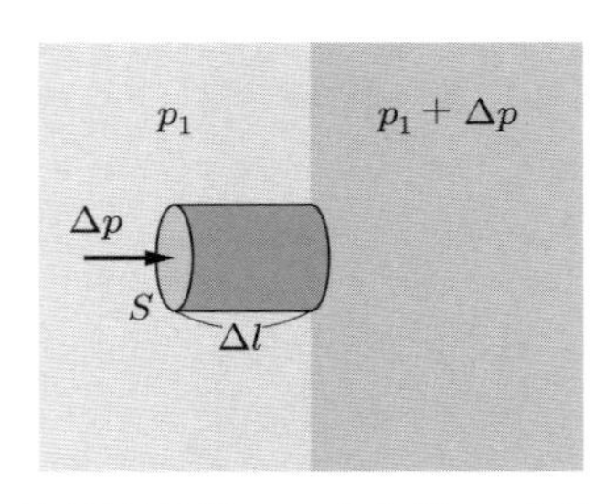

図 3.5　圧力は流体がもつエネルギーであることの説明

かる．

工学の分野では，式 (3.24) の両辺を ρg で割って，

$$\frac{1}{2g}v^2 + z + \frac{p}{\rho g} = H \text{（定数）} \tag{3.25}$$

のように各項が長さの次元をもつ量で表すことが多い．これは，圧力を測るのにマノメータを用いることに起因している．流体がもつエネルギーをこのように長さの次元をもつ量で表して，式 (3.25) の第 1 項 $v^2/(2g)$ を**速度ヘッド**，第 2 項 z を**位置ヘッド**，第 3 項 $p/(\rho g)$ を**圧力ヘッド**とよび，それらの和 H を全ヘッドとよぶ．このとき，式 (3.25) はエネルギー保存則であるベルヌーイの定理を全ヘッドの保存則として表している．このことを図で表すと，図 3.6 のようになる．この図で，点 P_2 は点 P_1 よりも低い点であり，密度が一定で断面積が同じ ($S_1 = S_2$) とすれば，連続の式 (3.9) より $v_1 = v_2$ であり，$p_2/(\rho g) = p_1/(\rho g) + (z_1 - z_2)$ となって，圧力 p_2 が p_1 より $\rho(z_1 - z_2)g$ だけ大きくなっていることがわかる．点 P_3 は点 P_2 と同じ高さにあるが，そこでの断面積 S_3 が S_2 より大きいので流速 v_3 が v_2 よりも小さくなり，速度ヘッドは小さくなる．

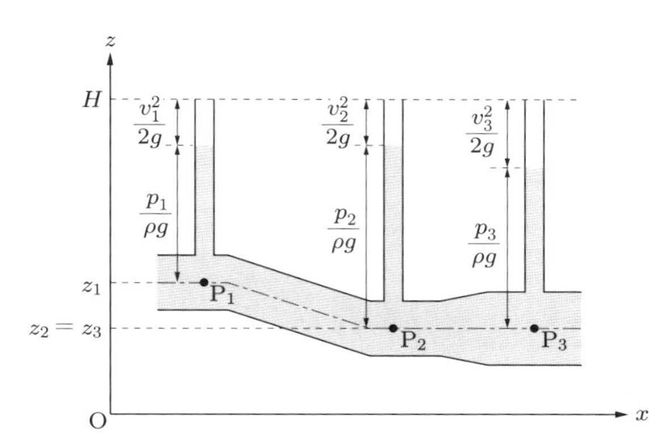

図 3.6 流体がもつエネルギーのヘッド表現．H は全エネルギーヘッド．

側面が流線からなる流管を流体が流れるときには，流体のエネルギーはほぼ保存されるが，実際には金属やガラスあるいはコンクリートでできた管路内を流体が流れる．そのようなときには，管壁からの摩擦により流体のエネルギーが減少する．エネルギーの減少をエネルギーヘッドにより表現するときは，損失ヘッドとよぶ．損失ヘッド h は流路に沿って測った長さ s の関数であり，$h(s)$ と表される．このとき，式 (3.25) は

$$\frac{1}{2g}v^2 + z + \frac{p}{\rho g} = H - h(s) \tag{3.26}$$

と修正され，右辺は $H - h(s)$ となって，s に沿って下流へ行くに従って減少する．

例題 3.3　図 3.7 のように，圧力容器中に入っている密度 ρ [kg/m^3] の液体が断面積 S [m^2] の小孔から大気中に噴出するときの流速 v [m/s] と流量 Q [m^3/s] を求めよ．ただし，液体の圧力は p_1 [Pa] であり，大気の圧力を p_0 [Pa] とする．

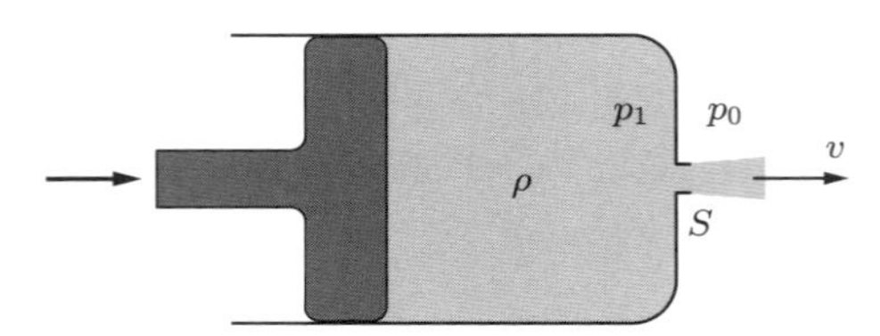

図 3.7　圧力容器中の小孔より噴出する液体

[解]　小孔を挟んで容器の内部（点 P_1）と外部（点 P_2）の間でベルヌーイの定理を適用する．容器内の液体の圧力は一様で p_1 であり，容器内では流速は小さく $v_1 = 0$ とする．地上からの高さは小孔の内外でほぼ同じ高さであるとし，$z_1 = z_2$ とする．また，液体の密度は一定であるとする．これらを式 (3.17) に代入して，小孔から噴出する液体の流速 v は

$$v = \sqrt{\frac{2(p_1 - p_0)}{\rho}} \tag{3.27}$$

となる．ただし，実際には液体の粘性の影響や容器中の流体の流速が 0 でない影響など多くの要因で式 (3.27) は修正が必要となる．それらを考慮するために，**速度係数**とよばれる c_v を導入し，この式を

$$v = c_v\sqrt{\frac{2(p_1 - p_0)}{\rho}} \tag{3.28}$$

と表しておいて，実験を行うことにより適切な c_v の値を決める．ただし，容易に実験を行う環境にないときは $c_v = 1$ とする．また，流量 Q は流速 v と小孔の断面積 S との積で表されるが，実際に実験を行うと，小孔から噴出するジェット状の液体断面は小孔の面積よりわずかに小さくなるので，ここでも**収縮係数** c_c を導入して

$$Q = c_cSv = c_cc_vS\sqrt{\frac{2(p_1 - p_0)}{\rho}} = cS\sqrt{\frac{2(p_1 - p_0)}{\rho}} \tag{3.29}$$

のように表す．ここで，$c = c_cc_v$ は**流量係数** とよばれる[†]．このように，流体力学の工学的応用（流れ学）では，理論的にいくつかの物理量間の比例関係を見いだし，その比例係数は実験的に定める．

† 流量係数は流量を表す式が実験結果と一致するように補正するための係数であり，常に $c = c_cc_v$ と表せるとは限らないことに注意すること．

問 3.2　10 気圧の圧力容器内の水が半径 2 mm の小孔から大気中に噴出するときの流速と流量を求めよ．ただし，水は 20℃ で，大気の圧力は 1 気圧 (1 atm) であるとし，速度係数と収縮係数は共に 1 とすること．

3.5 流速と流量の測定

この節で学ぶピトー管は，ベルヌーイの定理を用いた流速測定の器具であり，レーザー・ドップラー流速計や熱線流速計が普及した現在でも最も基本的な流速計として使われている．ベンチュリ管，オリフィス板，水槽オリフィス，せきなども流速測定や流量測定に用いられる．

●3.5.1●ピトー管

流速を測るための最も基本的な測定器具の一つがピトー管である．ピトー管はいろいろな流れの流速測定に使われているが，もともとは航空機の速度計の標準的な器具である．ピトー管で流速を測る原理は，図 3.8 の A のような曲がったガラス管を考えるとよく理解できる．この図では，流体は左から右へと流れており，ガラス管 A の上流での流速は v であり，水面からの深さ h_1 の点での圧力は p_1 であるとする．B のようにまっすぐなガラス管の真下では流速は上流の流速と同じで，v である．したがって，ベルヌーイの定理より，その点での圧力は上流と同じ p_1 である．水面が圧力 p_0 の大気に接しているので，$p_1 = p_0 + \rho g h_1$ であり，表面張力の影響を無視すれば，ガラス管内の水面は外部と同じ高さである．一方，A のような曲がったガラス管の直前では，水はガラス管内の水に遮られて下流に流れることができない．したがって，流れがせき止められ速度が 0 となる．このように流速が 0 となる点を**よどみ点**といい，この点の圧力を p_2 とすると，よどみ点を通る流線とその流線からほんの少

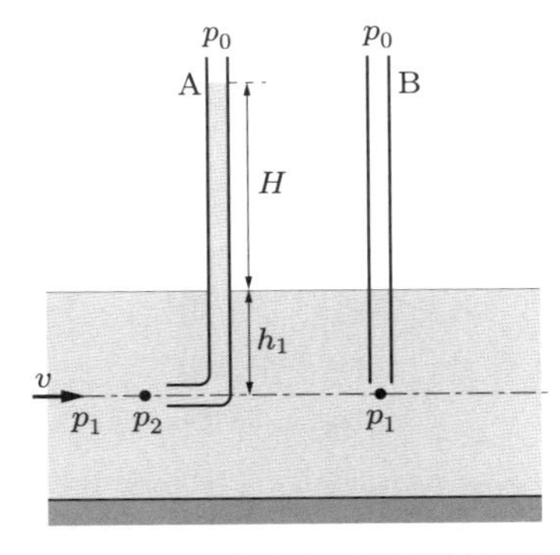

図 3.8　ピトー管による流速測定の原理

し離れた流線を考えて，ベルヌーイの定理を 2 回用いて，

$$\frac{\rho v^2}{2} + p_1 = p_2 \tag{3.30}$$

が得られる．これより，流速 v が圧力 p_2 と p_1 の差で表されて，

$$v = \sqrt{\frac{2(p_2 - p_1)}{\rho}} \tag{3.31}$$

の関係が導かれる．ここで，圧力差 $p_2 - p_1$ は，ガラス管 A 内の水面と外部の水面との高さの差 H と

$$p_2 - p_1 = \rho g H \tag{3.32}$$

の関係があるので，これを式 (3.31) に代入して，流速 v が

$$v = \sqrt{2gH} \tag{3.33}$$

のように得られる．これが**ピトー管**による流速測定の原理である．式 (3.30) において，左辺第 1 項の $\rho v^2/2$ を**動圧**，左辺第 2 項 p_1 を**静圧**，右辺 p_2 を**全圧**という．単に，圧力といえば静圧を意味し，動圧は流体の単位体積あたりの運動エネルギーを圧力とみなす工学的なよび方である．

実際にピトー管を用いて流速測定を行うと，ピトー管の形状によるエネルギー損失や管壁での摩擦などの影響により，式 (3.33) からのずれが生じる．したがって，速度係数 c_v を用いて

$$v = c_v \sqrt{2gH} \tag{3.34}$$

とおいて，ほかの方法で流速を測定し，c_v の値をあらかじめ求めておく．このような操作を計算式あるいは測定装置の較正（キャリブレーション）という．

実際のピトー管は図 3.9 のように，2 重の円筒を曲げた形からなっている．空気の流速を測定する場合を考えると，内側の円筒の先端は空気の流れがせき止められるよどみ点となり，この点での圧力は全圧と等しい．全圧は内側の円筒を経て，U 字管の一方へと伝わる．外側の中空円筒の側壁には小さな穴が開いており，この穴付近の圧力は静圧である．静圧は中空の外側円筒の内部を経て，U 字管のもう一方の管へ伝わる．このときも全圧測定口を流れる流線と静圧測定口のすぐ近くを流れる流線についてベルヌーイの定理を二度用いて，式 (3.30) が得られる．流れを測定する流体の密度を ρ_1，ピトー管の U 字部に入れた液体の密度を ρ_0 ($\rho_0 > \rho_1$) とすると，ピトー管から l だけ下の U 字管内部での圧力が等しいことより，圧力差と液面高さの差の関係 $p_2 - p_1 = (\rho_0 - \rho_1)gH$ が得られる．これを式 (3.30) に代入して，流速は

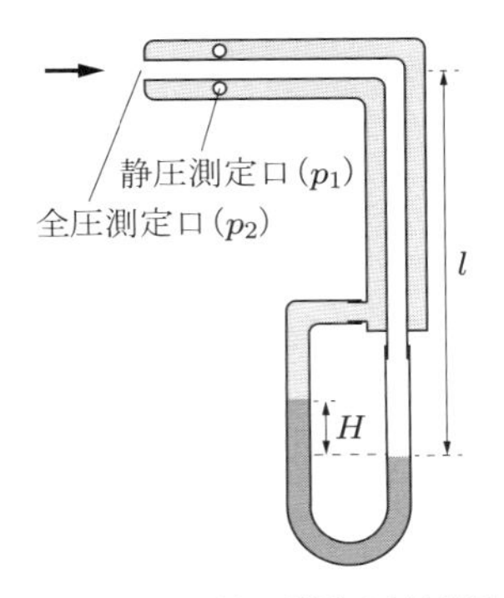

図 3.9　ピトー管の構造と流速測定

$$v = c_v \sqrt{\frac{2(\rho_0 - \rho_1)gH}{\rho_1}} \tag{3.35}$$

となる．圧力差 $p_2 - p_1$ が小さいときは，U 字管の代わりに傾斜マノメータが用いられる（2.1.6 項を参照）．

●3.5.2●ベンチュリ管

ベンチュリ管は，気体や液体の輸送管の間に取り付けて管を通過する流体の流量を測定するための装置であり，図 3.10 のように，流路を細く絞ったあとにゆるやかに広げた管である．流路が細くなると，そこでは，流速が大きくなり，圧力が下がる．この圧力と上流部での圧力の差を測定することにより流速を求めるのである．ここでは，管の中を液体が流れている場合を考え，流体の密度 ρ が一定であるとする．図 3.10 で P_1 と P_2 で示される 2 点の上方にガラス管が取り付けられており，内部の液面を観測することができる．点 P_1 を通る断面 1 における流速を v_1，断面積を S_1，圧力を p_1 とする．同様に断面 2 での流速，断面積，圧力をそれぞれ v_2，S_2，p_2 とする．断面 2 はベンチュリ管の中で最も断面積が小さい面であり，その面積と断面 1 での面積 S_1 との比を絞り面積比とよび，$\beta = S_2/S_1$ で表す．

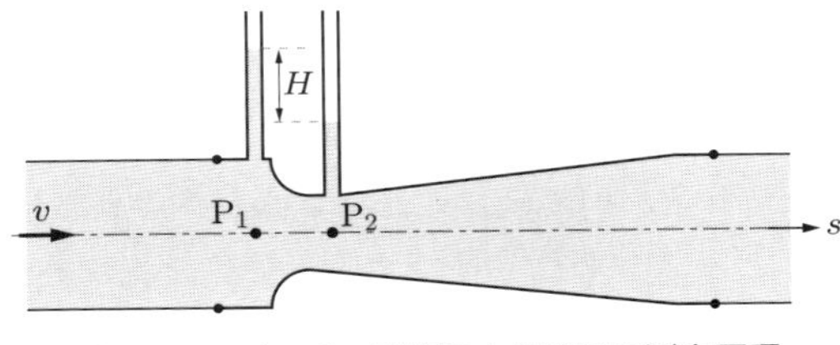

図 3.10　ベンチュリ管による流量の測定原理

管内を流れる流量 Q が一定であることより，連続の式から

$$Q = \rho S_1 v_1 = \rho S_2 v_2 \tag{3.36}$$

が成り立つ．これより，v_2 は v_1 を用いて

$$v_2 = \frac{S_1}{S_2} v_1 \tag{3.37}$$

と表される．一方，点 P_1 と P_2 が同じ高さにあるとすると，ベルヌーイの式 (3.24) は

$$\frac{1}{2}\rho v_1^2 + p_1 = \frac{1}{2}\rho v_2^2 + p_2 \tag{3.38}$$

となる．式 (3.38) に式 (3.37) を代入して，整理すると，

$$v_1 = \sqrt{\frac{2(p_1 - p_2)}{\rho(S_1^2/S_2^2 - 1)}} = \frac{\beta}{\sqrt{1-\beta^2}}\sqrt{\frac{2(p_1 - p_2)}{\rho}} \tag{3.39}$$

となる．ここで，点 P_1 と P_2 における圧力 p_1 と p_2 は，それぞれの点でのガラス管内の水面高さ h_1 と h_2 を用いて，

$$p_1 = p_0 + \rho g h_1, \quad p_2 = p_0 + \rho g h_2 \tag{3.40}$$

と表される．なお，p_0 は大気圧である．2 点での水面高さの差を $H = h_1 - h_2$ とおくと，これらの式より，

$$p_1 - p_2 = \rho g H \tag{3.41}$$

と表される．式 (3.41) を式 (3.39) に代入して，流速 v_1 が

$$v_1 = \sqrt{\frac{2gH}{S_1^2/S_2^2 - 1}} = \frac{\beta}{\sqrt{1-\beta^2}}\sqrt{2gH} \tag{3.42}$$

と求められる．ここでは速度係数を $c_v = 1$ とおいた．流量 Q は，v_1 に断面積 S_1 をかけて，

$$Q = c v_1 S_1 = c\frac{S_1 S_2}{\sqrt{S_1^2 - S_2^2}}\sqrt{2gH} = c\frac{\beta}{\sqrt{1-\beta^2}} S_1 \sqrt{2gH} \tag{3.43}$$

となる．ただし，ここでも実験により決定される流量係数 c を導入した．

例題 3.4　ベンチュリ管を用いて気体の流量を測定するときには，図 3.11 のように U 字管マノメータと組み合わせて使用する．管路を流れる気体の密度を ρ_g，U 字管内の液体の密度を ρ_ℓ，点 P_1 と P_2 での断面積をそれぞれ S_1 および S_2 として，管路を流れる気体の流量を求める計算式を導け．

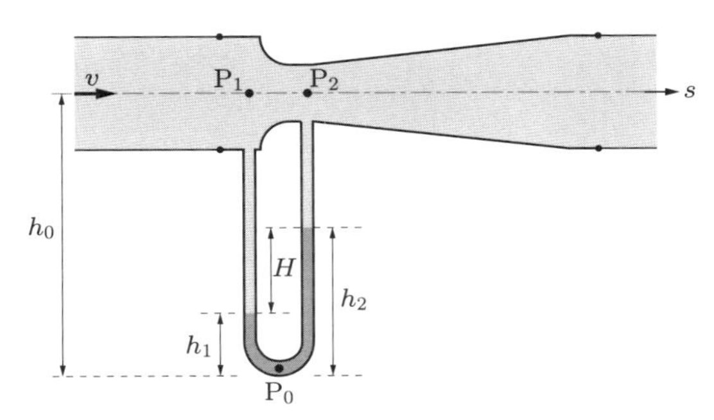

図 3.11　ベンチュリ管による気体流量の測定

[解] 点 P_1 および P_2 での流速をそれぞれ v_1，v_2 とし，圧力をそれぞれ p_1，p_2 とする．液体の場合と同様に，連続の式とベルヌーイの式より，v_1 は p_1，p_2，S_1，S_2 を用いて，式 (3.39)，すなわち

$$v_1 = \sqrt{\frac{2(p_1 - p_2)}{\rho_\mathrm{g}(S_1^2/S_2^2 - 1)}} = \frac{\beta}{\sqrt{1-\beta^2}}\sqrt{\frac{2(p_1 - p_2)}{\rho_\mathrm{g}}} \tag{3.44}$$

と表される．圧力 p_1 と p_2 は，U 字管の最下点 P_0 からの U 字管内の水面高さをそれぞれ h_1，h_2 とし，管路の中心線までの高さを h_0 とすると，

$$p_0 = p_1 + \rho_\mathrm{g} g(h_0 - h_1) + \rho_\ell g h_1, \quad p_0 = p_2 + \rho_\mathrm{g} g(h_0 - h_2) + \rho_\ell g h_2 \tag{3.45}$$

と表される．ここで，p_0 は点 P_0 での圧力である．2 点での水面高さの差を $H = h_2 - h_1$ とおくと，これらの式より，

$$p_1 - p_2 = (\rho_\ell - \rho_\mathrm{g})gH \tag{3.46}$$

となる．式 (3.46) を式 (3.39) に代入して，流速 v_1 が

$$v_1 = \sqrt{\frac{2(\rho_\ell - \rho_\mathrm{g})gH}{\rho_\mathrm{g}(S_1^2/S_2^2 - 1)}} = \frac{\beta}{\sqrt{1-\beta^2}}\sqrt{\frac{2(\rho_\ell - \rho_\mathrm{g})gH}{\rho_\mathrm{g}}} \tag{3.47}$$

と求められる．流量 Q は

$$\begin{aligned} Q = c v_1 S_1 &= c\frac{S_1 S_2}{\sqrt{S_1^2 - S_2^2}}\sqrt{\frac{2(\rho_\ell - \rho_\mathrm{g})gH}{\rho_\mathrm{g}}} \\ &= c\frac{\beta}{\sqrt{1-\beta^2}} S_1 \sqrt{\frac{2(\rho_\ell - \rho_\mathrm{g})gH}{\rho_\mathrm{g}}} \end{aligned} \tag{3.48}$$

となる．一般に，気体の密度 ρ_g は液体の密度 ρ_ℓ に比べて非常に小さいので，無視すれば，式 (3.47) と式 (3.48) はそれぞれ

$$v_1 = \sqrt{\frac{2\rho_\ell g H}{\rho_\mathrm{g}(S_1^2/S_2^2 - 1)}} = \frac{\beta}{\sqrt{1-\beta^2}}\sqrt{\frac{2\rho_\ell g H}{\rho_\mathrm{g}}} \tag{3.49}$$

$$Q = cv_1S_1 = c\frac{S_1S_2}{\sqrt{S_1^2 - S_2^2}}\sqrt{\frac{2\rho_\ell gH}{\rho_g}} = c\frac{\beta}{\sqrt{1-\beta^2}}S_1\sqrt{\frac{2\rho_\ell gH}{\rho_g}} \tag{3.50}$$

のように表される．

問 3.3　図 3.11 のようなベンチュリ管を用いて断面積 $S_1 = 5.0 \times 10^{-3}\,\mathrm{m}^2$ の管を流れる空気の流速と流量を計測した．ベンチュリ管の絞り面積比は $\beta = 0.2$ であり，マノメータ両側の液面高さの差は $2.0 \times 10^{-2}\,\mathrm{m}$ であった．この管を流れる空気の流速と流量を求めよ．ただし，空気の密度を $\rho_g = 1.3\,\mathrm{kg/m^3}$，マノメータで用いるエチルアルコールの密度を $\rho_\ell = 0.79 \times 10^3\,\mathrm{kg/m^3}$ とし，流量係数は $c = 1$ とする．

●3.5.3●オリフィス板

オリフィスというのは「穴」という意味であり，管路の中に穴の開いた板（**オリフィス板**）を設置して流体（多くの場合，気体）が通る流路断面積を小さくする．断面積が小さくなると流速が大きくなり，オリフィスの上流と下流の間に流速の差が生じて，圧力にも差が生じる．図 3.12 のように，この圧力差を U 字管マノメータで測定すると，管を流れる流体の流速と流量が求められる．したがって，オリフィスを用いた流量測定の原理はベンチュリ管の場合とほぼ同様であり，流路の断面積を小さくする方法が異なるのみである．

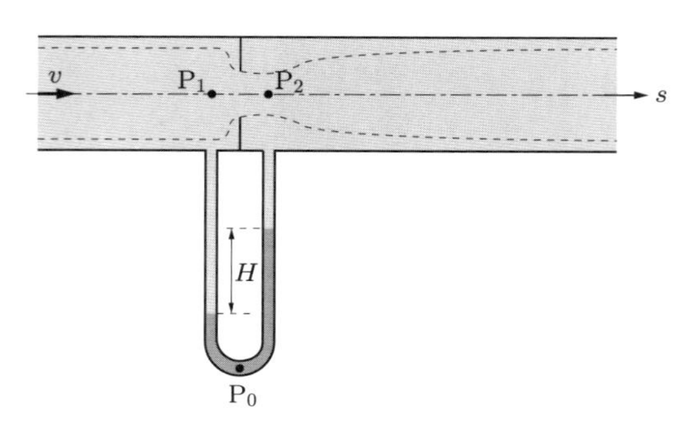

図 3.12　オリフィス板を用いた気体流量の測定

流体の流れる管路断面積を S_1 とし，オリフィスの穴（開口部）の断面積を S_2 とする．ベンチュリ管のときとは異なり，流れはオリフィスの少し後流側で流路断面積が最小になる．このような現象を**縮流**といい，ほかの流れでもよく観測される．このときの最小流路断面積（図 3.12 の点 P_2 での流路面積）は S_2 よりも少し小さく，c_cS_2 と表せる．ここで，c_c は**収縮係数**である．絞り面積比を $\beta = S_2/S_1$ とし，管路を流

れる流体の密度を ρ_g，U 字管内の液体の密度を ρ_ℓ とする．このとき，管路を流れる流体の流速 v_1 は

$$v_1 = c_v\sqrt{\frac{2\rho_\ell gH}{\rho_\mathrm{g}[S_1^2/(c_c^2S_2^2)-1]}} = c_v\frac{c_c\beta}{\sqrt{1-c_c^2\beta^2}}\sqrt{\frac{2\rho_\ell gH}{\rho_\mathrm{g}}} \tag{3.51}$$

と表される．ここで，c_v は**速度係数**であり，式 (3.51) が実験結果とよく一致するように c_c と c_v の値を決める．

流量 Q は v_1 と管路の断面積 S_1 との積で求められ，

$$\begin{aligned} Q = v_1S_1 &= c_cc_v\frac{S_1S_2}{\sqrt{S_1^2-c_c^2S_2^2}}\sqrt{\frac{2\rho_\ell gH}{\rho_\mathrm{g}}} \\ &= c_cc_v\frac{\beta}{\sqrt{1-c_c^2\beta^2}}S_1\sqrt{\frac{2\rho_\ell gH}{\rho_\mathrm{g}}} \end{aligned} \tag{3.52}$$

となる．

●3.5.4●水槽オリフィス

自由表面をもつ水槽の底面あるいは側面に設けられた小孔（オリフィス）から大気中に流出する水または液体の流量を求めてみよう．ここでは，図 3.13 のような水槽を考え，側面にある小孔から密度 ρ の水が流出しているとする．小孔の高さに原点をとり，鉛直上向きに z 軸をとる．水槽の断面積は高さ z によらず一定値 S_1 であり，小孔の面積を S_2 とする．オリフィス板の場合と同様に，小孔から流出する水の断面積は小孔の面積 S_2 より小さくなるので，その断面積を c_cS_2 とおく．収縮係数 c_c は実験により定めるが，1 より小さく 0.6 程度の値も報告されている．

図 3.13 のように，小孔の少し内側に点 P_1 をとり，外側の同じ高さの位置に点 P_2 をとる．点 P_1 および P_2 での流速をそれぞれ v_1，v_2 とし，圧力を p_1，p_2 とする．これら 2 点にベルヌーイの式 (3.17) を適用して，

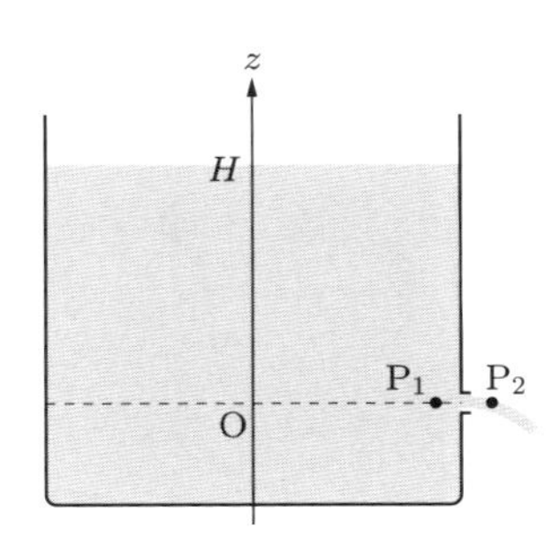

図 3.13　小孔からの水の流出

$$\frac{1}{2}\rho v_1^2 + p_1 = \frac{1}{2}\rho v_2^2 + p_2 \tag{3.53}$$

を得る．ここで，圧力 p_2 は大気圧に等しく $p_2 = p_0$ であり，p_1 は大気圧 p_0 および水面から点 P_1 までの深さ H を用いて，$p_1 = p_0 + \rho g H$ と表せる．これらを式 (3.53) に代入して，

$$v_2 = \sqrt{2g\left(H + \frac{v_1^2}{2g}\right)} \tag{3.54}$$

が得られるが，点 P_1 では水槽の断面積が大きいので，この点での流速を近似的に 0 とおくことができる ($H \gg v_1^2/(2g)$)．このとき，小孔からの水の流出速度 v_2 は

$$v_2 = \sqrt{2gH} \tag{3.55}$$

となり，理論的には水が H の高さの場所より自由落下したときの速度と等しくなる．これを**トリチェリの定理**という．しかし，実際には容器壁面摩擦などさまざまなエネルギー損失があり，それらを考慮するために，

$$v_2 = c_v\sqrt{2gH} \tag{3.56}$$

と表す．速度係数 c_v は実験で定める．その値は状況によるが 1 に近い場合が多い (たとえば 0.95〜0.99)．

小孔から流出する水の流量 Q は，流速 v_2 と噴流の断面積 $c_c S_2$ との積で求められ，

$$Q = c_c S_2 v_2 = c_c c_v S_2\sqrt{2gH} = cS_2\sqrt{2gH} \tag{3.57}$$

となる．ここで，$c_c c_v$ を c とおいた．c は**流量係数**である．

つぎに，水槽内の水面の降下速度と時間を調べよう．時刻 $t = 0$ における水面高さを H_0 とし，時刻 t での水面の高さを $H(t)$ と表す．時刻 t から微小時間 dt の間に水面が H から $|dH|$ $(dH < 0)$ だけ下がるとすると，容器内の水の減少量（体積）は $-S_1 dH$ であり，これはこの間に小孔から流出した量 $dQ = cS_2\sqrt{2gh}dt$ に等しいので，

$$-S_1 dH = cS_2\sqrt{2gH}dt \tag{3.58}$$

が成り立つ．この式を整理したあと，時間 t について $t = 0$ から t まで両辺を積分すると，

$$\int_{H_0}^{H} \frac{1}{\sqrt{H}}dH = -\int_0^t \frac{cS_2}{S_1}\sqrt{2g}dt \tag{3.59}$$

となり，この式より，

$$\sqrt{H} - \sqrt{H_0} = -\frac{cS_2}{S_1}\sqrt{\frac{g}{2}}\,t \tag{3.60}$$

が得られる．式 (3.60) で $H = 0$ とおくと，水面が小孔と同じ高さになるまでに要する時間 T が

$$T = \frac{S_1}{cS_2}\sqrt{\frac{2H_0}{g}} \tag{3.61}$$

と求められる．

●3.5.5●せ　き

最近の日本では，ほとんどの川やダムなどの水については，水利権が設定されている．とくに，農業用水や工業用水を取水するときには，その取水量を管理する必要がある．これらの用水路を流れる水の流量測定には，図 3.14 のように流路の一部に金属板やコンクリート板の障壁をつくり，その障壁を乗り越えて流れる水の水面高さ H を測定する．この障壁をせきとよぶ．このとき，小さい流量の測定には，図 3.15 (a) のように，三角形に開けた狭い流路面積をもつ三角せきを用いる．もう少し大きな流量を測定するときには，図 3.15 (b) のような四角せきを用い，流量に応じて，その幅 W を大きくする．

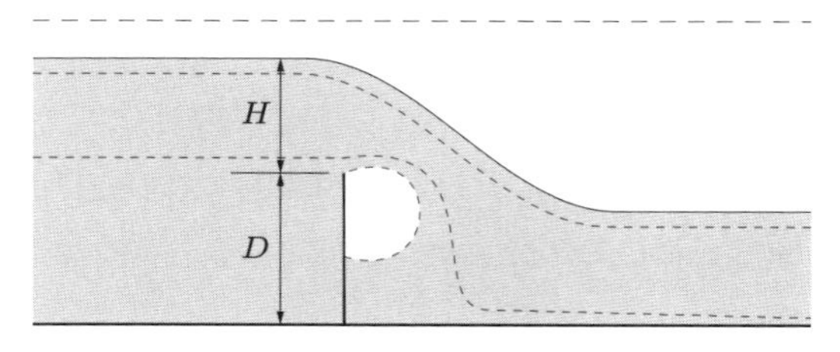

図 3.14　せきの側面図

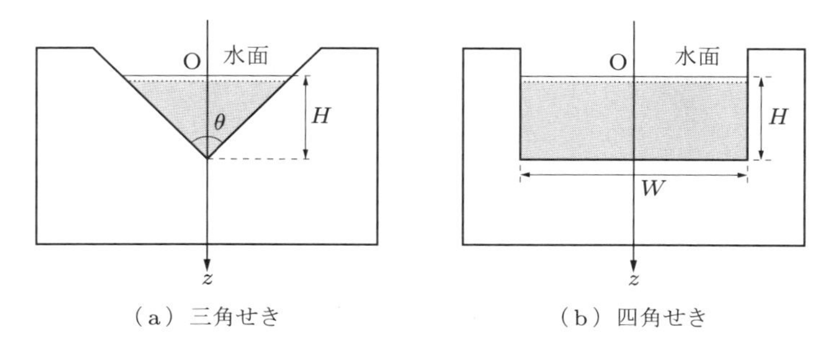

図 3.15　せきの正面図．灰色実線：上流での水面，点線：せきの位置での水面．

せきの位置では，水面は上流に比べて少し低くなっている（図 3.15，点線）．水路底面からせき開口部の下端までの高さを D とし，せき開口部下端から上流での水面までの高さを H とする．上流における水面の位置を原点として，鉛直下方に z 軸をとる．位置 z におけるせき開口部の幅を $w(z)$ とすると，z と $z+dz$ の間の開口部の面積は $w(z)dz$ と表される．せき上流で水面下 z の位置にある点を P_1 とし，その点での流速を v_1 とする．せきの開口部における位置 z に点 P_2 をとり，その点での流速を v_2 とする．これら 2 点について，ベルヌーイの式を適用すると，

$$\frac{1}{2}\rho v_1^2 + (p_0 + \rho g z) + \rho g(H + D - z) = \frac{1}{2}\rho v_2^2 + p_0 + \rho g(H + D - z) \tag{3.62}$$

となる．ここで，ρ は水の密度，p_0 は大気圧である．また，式 (3.62) を導くときに，せきの開口部においては流体内部の圧力は p_0 に等しく，位置 z にある流体のもつ位置エネルギーは $\rho g(H + D - z)$ であることを用いた．したがって，せきを越えた直後の流体は自由落下状態にあると仮定しているので，せき直後の流れの下部には大気圧をもつ空気が入っている必要がある（図 3.14 の中央の白い部分）．また，上流では，単位体積の流体がもつ圧力エネルギー $p = p_0 + \rho g z$ と位置エネルギー $U = \rho g(H + D - z)$ の和は $p + U = p_0 + \rho g(H + D)$ である．式 (3.62) より，位置 z での流速 v_2 は

$$v_2 = \sqrt{v_1^2 + 2gz} \tag{3.63}$$

となるが，せき開口部の最下点の高さ D が H に比べて十分に大きいときは，流速 v_1^2 は $2gz$ に比べて小さいとして無視することができる．このとき，式 (3.63) は

$$v_2 = c_v\sqrt{2gz} \tag{3.64}$$

となる．ここで，c_v は速度係数である．z と $z+dz$ の間の開口部を通過する流体の流量 dQ は流速 v_2 とその断面積 $w(z)dz$ の積であり，これを z について 0 から H まで積分して，

$$Q = c_v c_c \int_0^H \sqrt{2gz}\,w(z)dz = c\int_0^H \sqrt{2gz}\,w(z)dz \tag{3.65}$$

となる．せき開口部における水面が上流における水面よりわずかに低いことと，せき開口部最下点でも流れが縮流となることを考慮して，式 (3.65) において，縮流係数 c_c を導入し，$c = c_c c_v$ とおいた．

三角せき

図 3.15 (a) のような三角形の切欠きをもつせきを**三角せき**という．三角形の頂角を θ とし，水面を原点 O にして鉛直下向きに z 軸をとる．三角形の流路断面において，位置 z での開口部の幅は $w(z) = 2(H - z)\tan\theta/2$ である．これを式 (3.65) に代入して，

$$Q = c\int_0^H \sqrt{2gz}\cdot 2(H - z)\tan\frac{\theta}{2}\,dz = \frac{8}{15}cH^{5/2}\sqrt{2g}\tan\frac{\theta}{2} \tag{3.66}$$

を得る．流量係数 c は実験結果とよく一致するように定める．実験式としてはレーボックの実験式，ストリックランドの実験式などが知られているが，およそ 0.58～0.62 の値である．

四角せき

図 3.15 (b) のように，せきの開口部が四角形であるせきを**四角せき**とよぶ．開口部の幅 $w(z)$ は水面からの距離 z によらず一定で w なので，流量は

$$Q = c\int_0^H \sqrt{2gz}w\,dz = \frac{2}{3}\sqrt{2g}cwH^{3/2} \tag{3.67}$$

と求められる．実験によれば，$H/D \leq 1$ の範囲で，流量係数 c の値はおよそ 0.6～0.7 である．

3.6 流体の運動量および角運動量の保存則と流体力

流れの中にある物体が流体から受ける力や，流れが管壁に及ぼす力を求めるためには，物体表面や壁面近傍での圧力を求め，それらの面について積分を行う必要がある．さらに，粘性を考慮に入れるときには，表面での粘性応力を求めて全表面で積分をする必要がある．この節では，おもに非粘性流の場合について，運動量の変化を調べることにより物体にはたらく力を求める方法と，角運動量の変化を調べることにより物体にはたらくトルクを計算する方法を説明する．

●3.6.1●流体の運動量の保存則と流体力

運動量の変化を調べることによって，流れが物体に及ぼす力を求めることができる．ここでは，図 3.16 のような管路流れを考える．この図で，ABCD で表されているのは剛性をもつ管の一部である．この管の一部とその中を流れる流体との力の相互作用について調べてみよう．管の中心線に沿って座標 s をとり，管の両端はそれぞれ $s = s_1$ および s_2 で表されるとする．座標 s における管の断面積は $S(s)$ であり，

s_1 での断面積は S_1，s_2 では S_2 である．また，流体の密度は一定であるとし，ρ とおく．単位時間に管を流れる流体の流量（単位時間に管の各断面を通過する流体の体積）を Q とする．座標 s での流速を v とし，速度ベクトルと x 軸のなす角度を θ とおくと，この管の中を流れている流体がもつ運動量 $\boldsymbol{M} = (M_x, M_y)$ は

$$M_x = \int_{s_1}^{s_2} \rho v \cos\theta\, S ds, \quad M_y = \int_{s_1}^{s_2} \rho v \sin\theta\, S ds \tag{3.68}$$

と表される．また，$s = s_1$ と s_2 の断面での流速をそれぞれ v_1，v_2 とし，それらが x 軸となす角度をそれぞれ θ_1，θ_2 とすれば，これらの断面から単位時間あたり流入する x 方向および y 方向の運動量 Q_{Mx1}，Q_{My1}，Q_{Mx2}，Q_{My2} はそれぞれ，

$$\begin{aligned} Q_{Mx1} &= \rho Q v_1 \cos\theta_1, \quad & Q_{My1} &= \rho Q v_1 \sin\theta_1 \\ Q_{Mx2} &= -\rho Q v_2 \cos\theta_2, \quad & Q_{My2} &= -\rho Q v_2 \sin\theta_2 \end{aligned} \tag{3.69}$$

である．ここで，Q_{Mx2} と Q_{My2} にマイナス符号がついているのは，流入する運動量が負であること，すなわち運動量が流出することを表している．

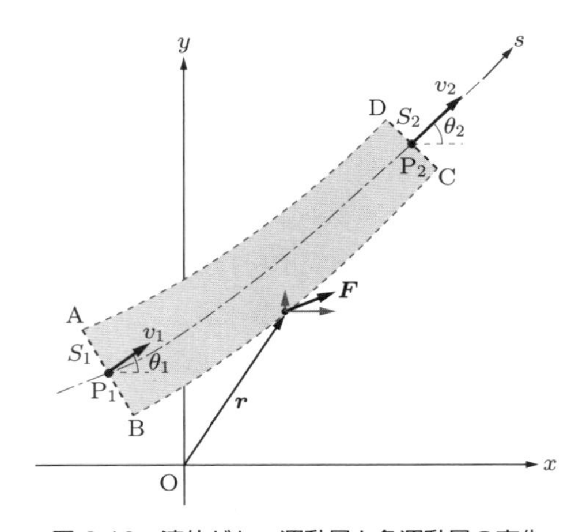

図 3.16　流体がもつ運動量と角運動量の変化

ニュートンの運動の第 2 法則は，「運動量の時間変化率は力に等しい」ということができる．ただし，流れにこの法則を適用するときには注意が必要である．ここではオイラー的記述を採用しているので，運動量の時間変化率は，ある体積の流体中に単位時間に流入する運動量とその体積の流体にはたらく力との和に等しくなる．流体にはたらく力は，管壁から流体が受ける力 $-\boldsymbol{F} = (-F_x, -F_y)$，$s = s_1$ と $s = s_2$ の両断面にはたらく圧力 $p_1 S_1$ と $p_2 S_2$，および体積力である．ここで，圧力 p_1 と p_2 についても注意が必要である．これらの圧力を流体が静止している状態での圧力からの

差としておくと，体積力である重力の影響を考慮する必要がなくなる．なぜなら，静止状態においては圧力の差と重力がつり合っているからである．具体的な問題を考えるときには常に，このことを念頭に置いておく必要がある．この条件のもとで，運動量の変化率を式で表すと，x 方向と y 方向のそれぞれについて，

$$\begin{aligned}\frac{dM_x}{dt} &= (Q_{Mx1}+Q_{Mx2})+p_1S_1\cos\theta_1-p_2S_2\cos\theta_2-F_x\\ \frac{dM_y}{dt} &= (Q_{My1}+Q_{My2})+p_1S_1\sin\theta_1-p_2S_2\sin\theta_2-F_y\end{aligned} \tag{3.70}$$

となる．ここで，流れは定常的であると仮定し，管の中の流体がもつ運動量の変化率 dM_x/dt および dM_x/dt を共に 0 とおき，式 (3.70) に式 (3.69) を代入し，整理すると，F_x と F_y が

$$\begin{aligned}F_x &= \rho Q(v_1\cos\theta_1-v_2\cos\theta_2)+p_1S_1\cos\theta_1-p_2S_2\cos\theta_2\\ F_y &= \rho Q(v_1\sin\theta_1-v_2\sin\theta_2)+p_1S_1\sin\theta_1-p_2S_2\sin\theta_2\end{aligned} \tag{3.71}$$

と表される．

例題 3.5 図 3.17 のようにノズルから流体が噴出して，流れと垂直な壁面に衝突している．流れは壁面に衝突して，壁面に沿って流れており，紙面に垂直な方向にはほぼ一様な 2 次元流れで，その奥行き幅は w であるとする．ノズルから噴出するジェットの幅は b_1，流速は v_0，その密度は ρ である．ジェットのまわりは大気圧 p_0 であり，重力の影響を無視する．このとき，壁面が流体から受ける力 $\boldsymbol{F}$ の大きさを求めよ．ただし，壁面は裏側からも大気圧を受けていることに注意すること．

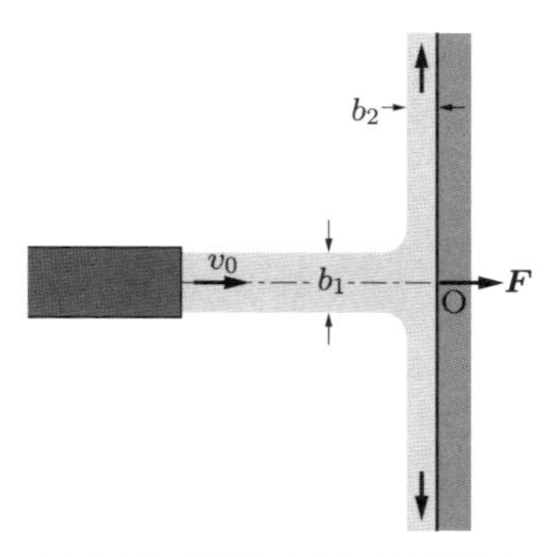

図 3.17 壁面に衝突する噴出流

[解] 重力の影響を無視しており，流れの内部においても圧力は常に p_0 であると考えることができるので，ベルヌーイの式より，流速はいたるところで一定の値 v_0 である．問題の

対称性より，流体力の作用線はジェットの中心軸と一致しており，力はジェットの噴出する方向成分のみをもつ．ノズルから単位時間に噴出する流体の質量は $\rho v_0 b_1 w$ であり，壁に沿って両側へ流れ出る流体の質量は $2\rho v_0 b_2 w$ である．単位時間に噴出する質量と流れ出る質量が等しい（質量保存の法則）ので，$b_2 = b_1/2$ である．ジェットの噴出する方向を x 方向と考えれば，壁面が流体から受ける力の大きさ F は式 (3.71) の x 成分であるとして，

$$F = \rho Q_{Mx1} v_0 = \rho b_1 w v_0^2 \tag{3.72}$$

と求めることができる．ここで，流出する流体は x 方向と垂直方向のみの速度をもっているので，$\theta_2 = \pi/2$ であること，また，壁面の後方からも大気圧が作用しているので，大気圧の影響は相殺されることを用いている．壁面の後方が大気圧でないときは流体内部の圧力が p_0 なので，壁面は流体を通して大気圧の影響も受けることを考慮する必要がある．

●3.6.2●流体の角運動量の保存則とトルク

角運動量の時間変化率はトルクに等しい．このことを用いて，流体が物体に及ぼすトルクを評価することができる．物体にいくつかの力がはたらくとき，その合力はそれぞれの力の和に等しく，合力が物体に及ぼすトルクはそれぞれの力が及ぼすトルクの和に等しい．これより，合力の作用線を決めることができる．

再び，図 3.16 に戻って，管の一部である ABCD 内に含まれる流体がもつ，点 O まわりの角運動量とその時間変化率について考えよう．ここでも，流体の密度は ρ で，一定である．3.6.1 項で流体の運動量の保存則を考えたときと同様に，圧力を静止状態からの差であると解釈すると，重力の影響については考慮する必要がない．単位時間に管を流れる流体の流量は Q である．運動量 $\boldsymbol{M}$ を考えたときと同様に，座標 s での流速を v とし，速度ベクトルと x 軸のなす角度を θ とおく．流れは xy 平面内の 2 次元的流れであるとすると，角運動量は xy 平面に垂直な z 方向成分のみをもつ．その角運動量の z 成分を L とすると，

$$L = \int_{s_1}^{s_2} \rho(xv\sin\theta - yv\cos\theta)S\,ds \tag{3.73}$$

と表される．また，断面 $s = s_1$ と s_2 の断面中心のデカルト座標をそれぞれ (x_1, y_1)，(x_2, y_2) とすると，これらの断面から単位時間に流入する角運動量はそれぞれ，

$$\begin{aligned} Q_{L1} &= \rho Q(x_1 v_1 \sin\theta_1 - y_1 v_1 \cos\theta_1) \\ Q_{L2} &= -\rho Q(x_2 v_2 \sin\theta_2 - y_2 v_2 \cos\theta_2) \end{aligned} \tag{3.74}$$

となる．

角運動量の時間変化率は単位時間に流入する角運動量とトルクの和に等しい．流体が管壁に及ぼす合力 $\boldsymbol{F} = (F_x, F_y)$ の作用点を (x_F, y_F) とおくと，

$$\frac{dL}{dt} = (Q_{L1} - Q_{L2}) + p_1 S_1 (x_1 \sin\theta_1 - y_1 \cos\theta_1)$$
$$-p_2 S_2 (x_2 \sin\theta_2 - y_2 \cos\theta_2) - y_F F_x + x_F F_y \qquad (3.75)$$

が成り立つ．物体が流体から受けるトルク N は，流体が物体から受けるトルクに負号 $-$ をつけた量に等しく，$N = y_F F_x - x_F F_y$ なので，流れが定常的（$dL/dt = 0$）であるとき，

$$\begin{aligned} N &= (Q_{L1} - Q_{L2}) + p_1 S_1 (x_1 \sin\theta_1 - y_1 \cos\theta_1) \\ &\quad -p_2 S_2 (x_2 \sin\theta_2 - y_2 \cos\theta_2) \\ &= \rho Q (x_1 v_1 \sin\theta_1 - y_1 v_1 \cos\theta_1 - x_2 v_2 \sin\theta_2 + y_2 v_2 \cos\theta_2) \\ &\quad +p_1 S_1 (x_1 \sin\theta_1 - y_1 \cos\theta_1) - p_2 S_2 (x_2 \sin\theta_2 - y_2 \cos\theta_2) \end{aligned} \qquad (3.76)$$

となる．

流体が物体に及ぼすトルクを求める問題の一例として，図 3.18 のような羽根車の場合を考えてみよう．羽根車の構造は，中央に穴の開いた 2 枚の円板とその間に挟まれた羽根（ガイド）からできている．2 枚の円板の間隔は b であり，その間に流れの方向を変えるための羽根（ガイド）を取り付けられている．この 2 枚の円板の間隙を流体が流れる．図 3.18 では，半径 r_1 の円板の外周から流体が流速 v_1 で接線と角 θ_1 の向きに 2 円板間隙に流入し，半径 r_2 の内側の穴から流速 v_2 で接線と角 θ_2 の向きに流出している．内側の穴から流れ出た流体はその穴に接続しているパイプを通して外部に流れ出る．流れは中心軸 O について軸対称であると仮定し，ここでは O まわりの角運動量を考える．また，流れは非圧縮性流れであり，その密度を ρ とする．

まず，質量保存の法則より，2 枚の円板の間隙に単位時間に流入する流体の流量 Q

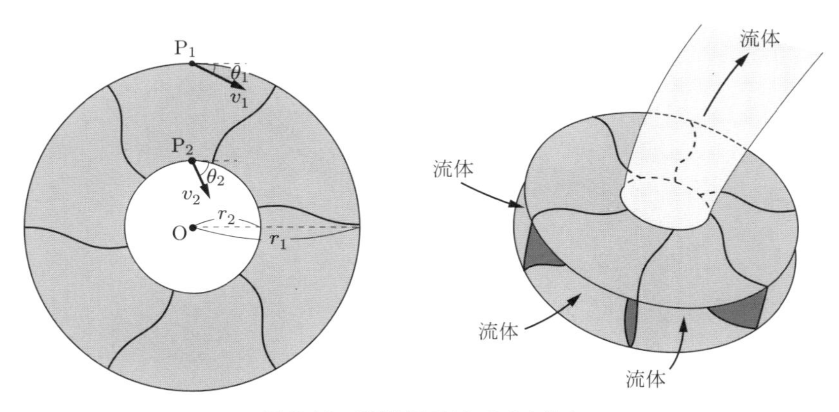

図 3.18 羽根車にはたらくトルク

は $2\pi r_1 b v_1 \sin\theta_1$ であり，密度が一定なので，流出する流量 $2\pi r_2 b v_2 \sin\theta_2$ に等しくなければならない．したがって，

$$r_1 v_1 \sin\theta_1 = r_2 v_2 \sin\theta_2 \tag{3.77}$$

が成り立つ．2円板間隙に単位時間内に外周から流入する角運動量は $\rho Q r_1 v_1 \cos\theta_1 = 2\pi b\rho r_1^2 v_1^2 \sin\theta_1 \cos\theta_1$ であり，中央の穴から流出する角運動量は $\rho Q r_2 v_2 \cos\theta_2 = 2\pi b\rho r_2^2 v_2^2 \sin\theta_2 \cos\theta_2$ である．ここでは角運動量の正の向きを時計回りの方向にとっており，式 (3.73), (3.74) と逆向きの方向であることに注意すること．外周部においても内側の穴部分についても圧力は半径の方向にはたらくので，圧力が2円板間の流体に及ぼすトルクは0である．流体が単位時間あたりに失った角運動量は，流体が羽根車に加えるトルク N に等しいので，N は

$$\begin{aligned} N &= \rho Q(r_1 v_1 \cos\theta_1 - r_2 v_2 \cos\theta_2) \\ &= \pi b\rho(r_1^2 v_1^2 \sin 2\theta_1 - r_2^2 v_2^2 \sin 2\theta_2) \end{aligned} \tag{3.78}$$

と求められる．

例題 3.6　図3.19のようにノズルから噴出する流体が，壁面に斜めに衝突する場合に，流体が壁面に及ぼす力とその作用線を求めよ．ただし，壁面は流れの方向と θ の角度をなしており，流れが壁面に衝突したあとは，壁面に沿って流れるとする．また，紙面に垂直な方向にはほぼ一様な2次元流れでその奥行き幅は w であるとし，壁面の後方からも大気圧を受けているので，流体を通して壁面にはたらく大気圧の影響を無視する．ノズルから噴出する平面ジェットの幅は b_1，流速は v_0 であり，その密度は ρ である．ジェットのまわりは大気圧 p_0 であり，重力の影響を無視する．

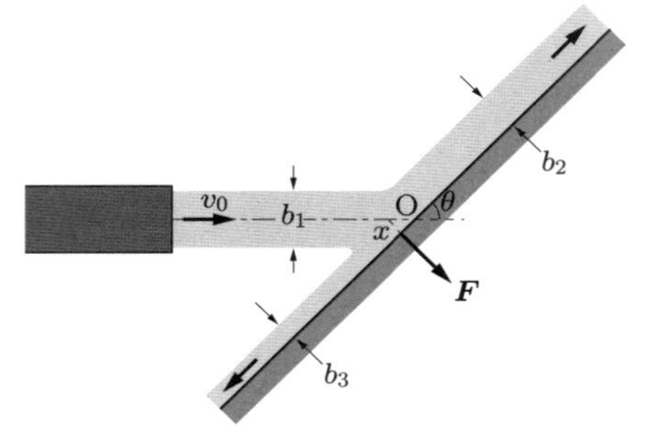

図3.19　壁面に衝突する噴出流

[解] 例題 3.5 と同様に，流れの内部においても圧力は常に p_0 であると考えることができるので，ベルヌーイの式より，流速はいたるところで一定の値 v_0 である．図 3.19 で，右上へ流れる流体の幅を b_2 とし，左下へ流れる流体の幅を b_3 とする．これら 3 方向の流れと壁面を取り囲む検査体積を考える．なお，慣習的に 2 次元でも体積とよぶことが多い．検査体積内に単位時間に流入する流体の質量は $\rho v_0 b_1 w$ であり，右上および左下に流出する流体の質量はそれぞれ，$\rho v_0 b_2 w$ および $\rho v_0 b_3 w$ である．質量保存の法則より，

$$b_1 = b_2 + b_3 \tag{3.79}$$

が成り立つ．検査体積に流入する流体がもつ壁に垂直な方向の運動量は $\rho b_1 w v_0^2 \sin\theta$ であり，検査体積から出ていく流体はこの方向には運動量をもたない．したがって，流体が壁面に及ぼす力 $\boldsymbol{F}$ の大きさは

$$F = \rho b_1 w v_0^2 \sin\theta \tag{3.80}$$

である．また，平板に沿う方向には力ははたらかないので，検査体積に流入するこの方向の運動量は $\rho b_1 w v_0^2 \cos\theta$ であり，出ていく運動量は $\rho b_2 w v_0^2 - \rho b_3 w v_0^2$ である．これらが等しいので，

$$b_1 \cos\theta = b_2 - b_3 \tag{3.81}$$

である．式 (3.79) と式 (3.81) より，

$$b_2 = \frac{1 + \cos\theta}{2} b_1, \quad b_3 = \frac{1 - \cos\theta}{2} b_1 \tag{3.82}$$

となることがわかる．力 $\boldsymbol{F}$ の作用線（作用点）を求めるには，流体が壁面に及ぼす点 O まわりの力のモーメントの和（トルク）と力 $\boldsymbol{F}$ によるモーメントが等しいことを用いる．壁面の裏側にも大気圧 p_0 がはたらくとしているので，流体の圧力を考慮する必要がなく，検査体積に流入する角運動量と流出する角運動量の差は，流体が壁面に及ぼすトルク N に等しい．ノズルから噴出する流れの中央線と壁面との交点を点 O としているので，流入する角運動量は 0 である．また，流出する角運動量は時計回りの向きを正として，$(b_2/2)\rho b_2 w v_0^2 - (b_3/2)\rho b_3 w v_0^2$ なので，トルク N は

$$N = -\frac{1}{2}\rho w v_0^2 (b_2^2 - b_3^2) \tag{3.83}$$

と表せる．一方，力 $\boldsymbol{F}$ の作用点（作用線と壁面の交点）と点 O の距離を x とすれば，そのトルクは

$$N = -xF = -x\rho b_1 w v_0^2 \sin\theta \tag{3.84}$$

である．ただし，力は壁面に垂直にはたらいていることを用いた．式 (3.83) と式 (3.84) を等しいとおいて，

$$x = \frac{1}{2} b_1 \cot\theta \tag{3.85}$$

と求められる．この式で $\theta = \pi/2$ とおくと，$x = 0$ であることが確かめられ，例題 3.5 の場合に帰着する．なお，作用点は一意的には決まらないことに注意すること．

演習問題3

3.1　実験により，流線，流脈線，流跡線を可視化し，写真に写すとき，可視化粒子あるいは染料として何を選び，どのようにして粒子を注入し，カメラのシャッター速度をどの程度に設定すればよいか．それぞれの場合について詳しく述べよ．

3.2　直径 10 cm の円管内を 20℃ の水が流速 1 m/s で流れているとき，この流れは層流と乱流のどちらであるとみなせるか考えよ．なお，レイノルズ数の定義には式 (3.1) を用い，水の動粘性係数は $1.0 \times 10^{-6}\,\mathrm{m^3/s}$ とせよ．

3.3　流速 $\boldsymbol{u} = (u, v)$ が $u = U\cos\Omega t$，$v = V\sin\Omega t$，($U = 2$，$V = 2$，$\Omega = 1$) で表される2次元流れについて，$t = 0$ における流線，$t = 0$ に $(x, y) = (0, 0)$ を通過する流体粒子の流跡線，$(x, y) = (0, 0)$ を通過する流体粒子の $t = 2\pi$ における流脈線の概略図を描け．

3.4　2枚の円板間隙を外周部から中心に向かって流れる空気の軸対称流れを考える．中心から半径 30 cm の位置 $\mathrm{P_1}$ での流速は $v_1 = 20\,\mathrm{m/s}$ で，密度は $\rho_1 = 1.2\,\mathrm{kg/m^3}$ であった．半径 4 cm の位置 $\mathrm{P_2}$ で，空気の密度が $\rho_2 = 1.0\,\mathrm{kg/m^3}$ であるとき，連続の式 (3.6) を用いて，この位置での空気の流速 v_2 を求めよ．なお，円板間の距離は一定とする．

3.5　図3.6のような断面積がゆるやかに変化する縮小管を流れる水流を考える．点 $\mathrm{P_1}$ は基準面より高さ $z_1 = 50\,\mathrm{cm}$ にあり，その点での管の断面積は $S_1 = 20\,\mathrm{cm^2}$ である．また，点 $\mathrm{P_2}$ は高さ $z_2 = 30\,\mathrm{cm}$ の位置にあり，その点での管の断面積は $S_2 = 2\,\mathrm{cm^2}$ である．点 $\mathrm{P_1}$ と $\mathrm{P_2}$ に立てた水柱の高さの差を測定したところ $H_1 - H_2 = 10\,\mathrm{cm}$ であった．各点での流速 v_1 と v_2 を求めよ．

3.6　ピトー管を用いて水の流れの流速測定を行ったところ，全圧（静圧と動圧の和）と静圧の差を示す2本のガラス管内の水面差は $H = 3.5\,\mathrm{cm}$ であった．このときの流速 v を求めよ．ただし，速度係数を $c_v = 1$ とし，水の温度を 20℃ とする．

3.7　直径 40 cm，高さ 30 cm の円筒形容器の底部に断面積 $2\,\mathrm{cm^2}$ の小孔が開けられている．はじめに容器中に高さ 25 cm まで水が満たされていた．この水が小孔より流れ出て水深が 5 cm になるまでに要する時間を求めよ．ただし，水の温度を 20℃ とし，流量係数を $c = c_c c_v = 1$ とする．

3.8　三角せきを用いて流れの流量を測る．三角せきの頂角は $\theta = 90^\circ$ である．せきの最下部から水面までの高さが $H = 20\,\mathrm{cm}$ のとき，体積流量を求めよ．ただし，水の温度を 20℃ とし，流量係数を $c = 1$ とする．

3.9　流量 50 L/s，幅 $b = 10\,\mathrm{cm}$，奥行き幅 $w = 50\,\mathrm{cm}$ の矩形ジェットが角度 30° で壁に衝突している（図3.19を参照）．矩形ジェットから壁が受ける力の大きさはいくらか．また，壁に衝突したあとの流れが2次元的である（奥行き幅が衝突後も変わらない）とすると，流れはどのような流量比で2方向に分かれるか．ただし，水の温度を 20℃ とする．

4章 流れの基礎方程式

実用上の目的で流体の流量や流速を求めるには，3章のような現象論的な方法が簡単で役に立つが，流れを詳しく調べるには現象論だけでは不十分である．流れの研究は，実験や理論や数値シミュレーションによって行われる．理論や数値シミュレーションでは，流体運動を記述する微分方程式を適切な境界条件や初期条件のもとで解く必要がある．流体運動においては，流体粒子は混じりあい，相対位置を大きく変えることが特徴である．したがって，流体の運動を調べるときは特定の流体粒子に着目してその粒子の運動を追跡するのではなく，空間の各位置における速度や密度，圧力などの物理量の変化に着目する．この方法はオイラー的記述であり，流れを特徴づけるこれらの物理量は流体に備わった量ではなく，空間に備わった量であると理解し，**場**（ば）という考え方を導入する．非圧縮性粘性流れを支配する方程式は，質量保存則から導かれる**連続の式**と，流体の運動量の変化の考察から導かれるナビエ・ストークス方程式である．粘性流体の解析にはレイノルズの相似則が重要な役割を果たす．

4.1 ラグランジュ的記述とオイラー的記述

流れを解析的に取り扱うためには，流れの中の小さな部分を考えて，その内部に含まれる流体の運動を調べる．このとき，流体の運動を記述する方法には，3.2.1項で述べたように，2通りの方法がある．一つはラグランジュ的記述で，ある時刻にある閉曲面の内部にある流体の運動をその閉曲面の運動と共に追跡しながら調べる方法である．もう一つはオイラー的記述であり，空間の中の固定された閉曲面内の流体の運動を調べる方法である．

流体の運動も，力学で学ぶ剛体の運動や質点系の運動と同様に，ニュートンの運動方程式に従う．すなわち，ある領域（体積）にある流体の加速度は，その体積の流体にはたらく力に比例し，質量に反比例する．ただし，流体が運動するときは，その形や位置も同時に変化するため，調べる対象となる領域を特定するのが，容易ではない．図4.1(a)のように，ある時刻 t において閉曲面 $S(t)$ に囲まれた領域内の流体の運動を調べようとするとき，微小時間 Δt の後，すなわち時刻 $t+\Delta t$ においては，この閉曲面は $S(t+\Delta t)$ の位置に移動するだけでなく，その形も変形し，体積も変化す

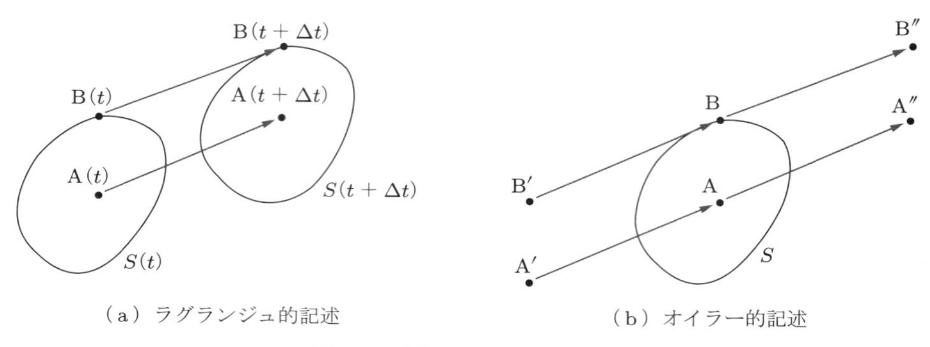

図 4.1 流体運動の二つの記述法

る．時刻 t に曲面上にあった点 $\mathrm{B}(t)$ は時刻 $t+\Delta t$ において $\mathrm{B}(t+\Delta t)$ へ移動し，曲面内部の点 $\mathrm{A}(t)$ は $\mathrm{A}(t+\Delta t)$ へ移動する．一般に，このような閉曲面 $S(t)$ 内で流体の速度は一様ではなく，流体は場所によって異なる速度をもっている．そのために，曲面の変形が生じるのである．

原理的には，このように変形する流体の運動を調べるには，閉曲面内にある流体がもつ運動量 $\boldsymbol{M}$ を評価し，曲面にはたらく面積力（圧力と接線応力）および曲面内の流体にはたらく重力などの体積力を評価して流体にはたらく合力 $\boldsymbol{F}$ を求めて，運動方程式を解き，その運動量の時間変化率 $d\boldsymbol{M}/dt$ を求めればよい．このように，時刻と共にその位置と形を変える曲面内の流体運動を調べる方法が**ラグランジュ的記述**である．ラグランジュ的記述に従って流体運動を調べるときは，考える領域を小さな体積に分割して，それぞれを**流体粒子**とみなして識別記号をつけて区別する．たとえば，時刻 $t=0$ におけるそれぞれの流体粒子の位置 $\boldsymbol{x}_0$ によって記号づけをすることができる．時刻 t_0 において座標 $\boldsymbol{x}_0$ にあった流体粒子が，時刻 t に座標 $\boldsymbol{x}$ へ移動したとき，座標 $\boldsymbol{x}$ はラグランジュ的記述では，初期時刻における位置（識別記号）$\boldsymbol{x}_0$ と時刻 t との関数として，

$$\boldsymbol{x}=\boldsymbol{x}(\boldsymbol{x}_0,t) \tag{4.1}$$

のように表される．また，この流体粒子の時刻 t における速度 $\boldsymbol{u}$ も同様に，

$$\boldsymbol{u}=\boldsymbol{u}(\boldsymbol{x}_0,t) \tag{4.2}$$

と表すことができる．すなわち，ある時刻 $(t=0)$ において識別記号をつけた流体粒子のそれぞれの位置と速度を後の時刻 t について追跡するので，独立変数は流体粒子につけた識別記号と時間であり，位置 $\boldsymbol{x}$ と速度 $\boldsymbol{u}$ が従属変数となる．しかし，一般の流体運動では圧力や接線応力および体積力は場所によって異なり，時刻と共に位置と形を変える曲面にはたらく力と曲面内の流体運動を調べるのは非常に難しく，流体

が形を変えずに運動する場合などの特別な場合を除いては現実的な方法ではない．

実際に流体運動を調べるのによく用いられる方法は，**オイラー的記述**である．オイラー的記述で流体の運動を調べるときは，図 4.1 (b) のように，時間が経っても動かない閉曲面に囲まれた領域の流体を考える．この図で，時刻 t に閉曲面 S の内部の点 A にある流体は，Δt だけ前の時刻 $t - \Delta t$ には点 A$'$ にあり，時刻 $t + \Delta t$ には点 A$''$ へ移動する．同様に，閉曲面 S の表面の点 B にある流体は，点 B$'$ から来て，Δt 後には点 B$''$ へと流れ去る．このように，オイラー的記述では，静止した閉曲面内の流体運動を考えるため，調べる対象となる流体は時間と共に入れ替わっていく．

3.2.1 項で述べたように，オイラー的記述では，空間内で移動しない各点 $\boldsymbol{x}$ における速度 $\boldsymbol{u}$ を考える．したがって，速度 $\boldsymbol{u}$ は独立変数である空間座標 $\boldsymbol{x}$ と時刻 t の関数であり，

$$\boldsymbol{u} = \boldsymbol{u}(\boldsymbol{x}, t) \tag{4.3}$$

と表される．同様に，圧力 p や密度 ρ などの物理量も，独立変数 $\boldsymbol{x}$ と t の関数として，$p(\boldsymbol{x}, t)$ や $\rho(\boldsymbol{x}, t)$ などと表される．このように，流体の速度や密度などの物理量を独立変数である空間座標 $\boldsymbol{x}$ の関数と考えるとき，それらを「**場**（ば）」とよび，速度の場を「速度場」，圧力の場を「圧力場」，密度の場を「密度場」という．オイラー的記述では，ラグランジュ的記述のように流体粒子一つひとつの動きを見るのではなく，任意の時刻における流れの「場」を調べる方法であるということができる．

さて，ラグランジュ的記述による流体運動の表現とオイラー的記述による表現との関係について考えてみよう．一つの同じ流体運動を調べるとき，ある時刻 t での $\boldsymbol{x}$ における密度や圧力あるいは速度などの物理量は，ラグランジュ的記述を用いてもオイラー的記述を用いてもその値は同じである．たとえば，時刻 t と座標 $\boldsymbol{x}$ が同じであれば，式 (4.2) と式 (4.3) で表される速度 $\boldsymbol{u}$ は同じ値である．ただし，ラグランジュ的記述（式 (4.2)）では位置 $\boldsymbol{x}$ を直接に指定することができないので，時刻 t に座標 $\boldsymbol{x}$ に来る流体粒子 ($\boldsymbol{x}_0$) を求めるため，式 (4.1) を用いる必要がある．

このように圧力や速度などの物理量の値は二つの記述法で一致するが，それらの時間微分は一般に二つの記述法で一致しない．ある物理量 f の時間微分を考えよう．ここで，f は圧力や密度のようなスカラー量であると考えて，速度などのベクトル量の各成分であると考えてもよい．ラグランジュ的記述では f は初期時刻 t_0 における位置 $\boldsymbol{x}_0$ と時刻 t との関数であり，$f(\boldsymbol{x}_0, t)$ と表されるが，記号 $\boldsymbol{x}_0$ をもつラグランジュ流体粒子の時刻 t における位置 $\boldsymbol{x}$ も時刻 t と $\boldsymbol{x}_0$ の関数なので，$f(\boldsymbol{x}(\boldsymbol{x}_0, t), t)$ と表すこともできる．一方，物理量をオイラー的記述で表すと，$f(\boldsymbol{x}, t)$ と表されるが，ラグランジュ的記述との違いは，関数 f の中の変数 $\boldsymbol{x}$ が時間の関数ではなく，独立変

数であることである．したがって，オイラー的記述において f の時間微分は空間変数 $\boldsymbol{x}$ を一定にして，時間 t による偏微分を考えればよいので，$\partial f/\partial t$ となる．一方，ラグランジュ的記述では，関数 f の変数 $\boldsymbol{x}$ も時間の関数なので，f を時間で偏微分するだけではなく，変数 $\boldsymbol{x}(t)$ の変化による f の変化も考慮する必要がある．ここで，オイラー的記述による時間微分（オイラー微分）$\partial/\partial t$ と区別するために，ラグランジュ的記述における時間微分（ラグランジュ微分）を表す記号 D/Dt を導入する．また，座標 $\boldsymbol{x}$ と速度 $\boldsymbol{u}$ を成分表示して，それぞれ $\boldsymbol{x}=(x,y,z)$ および $\boldsymbol{u}=(u,v,w)$ と表しておく．これらの記号を用いて，$f(x(\boldsymbol{x}_0,t),y(\boldsymbol{x}_0,t),z(\boldsymbol{x}_0,t),t)$ の時間微分は

$$\begin{aligned}\frac{Df}{Dt}&=\frac{\partial f}{\partial t}+\frac{\partial f}{\partial x}\frac{\partial x}{\partial t}+\frac{\partial f}{\partial y}\frac{\partial y}{\partial t}+\frac{\partial f}{\partial z}\frac{\partial z}{\partial t}\\&=\frac{\partial f}{\partial t}+u\frac{\partial f}{\partial x}+v\frac{\partial f}{\partial y}+w\frac{\partial f}{\partial z}=\frac{\partial f}{\partial t}+(\boldsymbol{u}\cdot\nabla)f\end{aligned}\tag{4.4}$$

と表される．ここで，$u=\partial x/\partial t$，$v=\partial y/\partial t$，$w=\partial z/\partial t$ を用いた．また，∇ はベクトル演算子であり，デカルト座標（直角座標）系では $(\partial/\partial x,\partial/\partial y,\partial/\partial z)$ で定義される．式 (4.4) では，$\boldsymbol{u}$ と ∇ の内積 $\boldsymbol{u}\cdot\nabla$ も演算子（スカラー演算子）であり，$\boldsymbol{u}\cdot\nabla=u\partial/\partial x+v\partial/\partial y+w\partial/\partial z$ を表す．ラグランジュ微分 Df/Dt とオイラー微分 $\partial f/\partial t$ の差は $(\boldsymbol{u}\cdot\nabla)f$ であり，この項は移流項とよばれる．

式 (4.4) を導くのに，合成関数の微分法則を用いたが，微分の定義式から直接に導くこともできる．いま，時刻 t に座標 $\boldsymbol{x}$ $(=(x,y,z))$ にあって，速度 $\boldsymbol{u}(=(u,v,w))$ で運動している流体粒子が物理量 f をもっており，微小時間 Δt 後に $\boldsymbol{x}+\boldsymbol{u}\Delta t$ に移動したときその流体粒子がもつ物理量が $f+\Delta f$ になったとすると，f のラグランジュ微分 Df/Dt は微分の定義より，

$$\begin{aligned}\frac{Df}{Dt}&=\lim_{\Delta t\to 0}\frac{\Delta f}{\Delta t}\\&=\lim_{\Delta t\to 0}\frac{f(x+u\Delta t,y+v\Delta t,z+w\Delta t,t+\Delta t)-f(x,y,z,t)}{\Delta t}\\&=\frac{\partial f}{\partial t}+u\frac{\partial f}{\partial x}+v\frac{\partial f}{\partial y}+w\frac{\partial f}{\partial z}=\frac{\partial f}{\partial t}+(\boldsymbol{u}\cdot\nabla)f\end{aligned}\tag{4.5}$$

となり，式 (4.4) と同じ式が得られる．式 (4.4) あるいは式 (4.5) では物理量 f の時間微分を考えたが，この関係はどのような物理量についても成り立ち，微分演算子の関係であるとみなすことができるので，演算子のみで表すと，ラグランジュ微分 D/Dt とオイラー微分 $\partial/\partial t$ との間には

$$\frac{D}{Dt}=\frac{\partial}{\partial t}+(\boldsymbol{u}\cdot\nabla)\tag{4.6}$$

の関係が成り立つ．とくに，**ラグランジュ微分** Df/Dt は流体粒子の運動に伴った物理量 f の時間変化を表している．

それでは，具体的にラグランジュ微分の物理的意味を考えてみよう．ここでは1次元的な密度分布を考えて，たとえば，図4.2のように3点 A′，A，A″ における密度とその時間変化を調べよう．この図で点 A は原点 $(x = 0)$ にあり，点 A′ は原点より Δx だけ左側の点 $x = -\Delta x$，点 A″ は右側の点 $x = \Delta x$ にあるとする．これら3点は互いに近くにあるので，この近傍で x 方向の流速はほぼ一定であるとみなして u とし，時刻 t における密度場は $\rho = \rho_0(1 + \alpha x)$ $(\alpha > 0)$ と表されるとする．すなわち，x 軸正の方向へ行くほど流体の密度は大きい．時刻 t での，点 A′，A，A″ における密度はそれぞれ $\rho' = \rho_0(1 - \alpha\Delta x)$，$\rho = \rho_0$，$\rho'' = \rho_0(1 + \alpha\Delta x)$ である．静止流体中でも密度は分子拡散により変化するが，その変化は遅いので，ここでは流体粒子の密度は時間変化しないと仮定する．すると，時刻 t での原点 A における密度 ρ のラグランジュ微分は，式(4.4)より，

$$\frac{D\rho}{Dt} = \frac{\partial \rho}{\partial t} + u\frac{\partial \rho}{\partial x} = \frac{\partial \rho}{\partial t} + \alpha u \rho_0 = 0 \tag{4.7}$$

となる．一方，式(4.7)より，点 A における密度のオイラー微分は $\partial\rho/\partial t = -\alpha u \rho_0$ となる．したがって，原点で密度を観測していると，密度は時間変化をすることになる．なぜ，点 A でこのように密度が減少するのだろうか．それは，$\Delta t = \Delta x/u$ とすれば，時刻 t に点 A′ にあった密度 $\rho_0(1 - \alpha\Delta x) = \rho_0(1 - \alpha u \Delta t)$ をもつ流体粒子が時刻 $t + \Delta t$ には点 A に流されてきたからである．同様に，時刻 t に原点 A にあった流体粒子は時刻 $t + \Delta t$ には点 A″ に移動し，この点の密度は $\rho_0(1 + \alpha\Delta x)$ から ρ_0 に減少する．

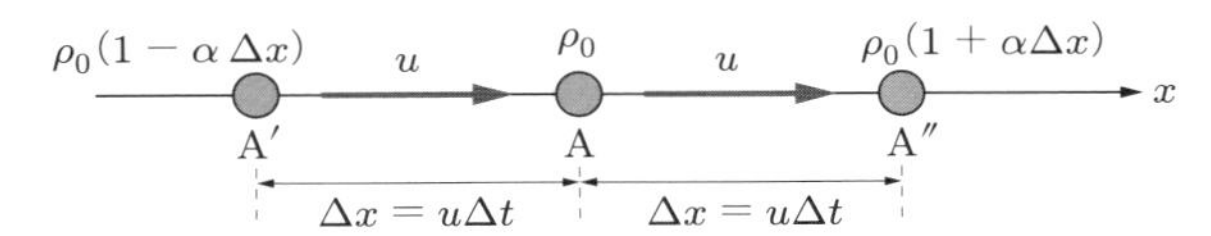

図4.2　ラグランジュ的記述とオイラー的記述による密度場の表現

4.2 連続の式

流体運動の基礎方程式は，連続の式（連続方程式）と運動方程式（ナビエ・ストークス方程式）とエネルギー方程式である．これらの三つの基礎方程式の中で，連続の式は最も大切で，流体の質量保存則を表す式である．

●4.2.1●質量の保存

前節で説明したように，流体運動を調べる多くの場合に用いるのはオイラー的記述である．ここでも，オイラー的記述法に従って，流体の質量保存則から連続の式を導く．図4.3のように，流れ場の中に閉曲面 S で囲まれた流体部分を考え，その体積を V とする．もちろん，時間が経過しても閉曲面 S は静止している．したがって，流体はこの閉曲面を通過することができ，各時刻でこの閉曲面内の流体粒子は異なっている．閉曲面 S に囲まれた体積 V 内の時刻 t における流体の質量 $m(t)$ は，体積内の各点での質量を $\rho(\boldsymbol{x}, t)$ とすると，

$$m(t) = \iiint_V \rho(\boldsymbol{x}, t)\, dV \tag{4.8}$$

と表すことができる．ここで，$dV = dx\, dy\, dz$ である．

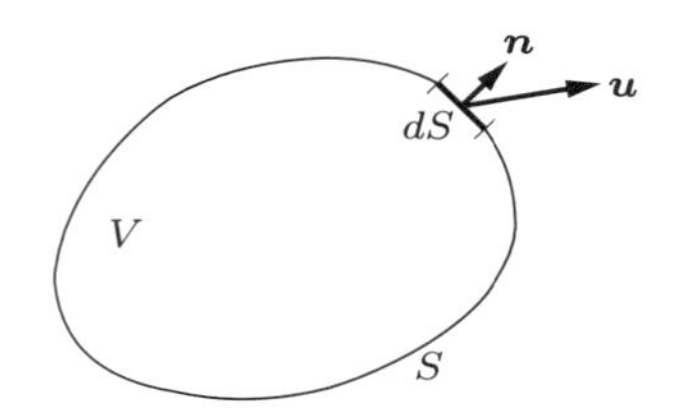

図4.3　閉曲面 S の小領域 dS から流出する流体

体積 V 内の流体は面 S を通して外部に流出したり，あるいは面 S を通して外部の流体が体積内に流入したりする．図4.3のように面 S 上に微小面積 dS を考え，その外向き単位法線ベクトルを $\boldsymbol{n}$ とする．dS の中心での流速を $\boldsymbol{u}$ とすると，単位時間に dS を通って，体積 V の外へ出ていく流体の質量は $\rho\boldsymbol{u}\cdot\boldsymbol{n}\, dS = \rho u_\perp\, dS$ と表される．ここで，$u_\perp = \boldsymbol{u}\cdot\boldsymbol{n}$ であり，$u_\perp > 0$ のとき V 内の流体が流出し，$u_\perp < 0$ のときは外部から V 内に流入することを表す．体積 V 内の流体の質量 $m(t)$ の時間変化は，単位時間に面 S を通して体積内に流入する流体の質量であるから，$\rho\boldsymbol{u}\cdot\boldsymbol{n}\, dS$ を面積 S について積分し，負符号をつけたものに等しい．すなわち，

$$\frac{dm}{dt} = -\iint_S \rho\boldsymbol{u}\cdot\boldsymbol{n}\, dS \tag{4.9}$$

が成り立つ．式(4.9)に式(4.8)を代入すると，

$$\frac{d}{dt}\iiint_V \rho dV = -\iint_S \rho\boldsymbol{u}\cdot\boldsymbol{n}\, dS \tag{4.10}$$

となる．ここで，閉曲面 S も体積 V 内の各微小体積 dV も静止しているので，体積内にある流体の質量変化は体積内の各点における密度変化 $\partial\rho/\partial t$ の体積積分で表さ

れる．すなわち，左辺の時間による微分記号 d/dt を偏微分記号 $\partial/\partial t$ に変えて，積分記号の中に入れる（微分と積分の順序を入れ替える）ことができ，

$$\iiint_V \frac{\partial\rho}{\partial t} dV = -\iint_S \rho\boldsymbol{u}\cdot\boldsymbol{n}\, dS \tag{4.11}$$

と表される[†1]．

●4.2.2●ガウスの発散定理

ここで，ベクトル解析の公式であるガウスの発散定理[†2]について簡単に説明をしておこう．なめらかな閉曲面 S で囲まれた領域を V とし，V および S において 1 階偏導関数まで連続なベクトル関数 $\boldsymbol{A}(x,y,z) = (A_x(x,y,z), A_y(x,y,z), A_z(x,y,z))$ が定義されているとする．このとき，関係式

$$\iiint_V \nabla\cdot\boldsymbol{A}\, dV = \iint_S \boldsymbol{A}\cdot\boldsymbol{n}\, dS \tag{4.12}$$

が成り立つ．ここで，$\boldsymbol{n}$ は面 S の各点における外向き単位ベクトルである．ガウスの発散定理を一般の体積 V について証明するのは難しくはないが，ここでは最も簡単な場合として，図 4.4 のような微小な体積 $dx\,dy\,dz$ をもつ直方体 dV の場合に式 (4.12) が成り立つことを確かめよう．図 4.4 で，点 A の座標は (x,y,z) であり，x，y，z 方向の各辺の長さはそれぞれ dx，dy，dz である．この直方体がもつ面 S は六つの面の和で表される．それらのうちの x 軸に垂直な面は ABCD と EFGH であり，これらの面を $S(x)$ および $S(x+dx)$ のように表し，ほかの 4 面についても同様に表すと，式 (4.12) の右辺は

$$\iint_S \boldsymbol{A}\cdot\boldsymbol{n}\, dS = \iint_{\substack{S(x)+S(x+dx)+S(y)\\+S(y+dy)+S(z)+S(z+dz)}} \boldsymbol{A}\cdot\boldsymbol{n}\, dS \tag{4.13}$$

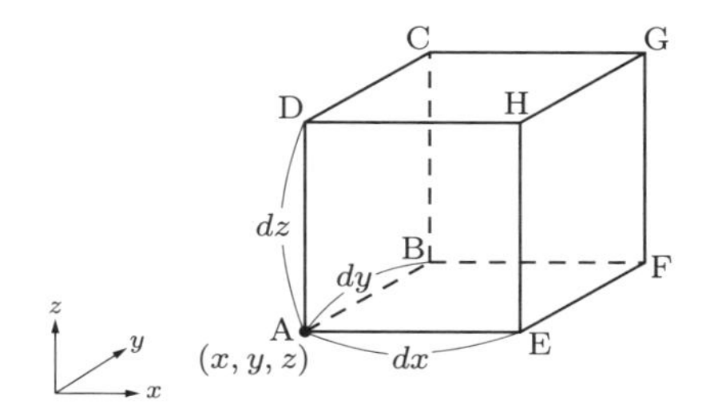

図 4.4 微小な体積 $dx\,dy\,dz$ をもつ直方体 dV におけるガウスの発散定理

---

†1 質量 m は時間だけの関数であり，密度は空間座標 $\boldsymbol{x}$ と時間 t の関数であることに注意．

†2 ベクトル解析の参考書，たとえば，堀内ほか著「理工学のための応用解析学 III」（朝倉書店）を参照．

と表される．式 (4.13) の右辺で，$S(x)$ における積分は

$$\iint_{S(x)} \boldsymbol{A}\cdot\boldsymbol{n}\,dS = -A_x(x,y,z)dy\,dz \tag{4.14}$$

となる．ここで，$\boldsymbol{A}\cdot\boldsymbol{n} = -A_x$ であることを用いた．同様に，$S(x+dx)$ における積分は

$$\begin{aligned}\iint_{S(x+dx)} \boldsymbol{A}\cdot\boldsymbol{n}\,dS &= A_x(x+dx,y,z)\,dy\\ &= \left[A_x(x,y,z) + \frac{\partial A_x}{\partial x}(x,y,z)\,dx\right]dy\,dz\end{aligned} \tag{4.15}$$

である．したがって，これらの二つの面における積分の和は

$$\iint_{S(x)+S(x+dx)} \boldsymbol{A}\cdot\boldsymbol{n}\,dS = \frac{\partial A_x}{\partial x}dx\,dy\,dz \tag{4.16}$$

となる．$S(y)$，$S(y+dy)$，$S(z)$，$S(z+dz)$ についても計算を行い，式 (4.13) に代入すると

$$\iint_{S} \boldsymbol{A}\cdot\boldsymbol{n}\,dS = \left(\frac{\partial A_x}{\partial x} + \frac{\partial A_y}{\partial y} + \frac{\partial A_x}{\partial z}\right)dx\,dy\,dz \tag{4.17}$$

となって，式 (4.12) の左辺と一致する．ここでは，微小な直方体について，式 (4.12) が成り立つことを確かめたが，もう少し一般的に，微小な 6 面体についてこの式が成り立つことを確かめると，一般の形状をもつ大きな体積 V についても証明をすることができる．なぜなら，任意の形状をもつ体積 V は微小な 6 面体の和で近似でき，隣り合う二つの 6 面体が共通にもつ面では，それらの法線ベクトルが逆向きとなり，式 (4.12) の右辺の積分が打ち消し合うからである．

●4.2.3●連続の式

さて，ガウスの発散定理の説明を終えたので，質量保存則 (4.11) に戻り，ガウスの発散定理を用いてこの式の右辺を面積積分から体積積分に変えると，

$$\iiint_V \left[\frac{\partial \rho}{\partial t} + \nabla\cdot(\rho\boldsymbol{u})\right]dV = 0 \tag{4.18}$$

が得られる．ここで，式 (4.18) は，任意の閉曲面 S に囲まれた体積 V について成り立つ．任意の位置と形状をもつ体積について式 (4.18) が成り立つためには，その被積分関数が体積 V 内の各点すべてにおいて 0 でなければならない．したがって

$$\frac{\partial \rho}{\partial t} + \nabla\cdot(\rho\boldsymbol{u}) = 0 \tag{4.19}$$

が導かれる．この式は**連続の式**または**連続方程式**とよばれる．式 (4.19) をデカルト座標におけるベクトル成分を用いて表すと，

$$\frac{\partial \rho}{\partial t}+\frac{\partial(\rho u)}{\partial x}+\frac{\partial(\rho v)}{\partial y}+\frac{\partial(\rho w)}{\partial z}=0 \tag{4.20}$$

となる．式 (4.20) をさらに変形すると，

$$\frac{\partial \rho}{\partial t}+u\frac{\partial \rho}{\partial x}+v\frac{\partial \rho}{\partial y}+w\frac{\partial \rho}{\partial z}+\rho\left(\frac{\partial u}{\partial x}+\frac{\partial v}{\partial y}+\frac{\partial w}{\partial z}\right)=0 \tag{4.21}$$

となり，この式は

$$\frac{\partial \rho}{\partial t}+(\boldsymbol{u}\cdot\nabla)\rho+\rho\nabla\cdot\boldsymbol{u}=0 \tag{4.22}$$

と表される．さらに，式 (4.4) で定義したラグランジュ微分 D/Dt を用いて式 (4.22) を表すと，

$$\frac{D\rho}{Dt}+\rho\nabla\cdot\boldsymbol{u}=0 \tag{4.23}$$

となる．

密度が空間的に均一で，しかも時間的に変化しない場合には，$\partial\rho/\partial t=0$ かつ $\nabla\rho=0$ なので，式 (4.22) または式 (4.23) は

$$\nabla\cdot\boldsymbol{u}=\frac{\partial u}{\partial x}+\frac{\partial v}{\partial y}+\frac{\partial w}{\partial z}=0 \tag{4.24}$$

となって，非常に簡単な形に表すことができる．

ここまでは，流れ場の中に任意の体積 V を考えて，その内部にある流体の質量が保存することより，連続の式 (4.19) を導いた．つぎに，デカルト座標を用いてもう少し簡単な方法で同じ連続の式が導けることを説明しよう．もう一度，図 4.4 に戻り，3 辺の長さがそれぞれ dx，dy，dz である微小な直方体 ABCD-EFGH を考える．この直方体の体積は $dV=dx\,dy\,dz$ である．この図で点 A の座標は (x,y,z) であり，その点での流体の密度を $\rho(x,y,z)$ とする．体積 dV をもつ直方体に含まれる流体の質量 dm は $dm=\rho\,dx\,dy\,dz$ と近似的に表される†．体積 dV 内にある流体質量の時間変化率 dm/dt は

$$\frac{dm}{dt}=\frac{\partial}{\partial t}(\rho\,dx\,dy\,dz) \tag{4.25}$$

と表される．

† このように近似できることと，その近似の精度を調べるには，体積 dV の各点における流体密度を点 A における密度からのテイラー展開（テイラーの公式）で表して，体積内の流体の質量を評価すればよい．

ガウスの発散定理 (4.12) が成り立つことを確かめたときと同様に，直方体の表面を通して出入りする流体の質量を考える．そこでは，x 軸に垂直な 2 面 ABCD と EFGH をそれぞれ，$S(x)$ および $S(x+dx)$ と名づけた．面 $S(x)$ (ABCD) を通して単位時間に直方体に流入する流体の質量 $q(x)$ は，

$$q(x) = \rho u \, dy \, dz \tag{4.26}$$

である．一方，面 EFGH を通って直方体から流出する単位時間あたりの流体の質量 $q(x+dx)$ は，ρu を dx でテイラー展開し，微小量である dx の 2 次以上の項を無視すると，

$$q(x+dx) = \left[\rho u + \frac{\partial(\rho u)}{\partial x} dx\right] dy \, dz \tag{4.27}$$

と表される．式 (4.26) と式 (4.27) より，x 軸に垂直な 2 面 $S(x)$ および $S(x+dx)$ を通って直方体に流入する流体の質量 $q(x) - q(x+dx)$ は

$$q(x) - q(x+dx) = -\frac{\partial(\rho u)}{\partial x} dx \, dy \, dz \tag{4.28}$$

となる．同様に，y 軸に垂直な 2 面 ABFE と DCGH および z 軸に垂直な 2 面 AEHD と BFGC を通って直方体に流入する流体の質量を求め，この体積内の流体質量の時間変化が単位時間に流入する流体質量に等しいこと（質量保存の法則）を用いれば，

$$\frac{\partial \rho}{\partial t} dx \, dy \, dz = \left[-\frac{\partial(\rho u)}{\partial x} - \frac{\partial(\rho v)}{\partial y} - \frac{\partial(\rho w)}{\partial z}\right] dx \, dy \, dz \tag{4.29}$$

が得られ，この式の両辺を $dx \, dy \, dz$ で割ってまとめると，連続の式 (4.20)

$$\frac{\partial \rho}{\partial t} + \frac{\partial(\rho u)}{\partial x} + \frac{\partial(\rho v)}{\partial y} + \frac{\partial(\rho w)}{\partial z} = 0 \tag{4.30}$$

が得られる．

例題 4.1　無限に広い 3 次元流れ場を考える．流れは密度が一定の定常流で，デカルト座標において速度成分の x 成分 u と y 成分 v がそれぞれ，$u = \alpha x$ および $v = \beta y$ と表されるとき，速度の z 成分 w を求めよ．

[解]　密度は時間的にも空間的にも一定なので，式 (4.24) より，

$$\frac{\partial w}{\partial z} = -(\alpha + \beta)$$

が成り立つ．この式の両辺を z で積分して

$$w = -(\alpha + \beta)z + w_0$$

が得られる．ここで，w_0 は任意の定数である．

問 4.1 密度が一定の 3 次元流を考える．デカルト座標において速度成分の x 成分 u と y 成分 v がそれぞれ，$u = a\cos\omega t \sin x \cos y \sin z$ および $v = a\cos\omega t \cos x \sin y \sin z$ と表されるとき，速度の z 成分 w を求めよ．ここで，a と ω は定数である．

問 4.2 連続の式 (4.19) を円柱座標系 (r, θ, z) を用いて表せ．

4.3 流体にはたらく力

流体には，体積力と面積力および長さに比例する力がはたらく．このうち，ある面に垂直にはたらく面積力は圧力とよばれ，平行にはたらく面積力は粘性応力あるいはせん断応力とよばれる．この節では，流体の運動方程式を導くための準備として，面積力である圧力と粘性応力について学ぶ．

流体の内力である粘性応力は流体運動に重要な影響を及ぼす．20 世紀中頃まではコンピュータも普及しておらず，粘性流体の運動を調べるのに困難を極めたため，たとえば，航空工学では翼のまわりの流れや翼にはたらく揚力および抗力を評価するのに，応力を無視する非粘性の仮定を行うことも多かった．空気や水など私たちの身近にある流体の多くはニュートン流体とよばれ，粘性応力を表す応力テンソルはずれひずみ速度テンソルと体積ひずみ速度という速度の空間微分に正比例している．このことを詳しく知るために，変形速度テンソルについて学んだあとに，応力テンソルとずれひずみ速度テンソルおよび体積ひずみ速度との関係を学ぶ．

●4.3.1●変形速度テンソルとせん断速度テンソル

非粘性流れや静止した流体中では，流れ場中の任意の面に垂直な応力のみがはたらく．しかし，一般の粘性流れ場中では，面に沿う方向に応力がはたらく．この応力は速度の勾配に比例する力であり，せん断応力あるいは粘性応力とよばれる．すなわち，ある点の速度ベクトルに平行な面をとれば，図 4.5 のようにその面には法線応力のほかに接線応力 $\tau = \mu \partial u_s / \partial n$ がはたらく．ここで，s と n はそれぞれ速度ベクトルとその面に垂直な方向の座標であり，μ は**粘性係数**あるいは**粘度**とよばれる粘性応力の強さを表す係数である．このように，粘性応力は速度の空間変化率である速度の微分に比例する．より一般に，流体内の任意の面にはたらく法線応力と接線応力を速度の微分で表すために，流体が単位時間に変形する速度を考え，その中で粘性応力を生じる要因であるせん断速度を定義する．

粘性応力は速度勾配（速度の空間微分）に比例するので，点 $\boldsymbol{x}$ における流速 $\boldsymbol{u}(\boldsymbol{x})$

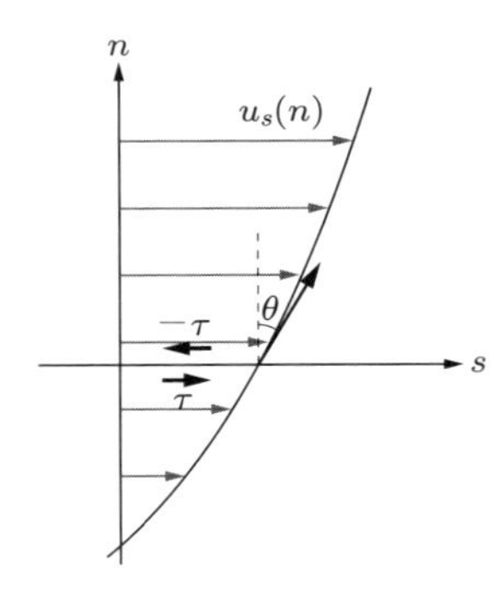

図 4.5　粘性流中にはたらく粘性応力．s を含み n に垂直な面 S には $\mu\partial u_s/\partial n$ ($\propto \mu\tan\theta$) の大きさの応力 τ がはたらく．

とその点から微小距離 $\delta\boldsymbol{x}$ だけ離れた点 $\boldsymbol{x}+\delta\boldsymbol{x}$ における速度 $\boldsymbol{u}(\boldsymbol{x}+\delta\boldsymbol{x})$ との差 $\delta\boldsymbol{u}=\boldsymbol{u}(\boldsymbol{x}+\delta\boldsymbol{x})-\boldsymbol{u}(\boldsymbol{x})$ について考える．2 点間の位置ベクトルの差は小さいとして，$\delta\boldsymbol{u}$ を $\delta\boldsymbol{x}$ でテイラー展開し，その 1 次の項だけをとると

$$\begin{aligned}\delta\boldsymbol{u}&=\boldsymbol{u}(\boldsymbol{x}+\delta\boldsymbol{x})-\boldsymbol{u}(\boldsymbol{x})\\&=\left[\boldsymbol{u}(\boldsymbol{x})+\frac{\partial\boldsymbol{u}}{\partial\boldsymbol{x}}(\boldsymbol{x})\delta\boldsymbol{x}\right]-\boldsymbol{u}(\boldsymbol{x})=\frac{\partial\boldsymbol{u}}{\partial\boldsymbol{x}}\delta\boldsymbol{x}\end{aligned}\tag{4.31}$$

となる．ここで，$\partial\boldsymbol{u}/\partial\boldsymbol{x}$ は変形速度テンソルとよばれる 2 次のテンソルであり，成分表示（テンソル形）で表すと，

$$\left(\frac{\partial\boldsymbol{u}}{\partial\boldsymbol{x}}\right)_{ij}=\frac{\partial u_i}{\partial x_j}\tag{4.32}$$

である．ここで，$i,j=1,2,3$ で，$x_1=x,x_2=y,x_3=z$ や $u_1=u,u_2=v,u_3=w$ である．一般には変形速度テンソルは非対称テンソルなので，つぎのように対称テンソルと反対称テンソルの和で表す．

$$\frac{\partial u_i}{\partial x_j}=\frac{1}{2}\left(\frac{\partial u_i}{\partial x_j}+\frac{\partial u_j}{\partial x_i}\right)+\frac{1}{2}\left(\frac{\partial u_i}{\partial x_j}-\frac{\partial u_j}{\partial x_i}\right)\tag{4.33}$$

変形速度テンソルを D，式 (4.33) の右辺第 1 項の対称部分を D_E で表し，第 2 項の反対称部分を D_O と表すと，式 (4.31) は

$$\delta\boldsymbol{u}=D\delta\boldsymbol{x}=D_E\delta\boldsymbol{x}+D_O\delta\boldsymbol{x}\tag{4.34}$$

となる．変形速度テンソルの対称部分 D_E は流れ場のひずみに対応し，**ひずみ速度テンソル**とよばれ，粘性応力を生じる原因となる．一方，反対称部分 D_O は局所的な流体粒子の自転である**渦度**という物理量に対応している．これを**回転速度テンソル**とよぶことにする．渦度 $\boldsymbol{\omega}$ はベクトル量であり，$\boldsymbol{\omega}=\nabla\times\boldsymbol{u}$ で定義される．渦度 $\boldsymbol{\omega}$

を成分表示で表すと，$\omega_i = \epsilon_{ijk}(\partial u_k/\partial x_j)$ となる．ここで，ϵ_{ijk} はエディントンの記号とよばれ，(i, j, k) が $(1,2,3)$ の偶置換，すなわち $(1,2,3), (2,3,1), (3,1,2)$ のときは 1，奇置換 $(1,3,2), (2,1,3), (3,2,1)$ のときは -1，それ以外のときは 0 を表す．また，右辺は $\epsilon_{ijk}(\partial u_k/\partial x_j)$ のように j と k が二つ使用されている．このように同じ添え字が二つ現れるときはその添え字に $(1,2,3)$ を代入して，それらの和をとる．すなわち，$\epsilon_{ijk}(\partial u_k/\partial x_j) = \sum_{j=1}^{3}\sum_{k=1}^{3}\epsilon_{ijk}(\partial u_k/\partial x_j)$ である．このように，同じ添え字について和をとるときに，和の記号 $\sum$ を省略することをアインシュタインの和の規約という．今後もとくに断らないかぎり，ベクトルあるいはテンソルの添え字で同じ記号が使われているときはアインシュタインの和の規約を適用する．

簡単な例により，流体の平行移動と回転・ひずみについて考え，流体運動と渦度との関係についても考えることにする．図 4.6 のように，時刻 t において微小な直方体の断面 ABCD を考える．この微小部分はデカルト座標系で点 A［座標 (x, y, z)］を一つの頂点とし，3 辺の長さを Δx, Δy, Δz とする直方体であり，図 4.6 はその xy 断面を表し，紙面の手前向きが z 軸である．時刻 t での点 A における流速を $\boldsymbol{u} = (u, v, w)$ とすると，時刻 $t + \delta t$ には点 A は点 A′［座標 $(x + u\delta t, y + v\delta t, z + w\delta t)$］に移動する．流体粒子の平行移動は応力を生じないので，微小断面 ABCD の回転，拡大・縮小，ひずみのみを調べる．

最初に，回転速度テンソル D_O について考える．図 4.6 で，辺 AB は時刻 $t + \delta t$ には辺 A′B′ に移動し，時間 δt の間に点 A のまわりに角度 $(\partial v/\partial x)\delta t$ だけ回転するので，回転角速度は $\partial v/\partial x$ である．同様に辺 AD の回転角速度は $-\partial u/\partial y$ である．直方体の xy 断面がひずむことなく回転するのは，図 4.7 (a) のように辺 AB と辺 AD の回転角速度が同じときであり，$[(\partial v/\partial x) - (\partial u/\partial x)]/2$ は辺 AB と辺 AD の平均

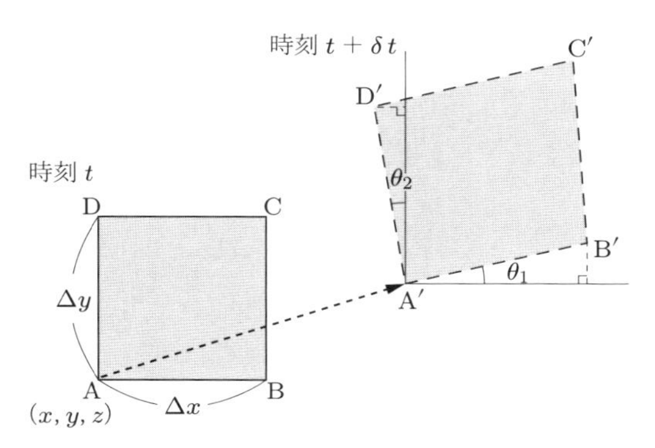

図 4.6　流れ場中における微小体積の変形と移動．
図は xy 断面，紙面手前方向が z 軸．

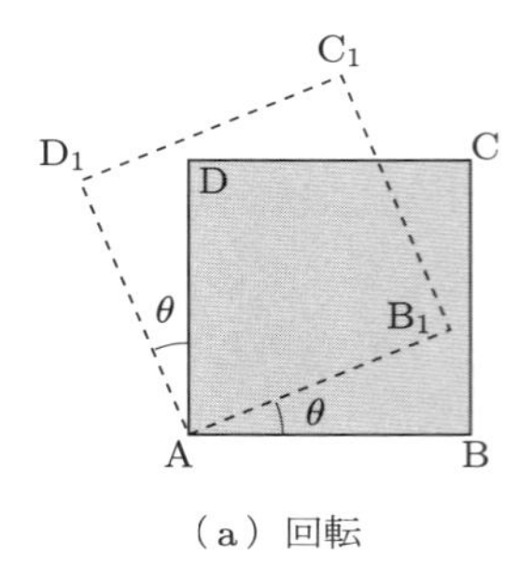

(a) 回転

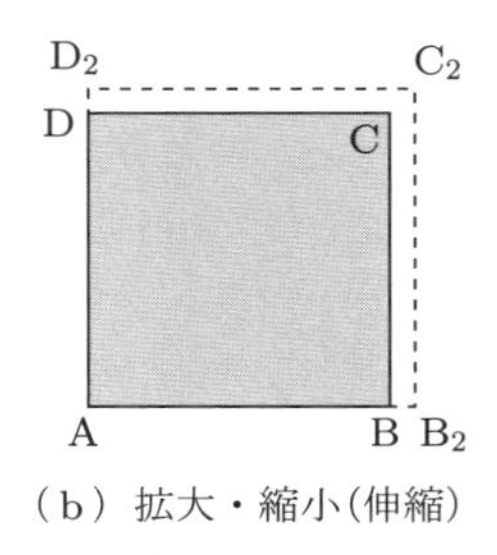

(b) 拡大・縮小(伸縮)

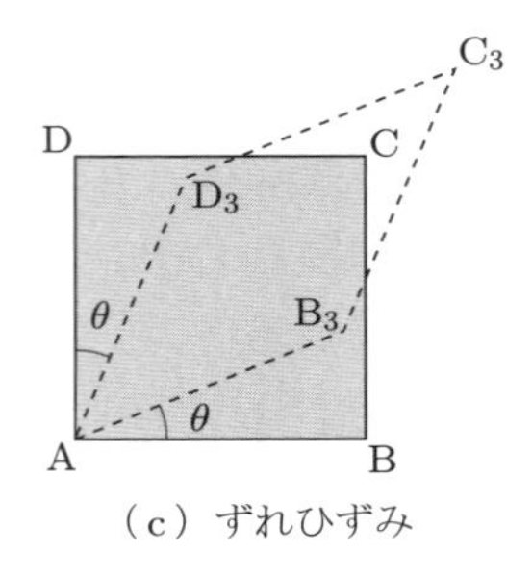

(c) ずれひずみ

図 4.7　流れ場中の微小体積の回転と変形

回転角速度を表している．また，点 A における渦度の z 成分は $(\partial v/\partial x)-(\partial u/\partial x)$ なので，平均回転角速度の 2 倍が渦度である．このようにして，回転速度テンソル D_O は流体粒子の回転角速度を表すことがわかった．実際，式 (4.34) の第 2 項は

$$D_{O,ij}\delta x_j=\frac{1}{2}\left(\frac{\partial u_i}{\partial x_j}-\frac{\partial u_j}{\partial x_i}\right)\delta x_j=\frac{1}{2}(\delta_{ik}\delta_{jl}-\delta_{il}\delta_{kj})\frac{\partial u_k}{\partial x_l}\delta x_j$$
$$=\frac{1}{2}\epsilon_{jim}\epsilon_{lkm}\frac{\partial u_k}{\partial x_l}\delta x_j=\frac{1}{2}\epsilon_{jim}\omega_m\delta x_j \qquad (4.35)$$

のようになる．ここで，δ_{ij} はクロネッカーのデルタとよばれる記号で $i=j$ のとき 1，$i\neq j$ のとき 0 を表し，式 (4.35) では $\epsilon_{ijm}\epsilon_{klm}=\delta_{ik}\delta_{jl}-\delta_{il}\delta_{kj}$ の関係を用いた．

つぎに，変形速度テンソルの対称部分 D_E について考える．反対称部分 D_O は対角成分がすべて 0 であるが，対称部分 D_E は一般には 0 でない対角成分をもつ．これらの対角成分は流体内の線分（距離）の伸縮を表す．たとえば，図 4.7 (b) で $\partial u/\partial x$ は辺 AB の時間あたりの伸縮率を表す．同様に，$\partial v/\partial y$ と $\partial w/\partial z$ はそれぞれ直方体の y 方向および z 方向の伸縮率を表すので，時刻 t に $\Delta x\times\Delta y\times\Delta z$ の体積をもっていた直方体は，時刻 $t+\Delta t$ にはその $[1+(\partial u/\partial x)\delta t][1+(\partial v/\partial y)\delta t][1+(\partial w/\partial z)\delta t]\sim 1+[(\partial u/\partial x)+(\partial v/\partial y)+(\partial w/\partial z)]\delta t$ 倍となる．したがって，対称部分の対角成分の和は流体の体積増加率を表す．体積増加率

$$\nabla\cdot\boldsymbol{u}=D_{E,ii}=\frac{1}{2}\left(\frac{\partial u_i}{\partial x_i}+\frac{\partial u_i}{\partial x_i}\right)=\frac{\partial u_i}{\partial x_i}=\frac{\partial u}{\partial x}+\frac{\partial v}{\partial y}+\frac{\partial w}{\partial z} \qquad (4.36)$$

は体積ひずみ速度とよばれ，面に垂直方向に粘性応力を生む要因となる．

変形速度テンソルの対称部分 D_E の非対角成分は，図 4.6 の辺 AB と辺 AD の回転角速度の和からその平均 $[(\partial v/\partial x)-(\partial u/\partial x)]/2$ を差し引いた残りであり，図 4.7 (c) のように，時刻 t に直方体であった微小体積の形状のずれひずみを表す．図 4.7 (c) で辺 BC の y 方向への移動速度は $(\partial v/\partial x)\delta x$ で与えられ，辺 AD が静止しているとすると，ABCD 内部の流体の y 方向への平均ずれひずみ速度は $\partial v/\partial x$ とな

る．同様に，辺 DC は $(\partial u/\partial y)\delta y$ の速度で x 方向へ移動するので，辺 AB が静止しているとしたとき，ABCD 内部の流体の x 方向への平均ずれひずみ速度は $\partial u/\partial y$ となる．したがって，D_E の非対角成分 $D_{E,ij}$ $(i \neq j)$ は x 方向と y 方向のずれひずみ速度の平均である．このずれひずみ速度がせん断応力を生むおもな要因である．

例題 4.2 流れの中に点 A［座標 (x, y, z)］を頂点とする微小体積 $(dV = \Delta x \times \Delta y \times \Delta z)$ を考える．点 A での流速を $\boldsymbol{u} = (u, v, w) = (-\Omega y + u_0, \Omega x + v_0, w_0)$ (Ω, u_0, v_0, w_0 は定数）とする．この点での微小体積の拡大縮小率 $(\nabla \cdot \boldsymbol{u})$ と回転率 $(\nabla \times \boldsymbol{u})$ を求めよ．

[解] 点 A での微小体積の拡大縮小率は

$$\nabla \cdot \boldsymbol{u} = \frac{\partial u}{\partial x} + \frac{\partial v}{\partial y} + \frac{\partial w}{\partial z} = 0$$

となり，体積変化率は 0 である．渦度（$\nabla \times \boldsymbol{u}$，回転率）は，

$$\omega_x = \frac{\partial w}{\partial y} - \frac{\partial v}{\partial z} = 0, \quad \omega_y = \frac{\partial u}{\partial z} - \frac{\partial w}{\partial x} = 0, \quad \omega_z = \frac{\partial v}{\partial x} - \frac{\partial u}{\partial y} = 2\Omega$$

となる．この場合は，点 A でのずれひずみ速度も体積ひずみ速度も 0 であり，微小流体粒子は自転のみをしている．

問 4.3 点 A での流速が $\boldsymbol{u} = (-\Omega y + \alpha x + u_0,\ \Omega x + \beta y + v_0, w_0)$ であるとき，この点での微小体積の体積ひずみ速度 $\nabla \cdot \boldsymbol{u}$，ずれひずみ速度 $D_{E,ij}$ $(i \neq j)$，渦度 $\nabla \times \boldsymbol{u}$ を求めよ．

●4.3.2●粘性と応力テンソル

流体中に微小な面 dS を考え，この面の法線ベクトルを $\boldsymbol{n}$ とする（図 4.8）．面 dS を通してベクトル $\boldsymbol{n}$ が指す側の流体が反対側（$-\boldsymbol{n}$ の側）に及ぼす力を $\boldsymbol{F}$ とすると，この面にはたらく応力 $\boldsymbol{\tau}$ は $\boldsymbol{\tau} = \boldsymbol{F}/dS$ で定義される．ここでの力の向きは直感的に得られる力の向きと逆であることに注意しよう．応力 $\boldsymbol{\tau}$ は**応力テンソル**とよばれる 2 階（ランク 2）のテンソル P を用いて

$$\boldsymbol{\tau} = P \cdot \boldsymbol{n} \tag{4.37}$$

と表される．

静止している流体中では，この面 dS にはたらく力 $\boldsymbol{F}$ は面に垂直な成分 $F_\perp$ のみをもち，接線方向の成分 $F_\parallel$ は 0 である．したがって，面 dS にはたらく応力は圧力 $p = F_\perp/dS$ のみであり，接線応力 $\tau_\parallel$ は 0 である．なぜなら，接線応力は速度の空間変化により生じ，静止流体中では速度もその空間微分も 0 だからである．静止流体中あるいは非粘性流れでは，式 (4.37) は簡単に

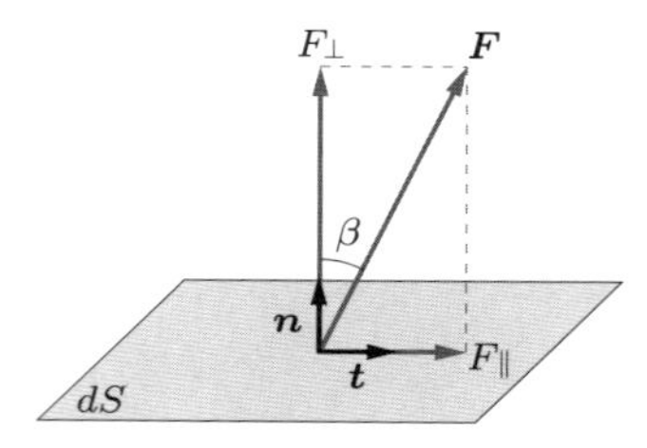

図 4.8　粘性流中の微小面 dS にはたらく力 $\boldsymbol{F} = F_\perp \boldsymbol{t} + F_\parallel \boldsymbol{n}$.
$\boldsymbol{n}$ は面 dS の単位法線ベクトル，$\boldsymbol{t}$ は単位接線ベクトル.

$$\boldsymbol{\tau} = -p\boldsymbol{n} = -pI \cdot \boldsymbol{n} \tag{4.38}$$

となって, 応力テンソル P は $P = -pI$ となる．ここで, I は単位テンソル ($I_{ij} = \delta_{ij}$) である．

運動している流体中では，粘性という性質によって，接線応力が生じる．この接線応力は速度の空間微分に比例している．すなわち，ニュートン流体では接線応力はひずみ速度テンソル D_E の非対角成分 $D_{E,ij}$ $(i \neq j)$（ずれひずみ速度テンソル）に比例している．また，対角成分である体積ひずみ速度 $D_{E,ii}$ は法線方向の応力を生じる．粘性流では，応力テンソル P は

$$P = (-p + \chi \mathrm{tr} D_E)\, I + 2\mu \left(D_E - \frac{1}{3} \mathrm{tr} D_E I \right) \tag{4.39}$$

と表される．ここで，$\mathrm{tr}D_E$ はテンソルの対角成分の和（トレース），すなわち $D_{E,ii} = \partial u_i / \partial x_i = \nabla \cdot \boldsymbol{u}$ を表し，χ は体積粘性率とよばれる．式 (4.39) をテンソル成分表示すると，

$$P_{ij} = \left(-p + \chi \frac{\partial u_k}{\partial x_k} \right) \delta_{ij} + 2\mu \left[\frac{1}{2} \left(\frac{\partial u_i}{\partial x_j} + \frac{\partial u_j}{\partial x_i} \right) - \frac{1}{3} \frac{\partial u_k}{\partial x_k} \delta_{ij} \right] \tag{4.40}$$

となる．P の対角成分は面に垂直にはたらく力である**垂直応力**を与え，非対角成分は面に平行にはたらく力で**せん断応力**を与える．ここでの応力の定義は，法線ベクトル $\boldsymbol{n}$ をもつ面において，$\boldsymbol{n}$ が示す向きにある外側の流体が内側の流体に及ぼす単位面積あたりの力であることに注意する必要がある．

4.4 ナビエ・ストークス方程式

流れ場中に静止した閉曲面内の流体がもつ運動量の時間変化率はその面から単位時間あたり流入あるいは流出する運動量と面内の流体にはたらく力の和に等しいことより，流体の運動を支配するナビエ・ストークス方程式が導かれる．

流れ場の中に，一定の形をもち静止した閉曲面 S に囲まれた体積 V を考える（図4.9）．流れがあるときはこの閉曲面を通って流体は流出入する．体積 V の中の流体がもつ運動量 $\boldsymbol{M}$ の時間変化率 $d\boldsymbol{M}/dt$ は閉曲面 S を通って流入する運動量 $\boldsymbol{Q}$ とこの面にはたらく力の合力 $\boldsymbol{F}$ の和に等しいことより，流体の運動方程式であるナビエ・ストークス方程式を導く．

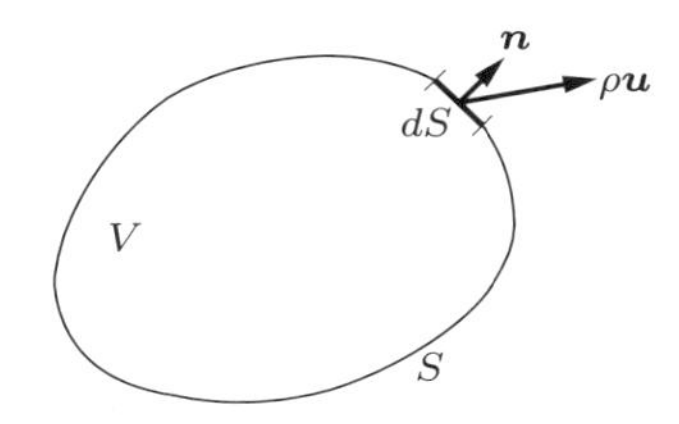

図 4.9　体積 V からの流体の流出入．dS は面 S の上の微小面積．

体積 V 内の流体がもつ運動量 $\boldsymbol{M}$ は，体積内の各点での密度 $\rho(\boldsymbol{x},t)$ と速度 $\boldsymbol{u}(\boldsymbol{x},t)$ との積を体積 V で積分して，

$$\boldsymbol{M} = \iiint_V \rho(\boldsymbol{x})\boldsymbol{u}(\boldsymbol{x})\,dV \tag{4.41}$$

と表すことができる．ここで，$\rho(\boldsymbol{x},t)$ と $\boldsymbol{u}(\boldsymbol{x},t)$ の独立変数 t を省略して $\rho(\boldsymbol{x})$ と $\boldsymbol{u}(\boldsymbol{x})$ のように表した．今後は説明上で必要なければ，物理変数の独立変数を省略する．運動量 $\boldsymbol{M}$ の時間変化率は

$$\frac{d\boldsymbol{M}}{dt} = \iiint_V \frac{\partial(\rho\boldsymbol{u})}{\partial t}\,dV \tag{4.42}$$

と表される．式 (4.42) では，微分記号 d/dt を偏微分記号 $\partial/\partial t$ に変えて，積分記号の中へ移した．これは，静止した体積 V の中の各点における物理量 $\rho(\boldsymbol{x})\boldsymbol{u}(\boldsymbol{x})$ の積分を考えるからであり，積分変数 $\boldsymbol{x}$ は流れと共に運動する点ではなく，時間によって変化しない変数だからである．

つぎに，単位時間に面 S を通して体積内に流入する運動量を考える．図 4.9 における閉曲面 S 上の微小面積 dS を通って，単位時間に体積 V の外へ出ていく流体の質量は $\rho(\boldsymbol{u}\cdot\boldsymbol{n})\,dS = \rho u_\perp\,dS$ $(u_\perp = \boldsymbol{u}\cdot\boldsymbol{n})$ である．運動量は質量と速度との積で表されるので，単位時間に微小面積 dS を通って流出する運動量は $\rho\boldsymbol{u}(\boldsymbol{u}\cdot\boldsymbol{n})$ となる．これより，単位時間に体積 V に流入する運動量 $\boldsymbol{Q}$ は，$\rho\boldsymbol{u}(\boldsymbol{u}\cdot\boldsymbol{n})\,dS$ を面積 S について積分し，負符号をつけたものに等しく，

$$\boldsymbol{Q} = -\iint_S \rho\boldsymbol{u}(\boldsymbol{u}\cdot\boldsymbol{n})\,dS \tag{4.43}$$

となる．

体積 V 内の流体が受ける力は，面積力 $\boldsymbol{F}_S$ と体積力 $\boldsymbol{F}_V$ である．面積力 $\boldsymbol{F}_S$ は，式 (4.37) より，

$$\boldsymbol{F}_S = \iint_S P \cdot \boldsymbol{n}\, dS \tag{4.44}$$

である．また，単位質量あたりにはたらく力を $\boldsymbol{K}$ とすれば，体積力 $\boldsymbol{F}_V$ は

$$\boldsymbol{F}_V = \iiint_V \rho \boldsymbol{K}\, dV \tag{4.45}$$

と表される．

面 S に囲まれた体積 V の流体がもつ運動量の時間変化率 $d\boldsymbol{M}/dt$ は，単位時間に面 S を通して流入する運動量 $\boldsymbol{Q}$ とこの流体が受ける外力 $\boldsymbol{F}_S + \boldsymbol{F}_V$ に等しいので，運動量の保存則は

$$\frac{d\boldsymbol{M}}{dt} = \boldsymbol{Q} + \boldsymbol{F}_S + \boldsymbol{F}_V \tag{4.46}$$

と表すことができる．式 (4.46) に式 (4.43)〜(4.45) を代入して，

$$\iiint_V \frac{\partial(\rho \boldsymbol{u})}{\partial t}\, dV = -\iint_S \rho \boldsymbol{u}(\boldsymbol{u} \cdot \boldsymbol{n})\, dS + \iint_S (P \cdot \boldsymbol{n})\, dS + \iiint_V \rho \boldsymbol{K}\, dV \tag{4.47}$$

が得られる．こうして得られた式 (4.47) の右辺第 1 項と第 2 項にガウスの発散定理を適用し，面積積分を体積積分に変換する．ここで，注意が必要である．ガウスの発散定理 (4.12) の右辺で被積分関数はベクトル $\boldsymbol{A}$ と $\boldsymbol{n}$ の内積 $\boldsymbol{A} \cdot \boldsymbol{n}$ であるが，式 (4.47) の右辺第 1 項の被積分関数は $\rho \boldsymbol{u}(\boldsymbol{u} \cdot \boldsymbol{n})$ のように，ベクトル $\boldsymbol{u}$ と $\boldsymbol{n}$ の内積 $(\boldsymbol{u} \cdot \boldsymbol{n})$ とベクトル $\rho \boldsymbol{u}$ との積である．成分表示を用いてガウスの発散定理 (4.12) を表すと，

$$\iiint_V \frac{\partial A_j}{\partial x_j}\, dV = \iint_S A_j n_j\, dS \tag{4.48}$$

となる．式 (4.48) では，アインシュタインの和の規約を適用している．式 (4.47) にガウスの発散定理を適用するにあたっては，$\rho \boldsymbol{u}$ の一つの成分 ρu_i のみを考えて，

$$\begin{aligned} \iint_S (\rho u_i u_j n_j)\, dS &= \iiint_V \frac{\partial(\rho u_i u_j)}{\partial x_j}\, dV \\ &= \iiint_V \left[u_j \frac{\partial(\rho u_i)}{\partial x_j} + \rho u_i \frac{\partial u_j}{\partial x_j} \right] dV \end{aligned} \tag{4.49}$$

と表す．式 (4.49) をベクトル表示すると，

$$\iint_S (\rho\boldsymbol{u})(\boldsymbol{u}\cdot\boldsymbol{n})\,dS = \iiint_V \left[(\boldsymbol{u}\cdot\nabla)(\rho\boldsymbol{u}) + \rho\boldsymbol{u}(\nabla\cdot\boldsymbol{u})\right] dV \tag{4.50}$$

となる．つぎに，式 (4.47) の第 2 項にガウスの発散定理を適用すると，

$$\iint_S (P\cdot\boldsymbol{n})\,dS = \iiint_V \nabla P\,dV \tag{4.51}$$

となる．応力テンソル P_{ij} は式 (4.40) で表されるので，式 (4.40) を式 (4.51) の右辺に代入して，

$$\iiint_V \frac{\partial P_{ij}}{\partial x_j}\,dV = \iiint_V \left[\frac{\partial}{\partial x_i}\left(-p+\chi\frac{\partial u_k}{\partial x_k}\right)\right. \\ \left. +\mu\left(\frac{\partial^2 u_i}{\partial x_j^2}+\frac{\partial}{\partial x_i}\frac{\partial u_j}{\partial x_j}-\frac{2}{3}\frac{\partial}{\partial x_i}\frac{\partial u_k}{\partial x_k}\right)\right] dV \tag{4.52}$$

となり，ベクトル表示すると，

$$\iint_S (P\cdot\boldsymbol{n})\,dS = \iiint_V \left[-\nabla p + \left(\chi+\frac{1}{3}\mu\right)\nabla(\nabla\cdot\boldsymbol{u}) + \mu\triangle\boldsymbol{u}\right] dV \tag{4.53}$$

となる．ここで，$\triangle = \nabla^2$ であり，ラプラシアンとよばれる微分演算子である．こうして得られた式 (4.50) と (4.53) を式 (4.47) に代入すると，

$$\iiint_V \frac{\partial(\rho\boldsymbol{u})}{\partial t}\,dV = \iiint_V \left[-(\boldsymbol{u}\cdot\nabla)(\rho\boldsymbol{u}) - (\rho\boldsymbol{u})(\nabla\cdot\boldsymbol{u})\right. \\ \left. -\nabla p + \left(\chi+\frac{1}{3}\mu\right)\nabla(\nabla\cdot\boldsymbol{u}) + \mu\triangle\boldsymbol{u} + \rho\boldsymbol{K}\right] dV \tag{4.54}$$

となる．式 (4.54) は任意の閉曲面 S に囲まれた任意の体積 V について成り立つので，両辺の被積分関数の連続性を仮定して，

$$\frac{\partial(\rho\boldsymbol{u})}{\partial t} = -(\boldsymbol{u}\cdot\nabla)(\rho\boldsymbol{u}) - (\rho\boldsymbol{u})(\nabla\cdot\boldsymbol{u}) \\ -\nabla p + \left(\chi+\frac{1}{3}\mu\right)\nabla(\nabla\cdot\boldsymbol{u}) + \mu\triangle\boldsymbol{u} + \rho\boldsymbol{K} \tag{4.55}$$

が得られる．式 (4.55) を整理すると，

$$\left[\frac{\partial\rho}{\partial t} + (\boldsymbol{u}\cdot\nabla)\rho + \rho(\nabla\cdot\boldsymbol{u})\right]\boldsymbol{u} + \rho\left[\frac{\partial\boldsymbol{u}}{\partial t} + (\boldsymbol{u}\cdot\nabla)\boldsymbol{u}\right]$$

$$= -\nabla p + \left(\chi + \frac{1}{3}\mu\right)\nabla(\nabla\cdot\boldsymbol{u}) + \mu\triangle\boldsymbol{u} + \rho\boldsymbol{K} \tag{4.56}$$

となる．式 (4.56) の左辺第 1 項は連続の式 (4.22) より 0 となる．これより，流体運動を支配する方程式

$$\rho\left[\frac{\partial\boldsymbol{u}}{\partial t} + (\boldsymbol{u}\cdot\nabla)\boldsymbol{u}\right] = -\nabla p + \left(\chi + \frac{1}{3}\mu\right)\nabla(\nabla\cdot\boldsymbol{u}) + \mu\triangle\boldsymbol{u} + \rho\boldsymbol{K} \tag{4.57}$$

が得られた．式 (4.57) は**ナビエ・ストークス方程式**とよばれ，粘性流体の運動方程式である．この式をラグランジュ微分の定義式 (4.6) $[D/Dt = \partial/\partial t + (\boldsymbol{u}\cdot\nabla)]$ を用いて表すと，

$$\rho\frac{D\boldsymbol{u}}{Dt} = -\nabla p + \left(\chi + \frac{1}{3}\mu\right)\nabla(\nabla\cdot\boldsymbol{u}) + \mu\triangle\boldsymbol{u} + \rho\boldsymbol{K} \tag{4.58}$$

と簡潔な表現が得られる．さらに，非圧縮性流体 $(\nabla\cdot\boldsymbol{u} = 0)$ の場合には，

$$\rho\frac{D\boldsymbol{u}}{Dt} = -\nabla p + \mu\triangle\boldsymbol{u} + \rho\boldsymbol{K} \tag{4.59}$$

となる．また，粘性をもたない流体（液体ヘリウムなどの超流動流体）の運動や流れが速くて粘性の影響を近似的に無視することができる場合には

$$\rho\frac{D\boldsymbol{u}}{Dt} = -\nabla p + \rho\boldsymbol{K} \tag{4.60}$$

となって非常に簡潔な表現となる．式 (4.60) は**オイラー方程式**とよばれ，非粘性流れの運動方程式である．式 (4.60) をテンソル記号を用いて表すと

$$\frac{\partial u_i}{\partial t} + u_j\frac{\partial u_i}{\partial x_j} = -\frac{1}{\rho}\frac{\partial p}{\partial x_i} + K_i \tag{4.61}$$

となる．K_i は外力 $\boldsymbol{K}$ の i 成分である．もし，流体にはたらいている外力が重力のみであれば，鉛直上向きを x_3 軸にとって，$K_i = -g\delta_{i3}$ と表される．式 (4.61) において，$(x_1, x_2, x_3) = (x, y, z)$，$(u_1, u_2, u_3) = (u, v, w)$ と表すと，

$$\begin{aligned}
&\frac{\partial u}{\partial t} + u\frac{\partial u}{\partial x} + v\frac{\partial u}{\partial y} + w\frac{\partial u}{\partial z} = -\frac{1}{\rho}\frac{\partial p}{\partial x} + K_x \\
&\frac{\partial v}{\partial t} + u\frac{\partial v}{\partial x} + v\frac{\partial v}{\partial y} + w\frac{\partial v}{\partial z} = -\frac{1}{\rho}\frac{\partial p}{\partial y} + K_y \\
&\frac{\partial w}{\partial t} + u\frac{\partial w}{\partial x} + v\frac{\partial w}{\partial y} + w\frac{\partial w}{\partial z} = -\frac{1}{\rho}\frac{\partial p}{\partial z} + K_z
\end{aligned} \tag{4.62}$$

となる．ここで，$(K_1, K_2, K_3) = (K_x, K_y, K_z)$ とおいた．流体に z 軸の負の方向の

重力のみがはたらくときは，$(K_x, K_y, K_z) = (0, 0, -g)$ となる．

非圧縮性流体に対しては，ベクトル解析の公式

$$(\boldsymbol{u}\cdot\nabla)\boldsymbol{u} = \frac{1}{2}\nabla\boldsymbol{u}^2 - \boldsymbol{u}\times\boldsymbol{\omega} \tag{4.63}$$

を用いると，

$$\rho\left(\frac{\partial\boldsymbol{u}}{\partial t} + \boldsymbol{\omega}\times\boldsymbol{u}\right) = -\nabla\left(p + \frac{1}{2}\rho\boldsymbol{u}^2\right) + \mu\triangle\boldsymbol{u} \tag{4.64}$$

となり，この形で用いられることも多い．さらに上式の両辺に左から回転作用素 $\nabla\times$ を作用させると，渦度 $\boldsymbol{\omega} = \nabla\times\boldsymbol{u}$ についての発展方程式

$$\rho\left[\frac{\partial\boldsymbol{\omega}}{\partial t} + (\boldsymbol{u}\cdot\nabla)\boldsymbol{\omega} - (\boldsymbol{\omega}\cdot\nabla)\boldsymbol{u}\right] = \mu\triangle\boldsymbol{\omega} \tag{4.65}$$

が得られ，この式は**渦度方程式**とよばれる．

4.5 ベルヌーイの式

3.4 節では，時間的に変化しない流れ（定常流）を考え，流管の一部分に含まれる流体がもつエネルギー変化は単位時間に両断面から流入するエネルギーと流体が受ける力による仕事との和に等しいことと，定常性から流体がもつエネルギーが一定であることより，ベルヌーイの式（ベルヌーイの定理）を導いた．ここでは，オイラー方程式 (4.60) からベルヌーイの式を導くことにより，ベルヌーイの式がもつ意味とその成立条件について詳しく考える．

オイラー方程式 (4.60) において，鉛直上向きに z 軸をとり，流体にはたらく体積力 $\boldsymbol{K}$ として重力のみを考えると，$\boldsymbol{K} = -g\,\boldsymbol{e}_z$ とおくことができる．ここで，$\boldsymbol{e}_z$ は鉛直上向き（z 方向）の単位ベクトルである．式 (4.60) に $\boldsymbol{K} = -g\boldsymbol{e}_z$ を代入し，左の $(\boldsymbol{u}\cdot\nabla)\boldsymbol{u}$ をベクトル解析の公式

$$(\boldsymbol{u}\cdot\nabla)\boldsymbol{u} = \nabla\left(\frac{1}{2}|\boldsymbol{u}|^2\right) - \boldsymbol{u}\times(\nabla\times\boldsymbol{u}) \tag{4.66}$$

を用い，$q^2 = |\boldsymbol{u}|^2$ とおくと，式 (4.60) は

$$\frac{\partial\boldsymbol{u}}{\partial t} - \boldsymbol{u}\times(\nabla\times\boldsymbol{u}) = -\frac{1}{\rho}\nabla p - \nabla\frac{1}{2}q^2 - g\boldsymbol{e}_z \tag{4.67}$$

となる．ここで，$\boldsymbol{x}_0 = (x_0, y_0, z_0)$ における圧力を p_0 とし，$\boldsymbol{x} = (x, y, z)$ における圧力を p とすれば，公式

$$\int_{p_0}^{p} \frac{1}{\rho} dp = \int_{\boldsymbol{x}_0}^{\boldsymbol{x}} \frac{1}{\rho} \nabla p \cdot d\boldsymbol{x} = \int_{x_0}^{x} \frac{1}{\rho} \frac{\partial p}{\partial x} dx + \int_{y_0}^{y} \frac{1}{\rho} \frac{\partial p}{\partial y} dy + \int_{z_0}^{z} \frac{1}{\rho} \frac{\partial p}{\partial z} dz \tag{4.68}$$

が成り立つ．式 (4.68) の両辺を x について微分すれば，

$$\frac{\partial}{\partial x} \int_{p_0}^{p} \frac{1}{\rho} dp = \frac{1}{\rho} \frac{\partial p}{\partial x} \tag{4.69}$$

となり，y, z についても同様に微分して，それらをベクトル形で表せば，

$$\frac{1}{\rho} \nabla p = \nabla \int_{p_0}^{p} \frac{dp}{\rho} \tag{4.70}$$

が得られる．式 (4.67) において，流れが定常であると仮定し，$\partial \boldsymbol{u}/\partial t = 0$ とおき，式 (4.70) を代入すると，

$$\nabla \left(\frac{1}{2} q^2 + gz + \int_{p_0}^{p} \frac{dp}{\rho} \right) = \boldsymbol{u} \times \boldsymbol{\omega} \tag{4.71}$$

が得られる．ここで，$\boldsymbol{\omega}$ は前に定義した渦度で $\boldsymbol{\omega} = \nabla \times \boldsymbol{u}$ である．式 (4.71) の右辺 $\boldsymbol{u} \times \boldsymbol{\omega}$ は $\boldsymbol{u}$ と $\boldsymbol{\omega}$ の外積なので，それぞれのベクトルに垂直である．このことは，ベクトル $\boldsymbol{u}$ と $\boldsymbol{\omega}$ に沿う方向には，左辺の括弧の中の式の値が一定であることを意味する．すなわち，流線（$\boldsymbol{u}$ をなめらかにつなぐ線）と渦線（$\boldsymbol{\omega}$ をなめらかにつなぐ線）に沿って，

$$\frac{1}{2} q^2 + gz + \int_{p_0}^{p} \frac{dp}{\rho} = c \tag{4.72}$$

が成り立つ†．ここで，c は定数であり，各流線や各渦線ごとに異なる値をもつ．この式は 3.4 節で求めたベルヌーイの式 (3.16) と同じ形をしている．ただし，そのときのベルヌーイの式は流線に沿ってのみ成り立ったが，式 (4.72) は渦線に沿っても成立する．また，流れが渦度をまったくもたないとき，すなわち渦なしの流れのときには，式 (4.72) の右辺の定数 c は全空間で一定となり，流線が異なっても同じ値となる．非圧縮性流れで，密度 ρ が一定の場合には，式 (4.72) は

$$\frac{1}{2} \rho q^2 + p + \rho g z = c_1 \quad (c_1 = \rho c：一定) \tag{4.73}$$

となり，これが密度一定の流れにおけるベルヌーイの式である．

3.2 節では流線と流管を定義したが，ここでは渦線と渦管を定義しておこう．流れ場の中に任意の 1 点をとり，この点を通るある線が線上の各点において速度 $\boldsymbol{u}$ に平

† 渦線と流線で構成される曲面を**ベルヌーイ面**とよぶ．

行であるとき，この線を流線とよんだ．同様に，ある 1 点を通り，各点での渦度 $\boldsymbol{\omega}$ に平行であるような線を渦線とよぶ．また，流線を境界面とする管状の曲面に囲まれた部分を流管とよんだのと同様に，渦線によって囲まれた管を渦管という．これについては 5 章にて詳しく説明する．

4.6 レイノルズの相似則と方程式の無次元化

流体力学では連続体近似を用いているので，流体内部には分子などのスケールをもった構造はないと仮定している．このため，流れ場の幾何学的な構造が同じで，レイノルズ数が同じであれば流れ場も同じとなる．したがって，流体運動を支配する基礎方程式である連続の式とナビエ・ストークス方程式を無次元量のみで表すことができる．

ある具体的な流れについて考えるとき，その流れ場には特徴的な流速（代表速度）と長さスケール（代表長さ）が存在する．それらの代表的な量を用いれば，すべての物理量を無次元化できる．たとえば，流速 U の一様流中に置かれた直径 d の円柱まわりの流れを考えれば，代表速度を U とし，代表長さを d として，すべての物理量を無次元化できる．代表速度と代表長さは選択に任意性があり，同じ円柱を過ぎる流れでも代表流速を円柱後流中のある点におけるある方向の流速 U_1 にとることもでき，代表長さを円柱の半径 $r\ (= d/2)$ とすることも可能である．しかし，それらの任意性は無次元化した方程式の中に含まれる無次元パラメータであるレイノルズ数の定義に反映されるので，二つの流れ場の構造が幾何学的に相似であれば，異なる無次元化を行ってもレイノルズ数の値を換算することにより，それら二つの流れ場を比較することが可能である．

ここでは，ある非圧縮性流れについて考察することにし，その流れ場の代表速度を U とし，代表長さを d とする．これらの代表量を用いて座標 $\boldsymbol{x}$，時間 t，流速 $\boldsymbol{u}$，圧力 p を無次元化して，無次元変数

$$\boldsymbol{x}_* = \frac{\boldsymbol{x}}{d}, \quad t_* = \frac{tU}{d}, \quad \boldsymbol{u}_* = \frac{\boldsymbol{u}}{U}, \quad p_* = \frac{p}{\rho U^2} \tag{4.74}$$

を定義する．ここで，右下に添え字 $_*$ が付いた変数は無次元量である．これらの無次元量を有次元のナビエ・ストークス方程式 (4.59) に代入し，無次元のナブラ ∇_* と $\triangle_*$ が $\nabla_* = \nabla d$ および $\triangle_* = \triangle d^2$ と表されることに注意すると，

$$\frac{\rho U^2}{d}\left[\frac{\partial \boldsymbol{u}_*}{\partial t_*} + (\boldsymbol{u}_* \cdot \nabla_*)\boldsymbol{u}_*\right] = -\frac{\rho U^2}{d}\nabla_* p_* + \frac{\mu U}{d^2}\triangle_* \boldsymbol{u}_*$$

となり，両辺に $d/(\rho U^2)$ をかけて

$$\frac{\partial \boldsymbol{u}_*}{\partial t_*} + (\boldsymbol{u}_* \cdot \nabla_*)\boldsymbol{u}_* = -\nabla_* p_* + \frac{\mu}{\rho U d}\triangle_* \boldsymbol{u}_*$$

が得られる．ただし，ここでは外力を考慮せず，$\boldsymbol{K} = 0$ とおいた．この式で，$Re = \rho U d/\mu$ とおくと，

$$\frac{\partial \boldsymbol{u}}{\partial t} + (\boldsymbol{u} \cdot \nabla)\boldsymbol{u} = -\nabla p + \frac{1}{Re}\triangle \boldsymbol{u} \tag{4.75}$$

となる．式 (4.75) は無次元変数で表したナビエ・ストークス方程式であるが，無次元変数を表す $_*$ を省略した．今後は有次元変数と無次元変数を同じ記号で表すが，ρ や ν などの有次元物理量が含まれているときは有次元変数が使用されており，無次元パラメータ Re が含まれているときは無次元変数で表されていると判別できる．式 (4.75) で現れる無次元量

$$Re = \frac{\rho U d}{\mu} = \frac{U d}{\nu}$$

は**レイノルズ数**とよばれる無次元パラメータで，異なる流体との接触面をもたない単一の流体運動はただ一つの無次元量 Re で決定される．これを**レイノルズの相似則**という．ただし，流体密度の変化がある場合や流れ場全体が回転している系にある場合などは，それぞれの場合に応じてほかにも無次元パラメータが現れる．

このような無次元化は，式 (4.74) のほかにも，たとえば無次元変数を

$$\boldsymbol{x}_* = \frac{\boldsymbol{x}}{d}, \quad t_* = \frac{t\,\mu}{\rho d^2}, \quad \boldsymbol{u}_* = \frac{\boldsymbol{u}}{U}, \quad p_* = \frac{pd}{\mu U} \tag{4.76}$$

と定義することでもでき，このとき，ナビエ・ストークス方程式 (4.59) は

$$\frac{\partial \boldsymbol{u}}{\partial t} + Re(\boldsymbol{u} \cdot \nabla)\boldsymbol{u} = -\nabla p + \triangle \boldsymbol{u} \tag{4.77}$$

となって，非線形項 $(\boldsymbol{u} \cdot \nabla)\boldsymbol{u}$ の係数としてレイノルズ数が現れる．取り扱う問題によってはこちらの無次元化のほうが便利な場合もある．

例題 4.3　A さんはレポートで，円柱の直径 d を代表長さ，上流の一様流速 U を代表速度として，レイノルズ数を $Re_{\rm A} = Ud/\nu$（ν は動粘性係数）と定義して，$Re_{\rm A} = 100$ の場合に円柱を過ぎる 2 次元流れの数値シミュレーションを行って，流線図を描いた．B さんは，円柱の半径 r を代表長さ，一様流速 U を代表速度として，レイノルズ数を $Re_{\rm B} = Ur/\nu$ と定義し，実験で円柱流れの可視化を行いたい．$Re_{\rm B}$ の値をいくらにして，どのように A さんの流線図と比較するとよいか述べよ．

[解] A さんの数値シミュレーションと同じ流速 U，同じ動粘性係数 ν の流体，同じ直径の円柱を用いると，円柱の半径 $r = d/2$ で定義したレイノルズ数は Re_{A} の 1/2 になるので，$Re_{\mathrm{B}} = 50$ で実験を行い，可視化した流線図は，直径が 1 となるように拡大または縮小をして A さんの数値シミュレーション結果と比較すればよい．

問 4.4 直径 $d = 0.02\,\mathrm{m}$ の円管内に密度 $\rho = 1 \times 10^3\,\mathrm{kg/m^3}$，動粘性係数 $\nu = 1 \times 10^{-6}\,\mathrm{m^2/s}$ の水を流し，流れの方向に距離 $l = 0.5\,\mathrm{m}$ だけ離れた円管内の 2 点における圧力差 Δp [Pa] を測定した．代表長さを d，代表流速を管断面の平均流速 U として，式 (4.74) で実験結果を無次元化したところ，$Re = 1200$ であり，無次元化した圧力差は $\Delta p_* = 0.67$ となった．この流れの平均流速 U と圧力差の測定値 Δp を求めよ．

演習問題 4

4.1 全空間で速度が一定値 $\boldsymbol{u} = (u_1, v_1, w_1)$ である定常な非圧縮性流れ場において，時刻 t_0 で密度分布が $\rho = f(x, y, z)$ と表されるとき，時刻 t での密度分布 $\rho(x, y, z, t)$ を求めよ．

4.2 平行な 2 枚の円形平板間を中心から外側に流体が流れている．これら 2 枚の円形平板の間隔は h で，それらの中心の中点を原点にして円柱座標系 (r, θ, z) をとる．流れは軸対称非圧縮性流れで，流速は $(u_r(r, z), 0, u_z(r, z))$ と表されるとする．$u_r(r, z) = (a/r + b)(1 - 4z^2/h^2)$ であるとき，$u_z(r, z)$ を求めよ．

4.3 デカルト座標で，x 方向にのみ速度成分をもち，x 方向と z 方向に一様でそれらの座標に依存しない流れ場における変形速度テンソルの性質を調べよ．

4.4 円柱座標系 (r, θ, z) で，θ 方向にのみ速度成分をもち，z 方向と θ 方向に一様でそれらの座標に依存しない流れ場における変形速度テンソルの性質を調べよ．

4.5 無次元化されたナビエ・ストークス方程式 (4.75) を円柱座標系 (r, θ, z) を用いて表せ．

4.6 同心 2 重円筒間に密度 ρ，粘性係数 μ の流体が満たされている．半径 r_1 の内円筒を角速度 Ω_1，半径 r_2 の外円筒を角速度 Ω_2 で回転させたときの流れの定常流速分布，および内円筒と外円筒を回転するのに必要なトルクを求めよ．ただし，流れ場は軸方向および周方向に一様であり，軸方向の流速は 0 であるとする．

4.7 角速度 Ω で一様に回転している回転系におけるナビエ・ストークス方程式を導け．

4.8 一様速度 U で流れている密度 ρ の流体中に置かれた直径 d，長さ l の円柱にはたらく抗力 D を，代表長さを d，代表速度を U として無次元化せよ．

4.9 代表長さを d，代表速度を U，代表時間を d^2/ν として，非圧縮性流れについてのナビエ・ストークス方程式（式 (4.57) で $\nabla \cdot \boldsymbol{u} = 0$ としたもの）を無次元化せよ．ここで，ν は動粘性係数である．

5章 管路流れ

ナビエ・ストークス方程式は非線形の方程式であり，有限のレイノルズ数の場合に解析的に解が求められることはまれである．しかし，流れの方向に一様な管路流れでは解析的な解を求めることが可能である．このときには，圧力勾配と速度の関係や，流体が管壁から受ける力と圧力勾配による力とのつり合いを議論することもできる．また，初期に静止していた流体にある瞬間から一定の圧力勾配を課すときに生じる流れ場の時間発展を記述する解を求めることも可能である．管路幅が急に拡大するような管路（急拡大管路）を流れる場合には，解析的な解は得られず，数値計算に頼ることになる．

5.1 2平板間流れ

2平板間を圧力勾配により駆動される流れ（2平板間流れ）は，平面ポアズイユ流とよばれ，基本的な流れの一つである．この流れは，ナビエ・ストークス方程式の厳密解として速度分布が得られる数少ない流れの一つでもある．

●5.1.1●2平板間流れの流速分布

間隔 $2d$ の2枚の平行平板間を一定密度 ρ の流体が流れるときの2次元定常流を考える（図5.1）．流れは平板に平行な方向にのみ流速をもち，流れの方向に一様であるとする．平板間の中心面に沿って流れの方向に x 軸をとり，平板に垂直に y 軸をとる．仮定より，x 方向の圧力勾配 $\partial p/\partial x$ は一定であり，x 方向の流速成分 u は時間 t にも x にもよらず，$u(y)$ と表される．2次元流れを考えると，ナビエ・ストークス

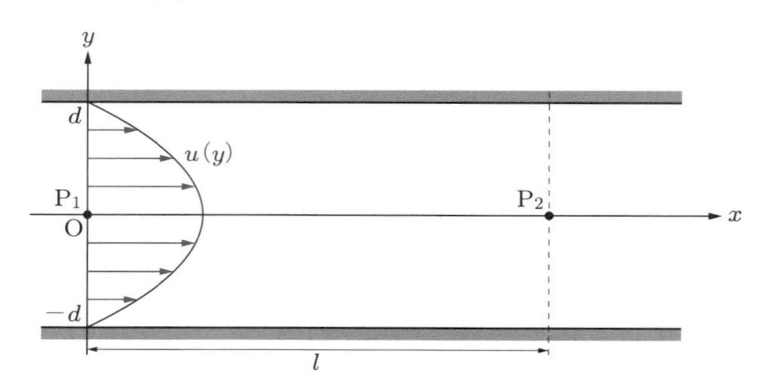

図5.1　2枚の平行平板間の流れ

方程式の x 成分は

$$\frac{\partial u}{\partial t}+u\frac{\partial u}{\partial x}+v\frac{\partial u}{\partial y}=-\frac{1}{\rho}\frac{\partial p}{\partial x}+\frac{\mu}{\rho}\left(\frac{\partial^2 u}{\partial x^2}+\frac{\partial^2 u}{\partial y^2}\right) \tag{5.1}$$

となる．流れが x 軸の正の向きなので，圧力は x 軸の正の向きに小さくなる．したがって，圧力勾配 $\partial p/\partial x$ は負の値をもち，y 方向速度成分が 0 であることから $\partial p/\partial y=0$ となり，p は x だけの関数である．この圧力勾配を $dp/dx=-a$ とおく．

式 (5.1) で，定常流の仮定より $\partial u/\partial t=0$，流れの一様性より $\partial u/\partial x=\partial^2 u/\partial x^2=0$，流速が x 成分のみをもつことより $v=0$ となることを考慮すれば，$u(y)$ と圧力勾配 dp/dx の関係は

$$\frac{d^2 u}{dy^2}=-\frac{a}{\mu} \tag{5.2}$$

と表される．式 (5.2) の右辺は定数で，この式を y について 2 回積分すると，

$$u(y)=-\frac{a}{2\mu}y^2+c_1 y+c_2 \tag{5.3}$$

となる．ここで，c_1 と c_2 は積分定数である．2 枚の平板は静止しており，平板に接する面 $(y=\pm d)$ においては流速が $u(\pm d)=0$ でなければならない．この条件を式 (5.3) に代入して得られる二つの式を c_1 と c_2 に関する連立方程式とみなして解くと，$c_1=0$，$c_2=ad^2/(2\mu)$ と求められ，これらを式 (5.3) に代入して，整理すると

$$u(y)=\frac{ad^2}{2\mu}\left[1-\left(\frac{y}{d}\right)^2\right]=U_0\left[1-\left(\frac{y}{d}\right)^2\right] \tag{5.4}$$

となる．ここで，式 (5.4) の最右辺で $U_0=ad^2/(2\mu)=(-dp/dx)d^2/(2\mu)$ とおいた．このとき，2 平板間流れが最大流速をもつのは $y=0$ においてであり，その流速は $u=U_0$ である．このような流れは平面ポアズイユ流とよばれる．

流速分布 $u(y)$ が式 (5.4) で表されるとき，x 軸に垂直なある断面を単位時間に通過する体積を流量（体積流量）Q と定義して，Q を求めてみよう．2 平板の幅（奥行き方向［z 方向］の長さ）を w とする．流量 Q は，この速度分布を y について $-d$ から d まで積分して流路幅 w をかければ，

$$Q=w\int_{-d}^{d}U_0\left[1-\left(\frac{y}{d}\right)^2\right]dy=\frac{4}{3}U_0 dw=\frac{2}{3}\frac{ad^3 w}{\mu} \tag{5.5}$$

と求められる．流速 $u(y)$ を 2 平板間 $y=[-d,d]$ にわたって平均した平均流速 $\overline{u}$ は，体積流量 Q を断面積 $2dw$ で割って，

$$\overline{u}=\frac{Q}{2dw}=\frac{2}{3}U_0=\frac{ad^2}{3\mu} \tag{5.6}$$

となり，最大流速 U_0 の 2/3 である．式 (5.6) から，圧力勾配 $a = -(dp/dx)$ が平均流速 $\overline{u}$ に正比例していることがわかる．流量を単位時間に通過する流体の質量で定義する質量流量 Q_M は $Q_M = \rho Q$ であり，体積流量の代わりに使われることもある．単に流量といえば体積流量を意味する．

問 5.1　平面ポアズイユ流（図 5.1）において，流体の密度と粘性係数が $\rho = \rho_0 + \rho_1 y$, $\mu = \mu_0 + \mu_1 y$ のように y の 1 次関数であるとき，速度分布を求めよ．ただし，$\rho_1 \ll \rho_0/d$, $\mu_1 \ll \mu_0/d$ とする．

●5.1.2●2 平板間流れにおける力のつり合い

2 平板間を流体が流れるとき，力はどのようにつり合っているのか調べてみよう．図 5.1 のように，流れの方向に長さ l の領域を考える．この領域に含まれる流体の体積は $V = 2dwl$ であり，質量は $m = 2\rho dwl$ である．この流体がもつ x 方向の運動量 M_x は質量 m と平均流速 $\overline{u}$ の積でもあるが，定義に従って計算すると，

$$M_x = \rho wl \int_{-d}^{d} u(y) dy = \frac{4}{3} \rho U_0 dwl \tag{5.7}$$

となる．

体積 V に単位時間に流入する運動量とこの体積内の流体にはたらく力の和は，運動量 M_x の時間変化に等しい．単位時間に左側 $(x = 0)$ の断面からこの体積に流入する x 方向の運動量 q_x は

$$q_x = \rho \int_{-d}^{d} w \left(u(y)\right)^2 dy = \frac{16}{15} \rho U_0^2 dw \tag{5.8}$$

であり，これは右側断面 $(x = l)$ から流出する流量に等しいので，この体積に流出入する x 方向の運動量は差し引き 0 である．体積内の流体が左側の断面で受ける圧力による力 P_1 は $P_1 = 2p(0)dw$ であり，右側の断面から受ける力 P_2 は $P_2 = -2p(l)dw$ である．ここで，$p(l) = p(0) + (dp/dx)l = p(0) - al$ であることを用いて，体積 V 内の流体にはたらく力 P を計算すると，

$$P = P_1 + P_2 = 2adwl \tag{5.9}$$

となり，x 軸の正方向に力を受けている．また，体積 V 内の流体が上の平板から受ける粘性応力 F_1 は下の平板から受ける粘性応力 F_2 と等しく，その和 F は

$$F = F_1 + F_2 = 2wl\mu \left(\frac{du}{dy}\right)_{y=d} = -\frac{4\mu U_0 wl}{d} \tag{5.10}$$

である．ここで，図 5.1 をよく見て，面のどちら側の流体が x 軸の正方向に力を受け

るか注意する必要がある．式 (5.10) は流体が x 軸の負の方向に力を受けることを表している．これらの運動量の流出入と力の和が流体の運動量 M_x の時間変化 dM_x/dt に等しいので，

$$\frac{dM_x}{dt} = q_x - q_x + P + F = 2adwl - \frac{4\mu U_0 wl}{d} \tag{5.11}$$

が成り立つ．ここで，式 (5.11) に $U_0 = ad^2/(2\mu)$ を代入すると，$dM_x/dt = 0$ となって，流体がもつ運動量 M_x は一定であることが確かめられる．

また，壁面にはたらく単位面積あたりの摩擦力 τ_0 は

$$\tau_0 = \mu \left(\frac{du}{dy} \right)_{y=d} = -\mu \frac{2U_0}{d} = -\mu \frac{3\overline{u}}{d} \tag{5.12}$$

である．ここで，$|\tau_0|$ と平均流速 $\overline{u}$ を用いて定義した動圧 $(1/2)\rho\overline{u}^2$ との比を壁面摩擦係数 c_f，すなわち，

$$c_f = \frac{|\tau_0|}{(1/2)\rho\overline{u}^2} \tag{5.13}$$

とすれば，

$$c_f = \frac{6\mu}{\rho\overline{u}d} = \frac{6}{Re}, \quad Re = \frac{\rho\overline{u}d}{\mu} \tag{5.14}$$

となる．このように，壁面摩擦係数 c_f はレイノルズ数 Re に反比例する．

●5.1.3●2平板間流れにおける圧力損失

2平板間流れは壁面から摩擦力を受けるため，流体が2平板間を定常的に流れるためには圧力差が必要である．ここで，x 方向に l だけ離れた2点（図 5.1 の P_1 と P_2）における圧力 p_1 と p_2 の差 $\Delta p = p_1 - p_2$ は圧力損失とよばれ，圧力損失 Δp を無次元化して得られる管摩擦係数 λ を用いて Δp を

$$\Delta p = p_1 - p_2 = \lambda \frac{l}{d} \frac{1}{2} \rho \overline{u}^2 \tag{5.15}$$

と表すとき，これを**ダルシー・ワイスバッハの式**という．2平板間流れにおける圧力勾配 $dp/dx\ (= -a)$ と平均流速 $\overline{u}$ との関係は，式 (5.6) で与えられており，それを dp/dx について表すと，

$$\frac{dp}{dx} = -\frac{3\mu\overline{u}}{d^2} \tag{5.16}$$

となる．これより，式 (5.15) の λ は

$$\lambda = \frac{6\mu}{\rho \overline{u} d} = \frac{6}{Re}, \quad Re = \frac{\rho \overline{u} d}{\mu} \tag{5.17}$$

となる．

平板間を流れる流体は，壁面からの摩擦力により，x 方向の運動量とエネルギーを失うが，失った x 方向の運動量は流体が圧力勾配によって加速されることにより補われ，常に同じ運動量をもつことになる．一方，流体は摩擦力によってエネルギーを失うので，流体がもつエネルギーは下流に行くに従って減少する．工学では，単位体積あたりの流体がもつエネルギーに注目する．非粘性の流れでは流体がもつ運動エネルギーとポテンシャルエネルギーと圧力エネルギーの和は保存されることをベルヌーイの式で表した．ここで考える粘性流の場合には，流体がもつ圧力が下流に行くに従って減少することによりエネルギーが減少する．この圧力損失 Δp と ρg の比は長さの次元をもち，$h_\tau = \Delta p/(\rho g)$ は損失ヘッドとよばれる．この h_τ の式に式 (5.15) を代入すると，

$$h_\tau = \frac{3l\mu\overline{u}}{\rho g d^2} \tag{5.18}$$

となる．式 (5.17) で与えられる λ は，h_τ を $(l/d)[\overline{u}^2/(2g)]$ で無次元化して得られる無次元量であり，

$$\lambda = \frac{h_\tau}{(l/d)[\overline{u}^2/(2g)]} \tag{5.19}$$

と表すこともできる．工学でダルシー・ワイスバッハの式 (5.15) がよく使用されるのは，実験で損失ヘッドを測定することは比較的容易であり，流れが層流であるか乱流であるかに関わらず，レイノルズ数の関数として λ を測定して表やグラフにしておけば簡単に圧力損失を計算でき，流体機械や流体設備の設計に役立つからである．2 平板間を流れる層流の場合には λ が式 (5.17) のように表されるが，乱流の場合には式 (5.17) は成り立たず，実験や現象論的な議論から λ を経験式として表すことが多い．

●5.1.4●2 平板間流れの初期値問題

静止している 2 平板間の流体に一定の圧力勾配を与えると，流体は徐々に加速されて，十分な時間のあとには 5.1.1 項で求めた平面ポアズイユ流へと漸近する．このときの流れの時間発展を表す式を初期値境界値問題の解として求めることができる．図 5.1 のように，間隔 $2d$ の 2 枚の平行平板間に密度 ρ の流体を満たし，ある時刻 $t = 0$ に x 方向に一定の圧力勾配 $dp/dx = -a$ を与える．生じる流れは x 方向成分 $u(y, t)$ のみをもち，流れの方向に一様であるとする．流速 $u(y, t)$ を支配するナビエ・ストークス方程式の x 成分は式 (5.1) であり，

$$\frac{\partial u}{\partial t} = -\frac{1}{\rho}\frac{\partial p}{\partial x} + \frac{\mu}{\rho}\frac{\partial^2 u}{\partial y^2} \tag{5.20}$$

となる．境界条件は $u(\pm d, t) = 0$，初期条件は $u(y, 0) = 0$ である．

方程式 (5.20) の解は十分に時間が経つと，式 (5.4) で表される定常流に近づくと予想される．この定常流 $[ad^2/(2\mu)](1 - y^2/d^2)$ を $u_\infty(y)$ と表す．式 (5.20) を解くために，$u(y,t) = \widetilde{u}(y,t) + u_\infty(y)$ とおいて，式 (5.20) に代入すると，$\widetilde{u}(y,t)$ についての方程式は

$$\frac{\partial \widetilde{u}}{\partial t} = \frac{\mu}{\rho}\frac{\partial^2 \widetilde{u}}{\partial y^2} \tag{5.21}$$

となる．この式は熱伝導方程式あるいは拡散方程式と同じ形であり，解を $\widetilde{u}(y,t) = Y(y)T(t)$ のように y の関数 $Y(y)$ と t の関数 $T(t)$ の積で表し，式 (5.21) に代入して整理すると，

$$\frac{1}{Y}\frac{d^2 Y}{dy^2} = \frac{\rho}{\mu}\frac{1}{T}\frac{dT}{dt} = -\lambda^2 \tag{5.22}$$

となる．ここで，最右辺を $-\lambda^2$ とおいた理由は，最左辺の y の関数と中辺の t の関数が等しくなるためには定数でなければならず，最右辺が正の数では境界条件を満たす解が存在しないからである．式 (5.22) の最左辺と最右辺が等しいことより，

$$\frac{d^2 Y}{dy^2} = -\lambda^2 Y \tag{5.23}$$

となり，この微分方程式の解は $Y = c_1 \cos(\lambda y) + c_2 \sin(\lambda y)$ のように得られる．ここで，解は中心軸 $y = 0$ について対称なので，対称条件 $Y(-y) = Y(y)$ より，$c_2 = 0$ となる．また，境界条件 $Y(\pm d) = 0$ より，$\cos(\pm\lambda d) = 0$ が得られ，これより $\lambda_k = (k + 1/2)(\pi/d)$ $(k = 0, 1, 2, \cdots)$ でなければならない．このように，方程式に含まれている定数が境界条件などにより，特定の値に限定されるとき，その値を固有値とよぶ．このとき，解は $Y_k = c_1 \cos[(k + 1/2)\pi y]$ となる．ここで，Y を Y_k と表したのは，固有値に含まれる任意の自然数 k によって解（固有関数）が異なるからである．一方，各 λ_k について式 (5.22) の中辺と最右辺が等しいことより，

$$\frac{dT}{dt} = -\lambda_k^2 \frac{\mu}{\rho} T = -\left(k + \frac{1}{2}\right)^2 \left(\frac{\pi}{d}\right)^2 \frac{\mu}{\rho} T \tag{5.24}$$

となり，その解は $T_k = c_3 \exp[-(k + 1/2)^2(\pi/d)^2(\mu/\rho)t]$ と求められる．ここでも，T は k によって異なる．こうして得られた解 Y_k と T_k により，方程式 (5.16) の一般解は

$$\widetilde{u}(y,t) = \sum_{k=0}^{\infty} C_k \cos\left[\left(k+\frac{1}{2}\right)\frac{\pi}{d}y\right]\exp\left[-\left(k+\frac{1}{2}\right)^2\frac{\pi^2}{d^2}\frac{\mu}{\rho}\ t\right] \quad (5.25)$$

と表される．ここで，c_1 と c_3 もまた k によって異なるので，$C_k = c_1c_3$ とおいた．係数 C_k は，初期条件 $\widetilde{u}(y,0) = -u_\infty(y) = -[ad^2/(2\mu)](1-y^2/d^2)$ より

$$\begin{aligned} C_k &= -\frac{ad}{2\mu}\int_{-d}^{d}\cos\left[\left(k+\frac{1}{2}\right)\frac{\pi}{d}y\right]\left(1-\frac{y^2}{d^2}\right)dy \\ &= -\frac{(-1)^k 2ad^2}{(k+1/2)^3\pi^3\mu} \end{aligned} \quad (5.26)$$

のように求められる．ここで，直交関係

$$\int_{-d}^{d}\cos\left[\left(k+\frac{1}{2}\right)\frac{\pi}{d}y\right]\cos\left[\left(l+\frac{1}{2}\right)\frac{\pi}{d}y\right]dy = \delta_{kl}d$$

を用いた．また，δ_{kl} はクロネッカーのデルタで，$k=l$ のとき 1，$k \neq l$ のとき 0 となる記号である．式 (5.25) と式 (5.26) を $u(y,t) = \widetilde{u}(y,t) + [ad^2/(2\mu)](1-y^2/d^2)$ に代入して，求める初期値問題の解は

$$\begin{aligned} u(y,t) = \frac{ad^2}{2\mu}\left(1-\frac{y^2}{d^2}\right) - \sum_{k=0}^{\infty}\frac{(-1)^k 2ad^2}{(k+1/2)^3\pi^3\mu}\cos\left[\left(k+\frac{1}{2}\right)\frac{\pi}{d}y\right] \\ \times\exp\left[-\left(k+\frac{1}{2}\right)^2\frac{\pi^2}{d^2}\frac{\mu}{\rho}\ t\right] \end{aligned} \quad (5.27)$$

となる．

問 5.2　平面ポアズイユ流は 2 枚の静止平板間を圧力勾配 dp/dx により駆動されて流れる．一方，平面クエット流は互いに逆方向に動く平板からの摩擦力に駆動されて流れる．境界条件を $u(d,t) = U_0$，$u(-d,t) = -U_0$ とし，$dp/dx = 0$ とおくことにより，式 (5.20) を解いて，平面クエット流の初期値境界値問題の解を求めよ．ただし，初期条件を $u(y,0) = 0$ とする．

●5.1.5●平面ポアズイユ流の不安定性と遷移

平面クエット流や円管ポアズイユ流などの少数の流れを除いては，レイノルズ数が大きくなると，流れは無限に小さな振幅の撹乱に対しても不安定となる．多くの場合，撹乱は流れ場中を伝播しながら振幅が大きくなり，十分な時間のあとには平衡振幅に達する．不安定性の結果として生じる流れは，不安定が生じる前の流れと有限の振幅をもつ撹乱との和で表されると考えることができる．平面ポアズイユ流の遷移を概念

的に描くと，図 5.2 のようになる．この図で横軸はレイノルズ数 $Re = Ud/\nu$，縦軸は流れ場中の撹乱がもつエネルギー E を表す．Re_1 $(Re = 5772)$ は，放物型の速度分布をもつ定常対称な平面ポアズイユ流が無限小撹乱に対して不安定となって，2 次元平面波型の撹乱が流れ場中に成長するときの最小のレイノルズ数である．ここで，注意が必要となる．放物型速度分布の最大値を U として，レイノルズ数を $Re = Ud/\nu$ と表すことができるのは，$Re = Re_1$ までである．流れ場中に撹乱が成長して（時間）平均速度場が放物型の速度分布からずれを生じると，$Re = Ud/\nu$ の定義が意味を失う．このとき，二つの異なる実験条件が可能である．一つは，流路の両端の圧力差を一定に保つ圧力勾配一定条件での実験であり，圧力勾配の大きさ $|dp/dx|$ を用いてレイノルズ数を $Re_P = \rho|dp/dx|d^3/(2\nu^2)$ で定義する．もう一つは流量一定条件であり，単位チャネル幅（図 5.1 の紙面奥行き幅）あたりの流量 Q を用いてレイノルズ数を $Re_Q = 3Q/(4\nu)$ で定義する．図 5.2 で Re_2 $(Re_Q \sim 2600,\ Re_P \sim 2900)$ は，流れ場中に有限振幅の 2 次元撹乱が平衡状態に達する臨界レイノルズ数で，この値は圧力勾配一定条件と流量一定条件のいずれの条件で実験を行うかによって異なる．圧力一定条件では $Re_2 = Re_P \sim 2900$ であり，流量一定条件では $Re_2 = Re_Q \sim 2600$ である．実験では，$Re_3 = Re_P \sim 1000$ で流れは乱流に遷移するといわれている．

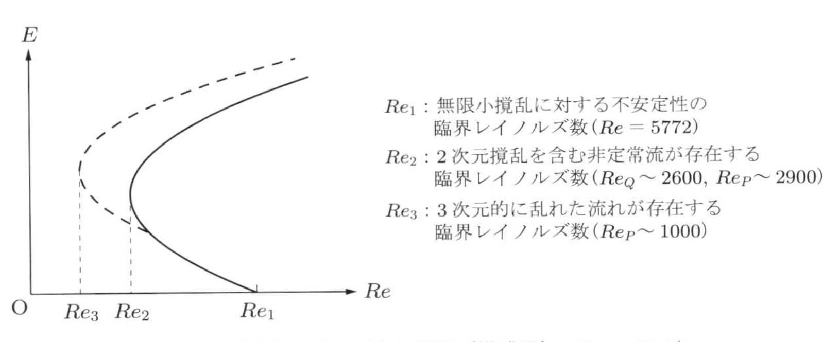

図 5.2 平板ポアズイユ流の遷移（模式図）．$Re = Ud/\nu$.

5.2 円管内流れ

円管内を流れる一様定常流は層流のときは軸対称速度分布をもつ．圧力勾配によって駆動される円管内流れの速度分布や流量は，軸対称ナビエ・ストークス方程式から求められる．この流れはハーゲン・ポアズイユ流とよばれ，流体力学における基本的な流れである．

2 平板間流れと同様に，円管内流れもナビエ・ストークス方程式の厳密解として求められる数少ない流れである．図 5.3 のような半径 r_0 の円形断面をもつ管路を流体

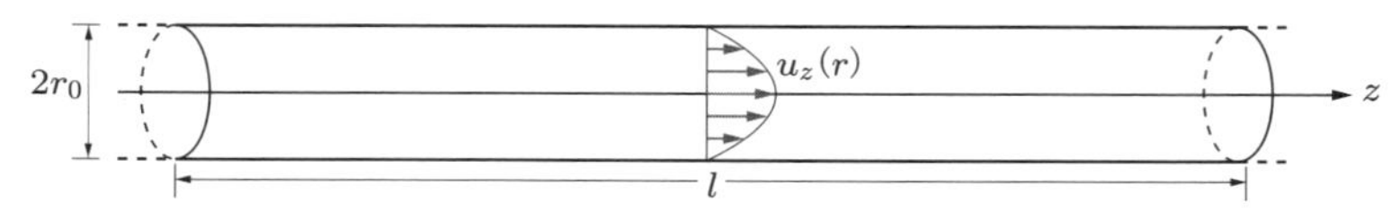

図 5.3　円管内流れ

が管軸方向の圧力勾配によって流れる場合を考える．ここでは，流れは軸対称で軸方向に一様な非圧縮性定常流であるとし，圧力勾配以外の外力は考えない．重力場の影響は平面ポアズイユ流の場合と同様に，圧力に重力ポテンシャルの項を加わるだけである．管断面が円形で，軸対称流を取り扱うので，基礎方程式であるナビエ・ストークス方程式と連続の式を円柱座標で表すと解析が容易になる．管軸に沿って z 軸，半径方向に r 軸をとり，断面の周方向に角度 θ をとると，円柱座標 (r, θ, z) での流速 $\boldsymbol{u} = (u_r, u_\theta, u_z)$ と圧力 p についてのナビエ・ストークス方程式の z 成分は

$$\frac{\partial u_z}{\partial t} + u_r \frac{\partial u_z}{\partial r} + \frac{u_\theta}{r} \frac{\partial u_z}{\partial \theta} + u_z \frac{\partial u_z}{\partial z} = -\frac{1}{\rho} \frac{\partial p}{\partial z} + \frac{\mu}{\rho} \triangle u_z \tag{5.28}$$

と表される．ここで，

$$\triangle = \frac{\partial^2}{\partial r^2} + \frac{1}{r} \frac{\partial}{\partial r} + \frac{1}{r^2} \frac{\partial^2}{\partial \theta^2} + \frac{\partial^2}{\partial z^2} = \frac{1}{r} \frac{\partial}{\partial r} \left(r \frac{\partial}{\partial r} \right) + \frac{1}{r^2} \frac{\partial^2}{\partial \theta^2} + \frac{\partial^2}{\partial z^2}$$

であり，ρ は流体の密度，μ は粘性係数である．また，連続の式は

$$\frac{1}{r} \frac{\partial}{\partial r}(r u_r) + \frac{1}{r} \frac{\partial u_\theta}{\partial \theta} + \frac{\partial u_z}{\partial z} = 0 \tag{5.29}$$

となる．流れは z 方向流速成分をもつ一様流であると仮定しているので，$\boldsymbol{u} = (0, 0, u_z(r))$ であり，$u_z(r)$ の z 方向の速度勾配は 0 なので，連続の式 (5.29) は満たされ，式 (5.28) は

$$\frac{1}{r} \frac{d}{dr} \left(r \frac{du_z}{dr} \right) = -\frac{a}{\mu} \tag{5.30}$$

となる．ここでも，dp/dz は負の値をもつので，これを $dp/dx = -a$ とおいた．式 (5.30) の両辺を r について積分して du_z/dr について整理すると，

$$\frac{du_z}{dr} = -\frac{1}{2\mu} ar + \frac{c_1}{r}$$

となり，この式を r についてもう一度積分すると

$$u_z = -\frac{1}{4\mu} ar^2 + c_1 \log r + c_2 \tag{5.31}$$

が得られる．ここで，c_1 と c_2 は積分定数である．もし，$c_1 \neq 0$ であれば $r = 0$ で流

速は無限大となってしまうので，$c_1 = 0$ でなければならない．また，円管壁面 $r = r_0$ では速度は 0 なので，$u_z = 0$ である．したがって，

$$c_2 = \frac{1}{4\mu} a r_0^2$$

が得られる．これらを式 (5.31) に代入して整理すると

$$u_z(r) = \frac{a r_0^2}{4\mu}\left[1 - \left(\frac{r}{r_0}\right)^2\right] = U_0\left[1 - \left(\frac{r}{r_0}\right)^2\right] \tag{5.32}$$

となり，流速分布は軸中心で最大流速 $U_0 = a r_0^2/(4\mu)$ をもつ回転放物面となる．この流れは**ハーゲン・ポアズイユ流**（あるいは円管ポアズイユ流）とよばれる．

円管のある断面を単位時間に通過する流体の体積，すなわち流量 Q は，速度分布 (5.32) に $2\pi r$ をかけて，r について 0 から r_0 まで積分することにより，

$$Q = \int_0^{r_0} U_0 2\pi r \left[1 - \left(\frac{r}{r_0}\right)^2\right] dr = \frac{\pi}{2} U_0 r_0^2 = \frac{a\pi r_0^4}{8\mu} \tag{5.33}$$

と求められる．平均流速 $\overline{u}$ は体積流量 Q を断面積 πr_0^2 で割って，

$$\overline{u} = \frac{Q}{\pi r_0^2} = \frac{a r_0^2}{8\mu} = \frac{1}{2} U_0 \tag{5.34}$$

となり，最大流速 U_0 の 1/2 である．平面ポアズイユ流の場合は，平均流速は最大流速の 2/3 であった．また，式 (5.34) は圧力勾配 $a = -(dp/dz)$ が平均流速 $\overline{u}$ に比例していることを表している．なお，流れが乱流になれば，圧力勾配は平均流速の 2 乗に比例するという実験結果がある．

例題 5.1 半径 r_0 の円管内を 2 種類の液体が圧力勾配を受けて一方向に流れる非圧縮性流れを考える．流れは軸対称で，円形断面の内側 $(r \le r_1)$ を油が占め，その外側 $(r_1 \le r \le r_0)$ を同心円筒状に水が流れる．油と水は同じ密度 ρ で，油の粘性係数 μ_1 は水の粘性係数 μ_2 よりも大きい．水と油の間には表面張力ははたらかないとする．このとき，油と水の流速分布 $u_1(r)$ と $u_2(r)$ を求めよ．

[解] 流れの方向に z 軸をとり，流体にはたらく圧力勾配を $dp/dz = -a$ とすると，軸方向の流速 u_z が満たす方程式は式 (5.30) である．管の内側（$r \le r_1$）を流れる油の流速 $u_1(r)$ は，円管ポアズイユ流と同様に，

$$u_1 = -\frac{1}{4\mu_1} a r^2 + c_1 \log r + c_2 \tag{5.35}$$

と表され，流速が $r = 0$ で発散しないために，$c_1 = 0$ である．一方，外側（$r_1 \le r \le r_0$）を流れる水の流速 $u_2(r)$ は

$$u_2 = -\frac{1}{4\mu_2}ar^2 + d_1 \log r + d_2 \tag{5.36}$$

であり，一般には $d_1 \neq 0$ である．水の流速 $u_2(r)$ は管壁 r_0 で 0 なので，

$$-\frac{1}{4\mu_2}ar_0^2 + d_1 \log r_0 + d_2 = 0 \tag{5.37}$$

が成り立つ．また，$r = r_1$ では油と水の流速は等しく，$u_1(r_1) = u_2(r_2)$ であるので，

$$-\frac{1}{4\mu_1}ar_1^2 + c_2 = -\frac{1}{4\mu_2}ar_1^2 + d_1 \log r_1 + d_2 \tag{5.38}$$

となる．さらに，$r = r_1$ で油と水にはたらく粘性応力は大きさが等しく，反対方向にはたらくので，$\mu_1(\partial u_1/\partial r)_{r=r_1} = \mu_2(\partial u_2/\partial r)_{r=r_1}$ となり，

$$-\frac{1}{2}ar_1 = -\frac{1}{2}ar_1 + \frac{\mu_2 d_1}{r_1} \tag{5.39}$$

が成り立つ．式 (5.37)〜(5.39) より，係数 c_2，d_1，d_2 が

$$c_2 = \frac{a}{4}\left(\frac{r_1^2}{\mu_1} - \frac{r_1^2}{\mu_2} + \frac{r_0^2}{\mu_2}\right),$$

$$d_1 = 0, \quad d_2 = \frac{ar_0^2}{4\mu_2}$$

と求められ，これらを式 (5.35) と式 (5.36) に代入して，流速分布 $u_1(r)$ と $u_2(r)$ が決まる．

問 5.3　内半径 r_1，外半径 r_2 の 2 重円管があり，その間隙を密度 ρ，粘性係数 μ の流体が軸方向の圧力勾配 $dp/dz = -a$ によって一方向に流れるときの流速分布 $u_z(r)$ と流量 Q を求めよ．

●5.2.1●円管内流れにおける力のつり合い

円管内流れにおける力のつり合いは 2 平板間流れの場合とほぼ同様である．図 5.3 のように，流れの方向に l の長さの体積 $V = \pi r_0^2 l$ を考える．この体積に含まれる流体の質量 m は $m = \pi\rho r_0^2 l$ であり，この流体がもつ z 方向の運動量 M_z は

$$M_z = \rho l \int_0^{r_0} 2\pi r u_z(r) dr = \frac{\pi U_0 \rho l r_0^2}{2} \tag{5.40}$$

である．管断面内の平均流速は $\overline{u}_z = U_0/2$ なので，$M_z = m\overline{u}_z$ とも表される．

単位時間に左側 $(z = 0)$ の断面からこの体積に流入する z 方向の運動量 q_z も右側断面 $(z = l)$ から流出する運動量も等しく，

$$q_z = \rho \int_0^{r_0} 2\pi r \left[u_z(r)\right]^2 dr = \frac{\pi}{3}\rho U_0^2 r_0^2 \tag{5.41}$$

であり，この体積の流体がもつ z 方向の運動量 M_z の変化には影響を及ぼ

さない．体積内の流体が左側断面 ($z = 0$) から受ける圧力による力 P_1 は $P_1 = \pi r_0^2 p(0)$ で，右側断面 ($z = l$) から受ける力 P_2 は $P_2 = -\pi r_0^2 p(l)$ である．$p(l) = p(0) + (dp/dz)l = p(0) - al$ であることを考慮すると，体積 V の流体にはたらく力 P は

$$P = P_1 + P_2 = \pi r_0^2 al \tag{5.42}$$

となる．この力は z 軸の正の方向にはたらく．一方，体積 V 内の流体が円管の内壁から受ける力 F は

$$F = 2\pi r_0 l\mu \left(\frac{du_z}{dr}\right)_{r=r_0} = -4\pi\mu U_0 l \tag{5.43}$$

となり，この力は z 軸の負方向にはたらく．これらの運動量の流出入と力の和は流体がもつ運動量 M_z の時間変化 dM_z/dt に等しいので，

$$\frac{dM_z}{dt} = q_z - q_z + P + F = \pi r_0^2 al - 4\pi\mu U_0 l \tag{5.44}$$

が成り立つ．式 (5.44) に $U_0 = ar_0^2/(4\mu)$ を代入すると，$dM_z/dt = 0$ となる．

つぎに，円管内流れにおける壁面摩擦係数

$$c_f = \frac{|\tau_0|}{(1/2)\rho\overline{u}_z^2} \tag{5.45}$$

を求めよう．ここで，τ_0 は円管の内側壁にはたらく摩擦力であり，

$$\tau_0 = \mu\left(\frac{du_z}{dr}\right)_{r=r_0} = -\frac{2\mu U_0}{r_0} = -\frac{8\mu\overline{u}_z}{d} \tag{5.46}$$

である．ただし，d は円管の直径であり，$d = 2r_0$ である．この式を式 (5.45) に代入して，壁面摩擦係数が

$$c_f = \frac{8\mu}{\rho r_0\overline{u}_z} = \frac{16\mu}{\rho\overline{u}_z d} = \frac{16}{Re}, \quad Re = \frac{\rho\overline{u}_z\, d}{\mu} \tag{5.47}$$

と求められる．

図 5.3 のような長さ l の区間における円管内の壁面摩擦による圧力損失も，2 平板間流れの場合と同様に評価することができる．ハーゲン・ポアズイユ流の平均流速 $\overline{u}$ と圧力勾配 $a = -dp/dz$ の関係式 (5.34) を圧力勾配 dp/dz について整理すると，

$$\frac{dp}{dz} = -\frac{8\mu\overline{u}}{r_0^2} \tag{5.48}$$

となり，これより z 方向に l だけ離れた点での圧力の減少（圧力損失）Δp は

$$\Delta p = \frac{8\mu\overline{u}}{r_0^2}l \tag{5.49}$$

と表される．損失ヘッド h_τ は

$$h_\tau = \frac{\Delta p}{\rho g} = \frac{8l\mu\overline{u}}{r_0^2\rho g} \tag{5.50}$$

となる．ここで，半径 r_0 の代わりに直径 $d = 2r_0$ を用いて式 (5.50) を書き改めて，式 (5.19) で定義される管摩擦係数 λ を求めると，

$$\lambda = \frac{32l\mu\overline{u}}{\rho g d^2}\frac{2dg}{l\overline{u}^2} = \frac{64\mu}{\rho d\overline{u}} = \frac{64}{Re}, \quad Re = \frac{\rho\overline{u}d}{\mu} \tag{5.51}$$

となる．円管内流れでも 2 平板間流れの場合と同様に，λ はレイノルズ数だけの関数で表される．

●5.2.2●円管内流れの初期値問題

2 平板間流れの初期値問題と同様に，静止している円管内の流体をある時刻から圧力勾配を与えて駆動するときに生じる流れの振る舞いも，ナビエ・ストークス方程式の厳密解として求められる．このとき，円管内流れは，十分に時間が経つとハーゲン・ポアズイユ流へと漸近する．

半径 r_0 の円形断面をもつ管内に満たされた密度 ρ の流体に，時刻 $t = 0$ に軸方向（z 方向）に一定の圧力勾配 $dp/dz = -a$ を与える．流速は流れの方向に一様で z 成分 $u_z(r,t)$ のみをもち，変数 t と r のみの関数とする．流速 u_z の時間変化を表す方程式は式 (5.28) であり，

$$\frac{\partial u_z}{\partial t} = \frac{a}{\rho} + \frac{\mu}{\rho r}\frac{\partial}{\partial r}\left(r\frac{\partial u_z}{\partial r}\right) \tag{5.52}$$

と表される．方程式 (5.52) を境界条件 $u_z(r_0,t) = 0$，初期条件 $u_z(r,0) = 0$ のもとで解く．

偏微分方程式 (5.52) を解くために，$u_z(r,t) = \widetilde{u}_z(r,t) + u_\infty(r)$，$u_\infty(r) = [ar_0^2/(4\mu)](1 - r^2/r_0^2)$ とおくと，式 (5.52) より，$\widetilde{u}_z(r,t)$ の時間変化を表す方程式は

$$\frac{\partial\widetilde{u}_z}{\partial t} = \frac{\mu}{\rho r}\frac{\partial}{\partial r}\left(r\frac{\partial\widetilde{u}_z}{\partial r}\right) \tag{5.53}$$

となる．この方程式の解を $\widetilde{u}_z(r,t) = R(r)T(t)$ のように r の関数 $R(r)$ と t の関数 $T(t)$ の積で表して，式 (5.53) に代入すると，

$$\frac{1}{rR}\frac{d}{dr}\left(r\frac{dR}{dr}\right) = \frac{\rho}{\mu}\frac{1}{T}\frac{dT}{dt} = \sigma \tag{5.54}$$

となる．式 (5.54) の最左辺と最右辺が等しいことより，

$$\frac{1}{r}\frac{d}{dr}\left(r\frac{dR}{dr}\right) = \sigma R \tag{5.55}$$

が得られる．ここで，ベッセルの微分方程式

$$\frac{1}{z}\frac{d}{dz}\left(z\frac{df}{dz}\right) + \left(1 - \frac{n^2}{z^2}\right)f = 0 \tag{5.56}$$

と式 (5.55) を比較するために，式 (5.55) で変数変換 $z = cr$ を行い，$\sigma = -c^2$ とおけば，結果として式 (5.56) で $n = 0$ とおいた方程式となり，その解は 0 次のベッセル関数 $J_0(cr)$ により，$R(r) = J_0(cr)$ と表される．関数 $R(r)$ の境界条件は $R(r_0) = 0$ なので，$R(r_0) = J_0(cr_0) = 0$ となる．0 次のベッセル関数 $J_0(z)$ の 0 点を小さい順に λ_n $(n = 1, 2, 3, \cdots)$ とおくと（図 5.4），境界条件 $R(r_0) = 0$ を満たすためには $cr_0 = \lambda_n$ でなければならない．これより，固有値 σ が $\sigma = -c^2 = -\lambda_n^2/r_0^2$ のように得られる．このとき，解は $R(r) = R_n(r) = J_0(\lambda_n r/r_0)$ と表される．

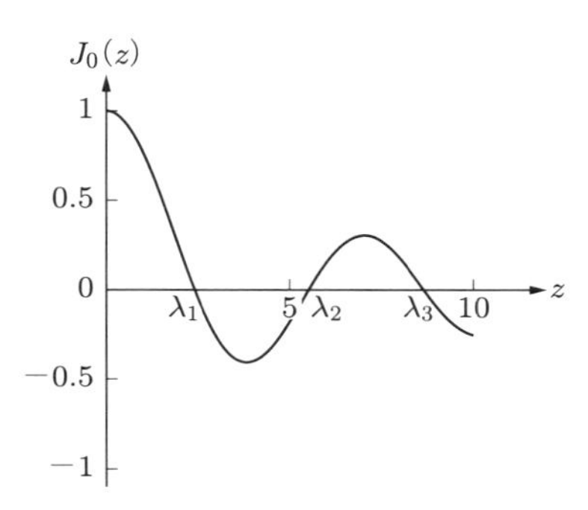

図 5.4 0 次のベッセル関数．λ_n $(n = 1, 2, 3, \cdots)$ は 0 点．

一方，式 (5.54) の中辺と最右辺が等しいことより，

$$\frac{dT}{dt} = -\frac{\mu\lambda_n^2}{\rho r_0^2}T \tag{5.57}$$

となり，その解は c_1 を定数として，$T_n = c_1 \exp[-\mu\lambda_n^2/(\rho r_0^2)t]$ と求められる．解 R_n と T_n により，方程式 (5.53) の一般解は

$$\widetilde{u}_z(r, t) = \sum_{n=1}^{\infty} C_n J_0\left(\lambda_n \frac{r}{r_0}\right) \exp\left(-\frac{\mu\lambda_n^2}{\rho r_0^2}t\right) \tag{5.58}$$

と表される．係数 C_n は初期条件 $\widetilde{u}_z(r,0) = -u_\infty(r) = -[ar_0^2/(4\mu)](1-r^2/r_0^2)$ を満たすように，

$$\sum_{n=1}^{\infty} C_n J_0\left(\lambda_n \frac{r}{r_0}\right) = -\frac{ar_0^2}{4\mu}\left(1-\frac{r^2}{r_0^2}\right) \tag{5.59}$$

より求める．ここで，0 次のベッセル関数の直交関係

$$\int_0^1 zJ_0(\lambda_m z)J_0(\lambda_n z)dz = \frac{1}{2}\delta_{mn}J_1^2(\lambda_n) \tag{5.60}$$

を用いる．式 (5.60) で，J_1 は 1 次のベッセル関数である．式 (5.59) の両辺に $(r/r_0)J_0(\lambda_m r/r_0)$ をかけて，$z = r/r_0$ と変数変換した後，$z = 0$ から 1 まで z について積分し，式 (5.60) の直交関係を適用すると，展開係数 C_n は

$$C_n = -\frac{ar_0^2}{\mu}\frac{J_2(\lambda_n)J_0(\lambda_n r/r_0)}{\lambda_n^2 J_1^2(\lambda_n)} = -\frac{2ar_0^2}{\mu}\frac{J_0(\lambda_n r/r_0)}{\lambda_n^3 J_1(\lambda_n)} \tag{5.61}$$

のように求められる．ここで，1 次と 2 次のベッセル関数 J_1 と J_2 の関係 $J_2(\lambda_n) = 2J_1(\lambda_n)/\lambda_n$ を用いた†．これより，求める初期値問題の解は

$$u_z(r,t) = \frac{ar_0^2}{4\mu}\left(1-\frac{r^2}{r_0^2}\right) - \sum_{n=0}^{\infty}\frac{2ar_0^2}{\mu}\frac{J_0(\lambda_n r/r_0)}{\lambda_n^3 J_1(\lambda_n)}\exp\left(-\frac{\mu\lambda_n^2}{\rho r_0^2}\,t\right) \tag{5.62}$$

となる．

●5.2.3●円管内流れの不安定性と遷移

レイノルズ数を大きくすると，円管内流れも不安定となって，乱流に遷移する．しかし，その遷移過程はいまだに明らかにはなっていない．円管内流れの遷移を表す模式図が図 5.5 である．この図と平面ポアズイユ流の遷移を表す模式図 5.2 を比較しながら，円管内流れの遷移について考えよう．平面ポアズイユ流は Re_1 より大きいレイノルズ数で，微小撹乱に対して不安定となったが，円管内流れは微小撹乱に対しては不安定とならないとされている．すなわち，$Re_1 = \infty$ である．また，平面ポアズイユ流は Re_2 より大きなレイノルズ数では，2 次元的な伝播波を内部にもつ周期的あるいは概周期的な流れが可能であったが，これに対応する軸対称伝播波を撹乱として含むような円管内流れは観測されておらず，乱れた流れはすべて 3 次元的な乱流成分を含んでいる．図 5.5 はこのような事情を表し，円管内流れは Re_3 よりも大きなレ

† ベッセル関数の漸化式 $J_{n-1}(z) + J_{n+1}(z) = (2n/z)J_n(z)$ より導く．ベッセル関数については，たとえば，堀内ほか著「理工学のための応用解析学 III」（朝倉書店）の 11 章を参照．

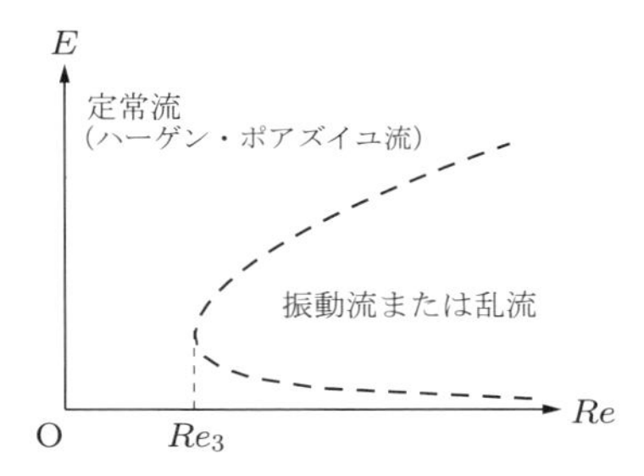

図 5.5 円管内流れの遷移（模式図）．$Re = \overline{u}d/\nu$．$\overline{u}$：平均流速，d：円管直径．
無限小撹乱に対する不安定性の臨界レイノルズ数は存在しない．

イノルズ数で 3 次元乱れをもつ乱流へ遷移する．

円管内流れは数値シミュレーションや理論でも研究されてきたが，まだ確定的な結論は得られていない．しかし，実験的な研究では一応の共通認識が得られているので，その共通認識に基づいて円管内流れの遷移について説明する．実験では流量一定条件よりも圧力一定条件が採用され，レイノルズ数は圧力勾配の大きさ $|dp/dz|$ を用いて，$Re = Re_P = -d^3|dp/dz|/(32\rho\nu^2)$ と定義するのが適切である．撹乱が非常に小さく整流された流れは安定であり，乱流には遷移しないので，円管流れが遷移するのは流れの流入口付近で撹乱が成長し，流入口から少し下流に有限の大きさの乱れが生じることによると考えられている．有限振幅の乱れがあれば，流れは不安定となり，円管の半径方向にも軸方向にも局在化した乱流領域が形成される．これをスラグ (slug) とよぶ．図 5.6 はスラグの発生と下流への伝播およびスラグ領域の成長を表している．スラグの先端 F（下流端）も後端 R（上流端）も下流へ伝播していくが，先端は後端よりも 3 倍速く伝播し，したがってスラグ領域の軸方向長さは下流へ伝播するに従って長くなり，半径方向にも広がる．流れが乱流域と層流域からなる構造を間欠構造といい，流れ場中の乱流域の体積割合を間欠比とよぶ．レイノルズ数が $Re \sim 2300$ か

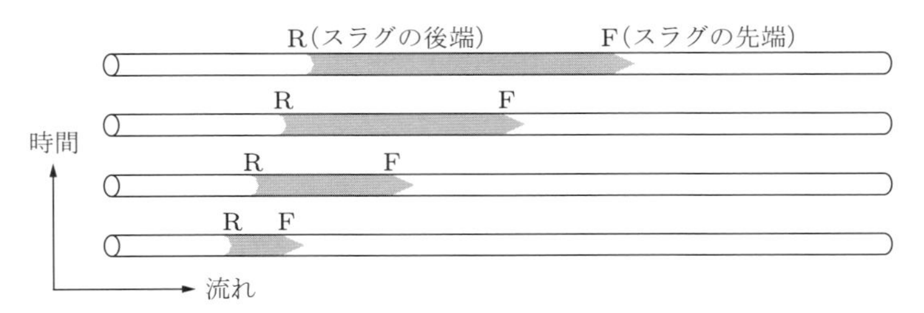

図 5.6 円管内流れの乱れ（スラグ）の模式図．円管内流れの乱流遷移では，スラグとよばれる乱れを含む領域が生じ，下流へ流れるに従ってその領域が大きくなる．実験では $Re_P \sim 2300$ より大きくなるとこのようなスラグが発達するとされている．

ら大きくなるに従って，間欠比は 1 に近づく．$Re = Re_Q = 4Q/(\nu d) \sim 5900$ で間欠比がほぼ 1 となるという実験結果も報告されている．このようなスラグ領域の成長が観測されるのは，レイノルズ数が $Re_P \gtrsim 2300$ のときであるというのがほぼ一致した実験結果であるが，$Re_P = 1800$ あるいは 2000 でも観測されるという報告もある[†1]．

●5.2.4●円管内乱流の流速分布

レイノルズ数が大きいときには，流れは乱流になる．円管内流れも例外ではなく，$Re \gtrsim 2300$ では乱流であると考えておこう[†2]．流れが乱流になると，渦による運動量の移動が活発となる．壁面から離れた場所では平均流は一様に近くなり，あとで述べるように壁面近傍では速度のせん断（速度の空間微分）が大きくなって，境界層とよばれる薄い層が形成される．円管内流れは，層流のときには 2 次曲線である放物線（図 5.7 の破線）の速度分布で表されるが，乱流になると中心部で平らで管壁近くで急勾配をもつ図 5.7 の実線のような速度分布で表される．

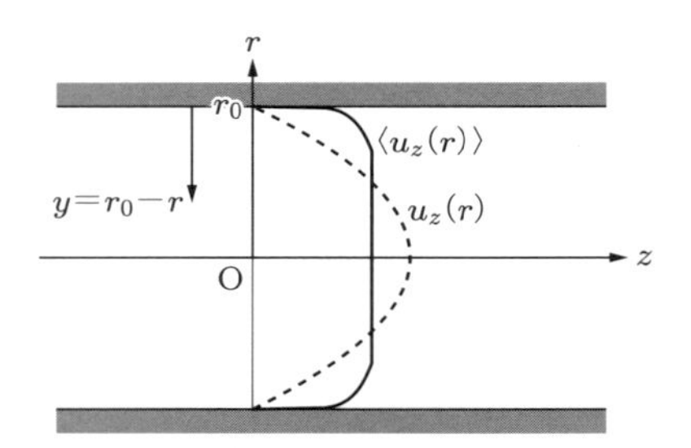

図 5.7　円管内乱流の流速分布

プラントルの現象論によると，円管内乱流の流速 $u_z(r)$ の時間平均またはアンサンブル平均 $\langle u_z(r)\rangle$ は，管壁近傍で

$$\langle u_z(r)\rangle = U_1\left(\frac{y}{r_0}\right)^{1/n}, \quad y = r_0 - r \tag{5.63}$$

と表される．ここで，$y = r_0 - r$ は壁面からの距離である．また，アンサンブル平均とは複数回の測定値の平均のことである．n は，$Re \lesssim 50000$ では，近似的に

†1　少し詳しい説明については，D. J. Tritton 著 “Physical Fluid Dynamics” (Oxford Science Publications)［河村哲也訳「トリトン流体力学 第 2 版（下）」（インデックス出版）］の 18.3 節とその参考文献を参照．

†2　前にも述べたように，乱流への遷移点についてはその定義が難しく，レイノルズ数だけでは乱流であるか層流であるかの判断が困難なこともある．とくに，円管内流はその判断が難しい例である．

$n = 2\log_{10}(Re/10)$ と表せる．この式に従えば，$Re = 10000$ で $n = 6.0$，$Re = 50000$ で $n = 7.4$ である．この範囲を代表して $n = 7$ がよく用いられ，式 (5.63) で $n = 7$ とした式は **1/7 乗則**とよばれる．この速度分布は円管の中心部での速度をよく近似するわけではないが，ここでは仮に中心部に至るまで式 (5.63) が正しいものとしてその性質を調べよう．

$\langle u_z(r)\rangle$ の最大値は中心軸 $(r = 0)$ で $\langle u_z(0)\rangle = U_1$ である．ある断面を単位時間あたりに通過する流量 Q は

$$Q = \int_0^{r_0} 2\pi r\langle u_z(r)\rangle dr = 2\pi U_1 \int_0^{r_0} r\left(\frac{r_0 - r}{r_0}\right)^{1/7} dr$$
$$= \frac{49}{60}\pi r_0^2 U_1 \tag{5.64}$$

となる．$\langle u_z\rangle$ の断面平均 $\overline{\langle u_z\rangle}$ は

$$\overline{\langle u_z\rangle} = \frac{Q}{\pi r_0^2} = \frac{49}{60}U_1 \sim 0.82U_1 \tag{5.65}$$

となり，$\overline{\langle u_z\rangle}$ は最大流速のおよそ 0.82 倍である．層流の場合には最大流速と平均流速の比は 0.5 であったが，乱流の場合には 0.8〜0.88 の間の数値となる．

円管内層流においては，圧力勾配は平均流速 $\overline{u_z}$ に比例し，$|dp/dz| \propto \overline{u_z} \propto Re$ であった．流れが乱流になると，圧力勾配は $\overline{\langle u_z\rangle}$ の 2 乗に比例して増加することが，レイノルズの実験により示されている．長さ l の円管に含まれる z 方向の運動量 M_z の平均は時間によらず一定であると仮定し，層流の場合に行ったのと同様に，この部分の流体にはたらく圧力を計算すると，

$$P = P_1 + P_2 = -\pi r_0^2 \frac{d\overline{p}}{dz} l \tag{5.66}$$

である．この力が管壁での摩擦力

$$F = 2\pi r_0 l(\tau_0 + \tau_e) \tag{5.67}$$

とつり合うので，

$$\tau_0 + \tau_e = \frac{1}{2}\left|\frac{d\overline{p}}{dz}\right| r_0 \tag{5.68}$$

が成り立つ．ここで，τ_0 は粘性による摩擦応力，τ_e は渦粘性による摩擦応力である．つぎに，乱流壁面摩擦係数 c_f' を

$$c_f' = \frac{|\tau_0 + \tau_e|}{(1/2)\rho\overline{\langle u_z\rangle}^2} \tag{5.69}$$

と定義すれば，c'_f はおよそ $2000 < Re < 50000$ の範囲で

$$c'_f = 0.0791 Re^{-1/4}, \quad Re = \frac{2\rho\overline{\langle u_z\rangle} r_0}{\mu} \tag{5.70}$$

という実験結果があるので，式 (5.68)〜(5.70) より，dp/dz を求めると，この範囲のレイノルズ数で dp/dz は $\overline{\langle u_z\rangle}^{1.75}$ に比例することになる．レイノルズの実験では dp/dz が $\overline{\langle u_z\rangle}^2$ に比例しており，わずかに異なってはいるが，近い関係が得られる．

円管内流れが乱流となったときの圧力損失は解析的には求められていないので，乱流壁面摩擦係数 c'_f についての実験式 (5.70) を用いて評価する．式 (5.68) と式 (5.69) より，圧力勾配 dp/dz は

$$\frac{dp}{dz} = -2\frac{(\tau_0 + \tau_e)}{r_0} = -\frac{\rho\overline{\langle u_z\rangle}^2 c'_f}{r_0} \tag{5.71}$$

となる．したがって，x 方向に l だけ離れた点での圧力の減少（圧力損失）Δp は

$$\Delta p = \frac{\rho\overline{\langle u_z\rangle}^2 c'_f}{r_0} l \tag{5.72}$$

となり，損失ヘッド $h_\tau = \Delta p/\rho g$ は式 (5.70) を代入して，

$$h_\tau = \frac{\Delta p}{\rho g} = \frac{\overline{\langle u_z\rangle}^2 l}{r_0 g} \times 0.0791 Re^{-1/4} \tag{5.73}$$

と表される．これより，乱流のときの管摩擦係数 λ は，$2000 \lesssim Re \lesssim 50000$ の範囲で，

$$\lambda = \frac{h_\tau}{[l/(2r_0)][\overline{\langle u_z\rangle}^2/(2g)]} = 4\times 0.0791 Re^{-1/4} = 0.3164 Re^{-1/4} \tag{5.74}$$

となる．ここで，レイノルズ数は $Re = 2\rho\overline{\langle u_z\rangle} r_0/\mu$ で定義される．層流と乱流の場合の管摩擦係数 λ を一つのグラフに描くと，図 5.8 のようになる．

●5.2.5●円管流入部における圧力減少

水槽内で静止していた流体がベルマウス状の流入口から円管に流入し，やがて式 (5.32) で表されるような発達した円管ポアズイユ流となるときには，圧力減少が生じる．図 5.9 のように，水槽内の点 P_0 での圧力を p_0 とする．この点で静止していた流体がなめらかなベルマウス状の流入口から円管に流入して，円管内の点 P_1 を通る断面内で一様な流速 u_1 をもったとする．点 P_1 では，流体は単位体積あたり $\rho u_1^2/2$ の運動エネルギーをもつ．壁面から受ける粘性力を無視すれば，2 点 P_0 と P_1 の間

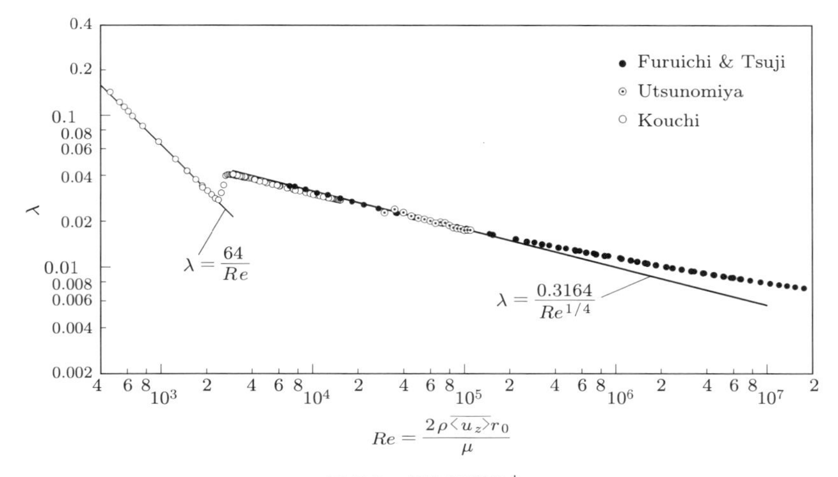

図 5.8 管摩擦係数†

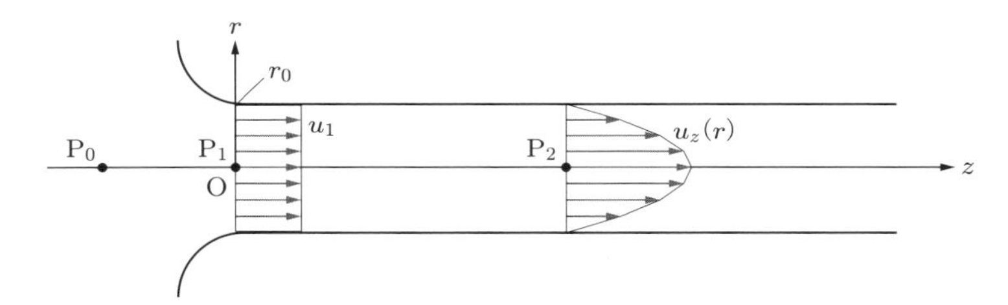

図 5.9 円管流入口付近の流れ（助走流）と発達した円管ポアズイユ流

で流体のエネルギーは保存するので，ベルヌーイの式が成り立つ．これら 2 点が同じ高さにあるとして，ベルヌーイの式から

$$p_0 = \frac{1}{2}\rho u_1^2 + p_1 \tag{5.75}$$

の関係がある．

流体は点 P_1 から下流に流れるに従って，一様な速度分布から円管ポアズイユ流に近づいていき，点 P_2 で速度分布

$$u_z(r) = 2\overline{u_z}\left[1 - \left(\frac{r}{r_0}\right)^2\right] \tag{5.76}$$

で表される発達したポアズイユ流となる．最大流速 U_0 は平均流速の 2 倍 ($U_0 = 2\overline{u_z}$) である．ここで，流量の保存より，$u_1 = \overline{u_z}$ である．また，点 P_2 を含む断面を単位

† 管摩擦係数の測定として有名な実験に Nikuradse によるものがあるが，ここでは，筆者の知人の古市，宇都宮，河内らによる，より広範囲なデータを用いた．

時間に通過する運動エネルギー K_2 は

$$K_2 = \int_0^{r_0} \frac{1}{2}\rho u_z(r)^2 2\pi r u_z(r) dr$$
$$= 8\rho\pi r_0^2 \overline{u_z}^3 \int_0^1 (1-x^2)^3 x dx = \pi\rho r_0^2 \overline{u_z}^3 \tag{5.77}$$

となる．単位時間にこの断面を通過する流体の流量 Q_2 は

$$Q_2 = \pi r_0^2 \overline{u_z} \tag{5.78}$$

である．K_2 と Q_2 の比を点 P_2 において流体がもつ平均運動エネルギー $\overline{E}_K$ と定義すると，

$$\overline{E}_K = \frac{K_2}{Q_2} = \rho\overline{u_z}^2 \tag{5.79}$$

となる．点 P_1 で一様であった流速分布が点 P_2 で円管ポアズイユ流の速度分布となって，式 (5.79) で表される運動エネルギーをもつ．このことを考慮して，ベルヌーイの式を表すと，

$$\frac{1}{2}\rho\overline{u_z}^2 + p_1 = \rho\overline{u_z}^2 + p_2 \tag{5.80}$$

となり，

$$p_2 = p_1 - \frac{1}{2}\rho\overline{u_z}^2 \tag{5.81}$$

が得られる．すなわち，式 (5.75) と式 (5.81) より，点 P_2 における圧力 p_2 は点 P_1 での圧力 p_1 よりも $\rho\overline{u_z}^2/2$ だけ低く，点 P_0 における圧力 p_0 よりも $\rho\overline{u_z}^2$ だけ低い．すなわち，水槽内部の点 P_0 で静止していた流体が，発達したポアズイユ流になるまでに低下する圧力を Δp とし，その圧力低下をヘッド $h_s = \Delta p/\rho g$ で表すと，

$$h_s = \frac{\Delta p}{\rho g} = \frac{\overline{u_z}^2}{g} \tag{5.82}$$

となる．ただし，摩擦などの要因による圧力低下や損失の効果も考慮して，式 (5.82) を

$$h_s = \xi\frac{\overline{u_z}^2}{g} \tag{5.83}$$

と表す．実験によれば，層流の場合は $\xi \sim 2.2$〜2.7，乱流の場合は $\xi \sim 1.4$ 程度とされている．

流体は粘性をもつため，実際には管壁面からの粘性応力により，圧力は下流に行くに従ってさらに減少する．粘性応力による圧力勾配は式 (5.48) で表されるが，代表

速度を $\overline{u_z}$，代表長さを r_0 にとると，この式は無次元形で

$$\frac{dp_*}{dz_*} = -\frac{8}{Re}, \quad Re = \frac{\rho r_0 \overline{u_z}}{\mu} \tag{5.84}$$

となる．ここで，$p_* = p/(\rho\overline{u_z}^2)$, $z_* = z/r_0$ である．一様な速度 $u_z = \overline{u_z}$ で円管内に流入する流れの数値シミュレーションを行い，中心軸上での圧力 p を求めると，図 5.10 のようになる．この図は $Re = \rho r_0 \overline{u_z}/\mu = 100$ の場合の計算結果である．流入口 $z = 0$ での圧力を基準にして $p = 0$ とすると，流れが一様流から十分にポアズイユ流に発達する間 $(0 \leq z_* < 10)$ に，圧力は急激に減少し，その減少量 Δp は式 (5.81) で表されるように $\Delta p = p_1 - p_2 = \rho\overline{u_z}^2/2$ である．その後 $(z_* \geq 10)$ は式 (5.84) に従って一様な圧力勾配 $dp_*/dz_* = -8/Re$ で減少する．

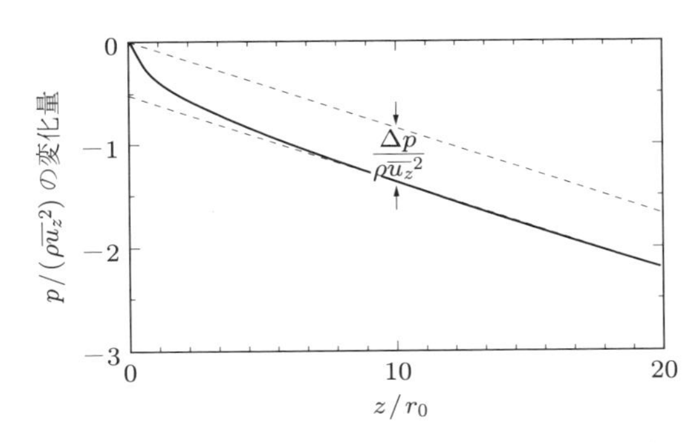

図 5.10　円管流入部付近の流れ（助走流）から円管ポアズイユ流へ発達するときの圧力損失（$Re = 100$）

例題 5.2　半径 10 cm，長さ 4 m の円管内に密度 $\rho = 1 \times 10^3\,\mathrm{kg/m^3}$ の水を一様流速 $\overline{u} = 0.2\,\mathrm{m/s}$ で流し入れ，円管の先端から流出させるのに必要な圧力差と仕事量を求めよ．

[解] 円管内に一様流速で流体を流入するとき，必要な圧力差は，一様流から十分に発達した円管ポアズイユ流へ発達するときに減少する圧力 $\rho\overline{u_z}^2/2$ と，発達したポアズイユ流が円管内を流れるときに生じる圧力勾配 $|dp/dz| = 8(\rho\overline{u_z}^2/r_0)/Re$ に円管の長さ l をかけた圧力差 $8(\rho\overline{u_z}^2/r_0)l/Re$ との和

$$\Delta p = \frac{1}{2}\rho\overline{u_z}^2 + \rho\overline{u_z}^2 \frac{l}{r_0}\frac{8}{Re}$$

である．題意より，水の密度は $\rho = 1\times10^3\,\mathrm{kg/m^3}$, $\overline{u_z} = 0.2\,\mathrm{m/s}$, 円管断面半径 $r_0 = 0.1\,\mathrm{m}$ であり，水の動粘性係数を $\nu = 1 \times 10^{-6}\,\mathrm{m^2/s}$ として，$Re = r_0\overline{u_z}/\nu = 2 \times 10^4$ を代入して，$\Delta p = 20\,\mathrm{Pa}$ である．必要な仕事率は $\Delta p \times \pi r_0^2 \overline{u_z} = 0.126\,\mathrm{W}$ となる．なお，Δp の式の右辺第 2 項は第 1 項に比べて 10^{-3} 程度の大きさなので無視できる．

●5.2.6●急拡大部における圧力損失

断面積が急に拡大している管路を流体が流れるとき，流体がもつエネルギーが減少する．このエネルギー減少は，管路中央軸に沿う圧力の低下（静圧と動圧の和の低下）として現れる．流体がもつエネルギーの保存式を表すベルヌーイの定理を式 (3.25) において長さの次元（全ヘッド）で表したように，ここでも，管路の急拡大による圧力損失（減少）Δp を ρg で割って，h_s $(= \Delta p/(\rho g))$ とおく．この h_s は管路の急拡大による圧力損失ヘッドとよばれる．

管路が断面積 S_1 から急に拡大して断面積 S_2 となるときの圧力損失ヘッド h_s を求めてみよう．図 5.11 のように，急拡大する断面内に原点をとり，中心軸に沿って z 軸をとる．また，管路内に急拡大部の上流と下流のそれぞれの代表点として 2 点 P_1 と P_2 をとる．点 P_1 より上流での平均流速は v_1 であり，この点での管路断面積を S_1，圧力を p_1 とする．同様に，点 P_2 より下流では平均流速はほぼ一様で v_2 であり，この点での管路断面積を S_2，圧力を p_2 とする．また，2 点 P_1 と P_2 は同じ高さにあり，これらの点で流体がもつ位置エネルギーは同じであるとすると，エネルギーの保存式は，ベルヌーイの式 (3.25) に圧力損失ヘッドの影響を加えて，

$$\frac{1}{2g}v_1^2 + \frac{p_1}{\rho g} = \frac{1}{2g}v_2^2 + \frac{p_2 + \Delta p}{\rho g} = \frac{1}{2g}v_2^2 + \frac{p_2}{\rho g} + h_s \tag{5.85}$$

となる．この式を h_s について表すと，

$$h_s = \frac{v_1^2 - v_2^2}{2g} + \frac{p_1 - p_2}{\rho g} \tag{5.86}$$

が得られる．

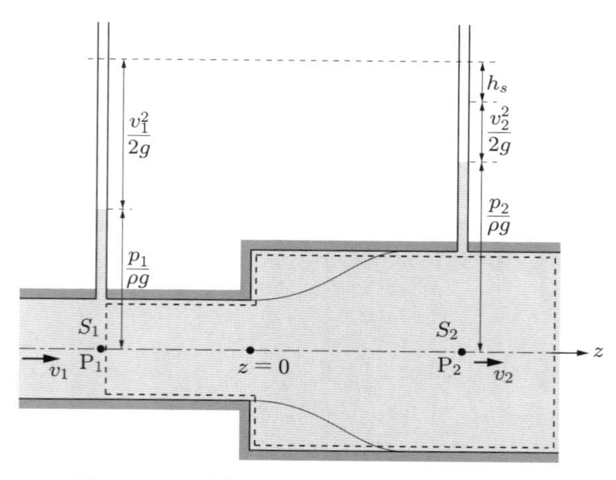

図 5.11　急拡大部をもつ管路における圧力損失

流れが非圧縮性流れ（ρ は一定）で，定常流であるとき，流量保存の式より

$$v_1 S_1 = v_2 S_2 \tag{5.87}$$

が成り立つ．また，図 5.11 において破線で囲まれた領域の流体がもつ運動量は不変なので，この領域の右側から流出する運動量 $\rho v_2^2 S_2$ と左側から流入する運動量 $\rho v_1^2 S_1$ の差は両側から受ける圧力の差に断面積をかけて得られる力 $(p_1 - p_2)S_2$ に等しいこと（運動量の保存）より，

$$\rho(v_2^2 S_2 - v_1^2 S_1) = (p_1 - p_2)S_2 \tag{5.88}$$

の関係が得られる．ここで，検査領域内の流体が左側境界から受ける圧力 p_1 による力を $p_1 S_1$ でなく，$p_1 S_2$ とするのは，急拡大部の垂直壁面からも圧力 p_1 を受けるからである．これは，圧力は管断面ではほぼ一様であり，急拡大部では管断面にわたって点 P_1 での圧力 p_1 に等しいとみなせるからである．式 (5.87) より，

$$v_2 = \frac{S_1}{S_2} v_1 \tag{5.89}$$

が得られ，この式を式 (5.88) に代入して，

$$\frac{p_1 - p_2}{\rho g} = \frac{v_2^2 S_2 - v_1^2 S_1}{S_2 g} = \frac{1}{g}\frac{S_1}{S_2}\left(\frac{S_1}{S_2} - 1\right) v_1^2 \tag{5.90}$$

となる．式 (5.89) と式 (5.90) を式 (5.86) に代入すると，h_s は

$$h_s = \frac{1}{2g}\left(1 - \frac{S_1}{S_2}\right)^2 v_1^2 \tag{5.91}$$

と表される．これが，急拡大管における圧力損失ヘッドである．実際の管路に適用するときには，式 (5.91) の右辺に修正係数 ξ をかけて，

$$h_s = \xi \frac{1}{2g}\left(1 - \frac{S_1}{S_2}\right)^2 v_1^2 \tag{5.92}$$

と表し，実験結果とよく合うように ξ の値を決める．

ここで得られた損失ヘッドは非粘性流れを仮定し，その評価も最も粗い近似であった．実際に数値シミュレーションを行って圧力分布を求め，現象論から得られた結果 (5.91) との比較を行ってみよう．数値シミュレーションでは，図 5.11 の流入部は半径 r_0 の円形断面であり，流体は十分に発達した円管ポアズイユ流として平均流速 $\overline{u_z}$ で流入すると仮定し，拡大部は半径 $3r_0$ の円形断面であるとする．代表長さを r_0，代表速度を $\overline{u_z}$ として無次元化し，この流れのレイノルズ数を $Re = r_0 \overline{u_z}/\nu$ で定義して，$Re = 100$ の数値シミュレーションを行った結果が図 5.12 である．こ

の図で，$z_* = z/r_0$, $p_* = p/\rho\overline{u_z}^2$ である．原点 $z_* = 0$ を管路が急に拡大する点としているので，$-10 \leq z_* < 0$ の範囲では，圧力は $dp_*/dz_* = -8/Re$ の圧力勾配をもつ．また，$50 \lesssim z_* \leq 160$ では拡大管内の流れは十分に発達して，圧力は $dp_*/dz_* = -(8/81)/Re$ の圧力勾配で減少する．$z_* \sim 0$ 付近では流速が急に減少するために，圧力は急に大きくなる．もし急拡大部での圧力損失がなければ，本来，圧力は図 5.12 の CD に近づくはずであるが，式 (5.91) の損失ヘッドで表される圧力損失のために圧力は AB で表される直線に近づく．ところが，この圧力ヘッドの評価が最低次の近似であるために誤差が大きく，正確には数値シミュレーションの結果のように圧力損失は A′B′ のように表され，式 (5.91) の現象論的な圧力損失の評価が 40% ほど過大であることがわかる．

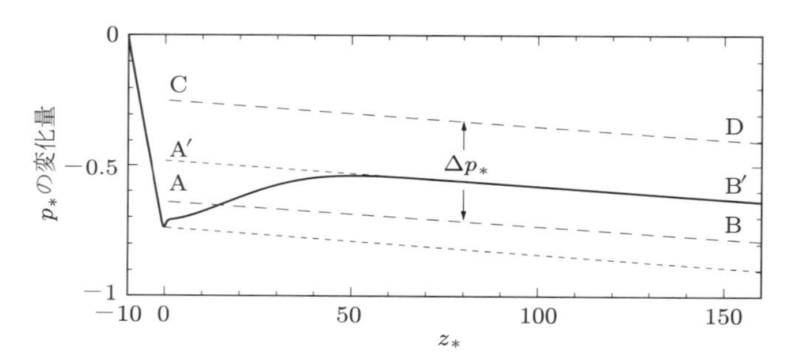

図 5.12　急拡大部における圧力損失の数値シミュレーション

管路が緩やかに拡大しているときにはこのような大きな圧力損失は生じない．図 5.11 で管路拡大部は狭い管路壁面に垂直に広がっているが，この広がり角度 θ を小さくして，管路の拡大を緩やかにすると，式 (5.92) の ξ は 0.2 程度から θ が大きくなるに従って大きくなり，$\theta = 90°$ の急拡大管で $\xi \sim 1$ になるという実験結果がある．

問 5.4　急拡大管路（図 5.11）で，細い円形断面管路の半径が 0.1 m で，その長さが 0.5 m，太い管路の半径が 0.3 m で長さが 2 m のとき，流量 0.1 m^3/s で水を流すのに必要な圧力差を求めよ．ただし，細い管路には，水は十分に発達した円管ポアズイユ流となって流入する．水の動粘性係数を 1×10^{-6} m^2/s とする．

演習問題 5

5.1　距離 $2d$ 隔てた幅 w の 2 枚の平行平板間を，密度 ρ，粘性係数 μ の流体が流れている．流速は流れの方向に平行で 2 次元的である．平板に平行に x 軸をとり，垂直に y 軸をとると，流速は $\boldsymbol{u} = (u(y), 0)$ と表される．平板間中央線に沿って下面（$y = -d$）の平板は静止しており，上面（$y = d$）は一定の速さ U で x 軸の正の方向に x 軸と平行に動いている．この流れの流量が Q となるために必要な圧力勾配 $\partial p/\partial x$ およびそのときの $u(y)$ を求めよ．

5.2　距離 h 隔てた幅 w の 2 枚の平行平板間に，密度 ρ，粘性係数 μ の流体が流量 Q で流れているとき，流路断面を単位時間に通過する流体の運動量を求めよ．

5.3　距離 $2d$ 隔てた 2 枚の平行平板間を流れる層流のレイノルズ数を，平板間隔の 1/2 である d，平均流速 $\overline{u}$，流体の密度 ρ，粘性係数 μ で，$Re = \rho\overline{u}d/\mu$ と定義する．このレイノルズ数を圧力勾配 $|dp/dx|$ を用いて表せ．

5.4　流体の粘性係数 μ を測定するために，直径 d の円形断面をもつ細いガラス管の上部にある小さな容器から自由落下によりガラス管に密度 ρ の水を流す．ガラス管の上端から容器内の水面までの高さを h，ガラス管の長さを l とする．この実験でガラス管の下端から流出する水の流量が Q であったとき，粘性係数 μ を求めよ．

5.5　直径 d の円管内を流体が流量 Q で層流状態で流れるときのレイノルズ数を，直径 d，平均流速 $\overline{u}$，密度 ρ，粘性係数 μ で，$Re = \rho\overline{u}d/\mu$ と定義する．このレイノルズ数を圧力勾配 $|dp/dz|$ を用いて表せ．なお，z 軸は円柱の中心軸と一致するとする．

6章 非粘性流れ

2 次元非粘性非圧縮性流れの解析では，流れ場の全領域で渦度が 0 のとき，速度ポテンシャルと流れ関数を導入し，数学の複素関数論を応用した複素速度ポテンシャルにより，流れ場を表すことができる．いくつかの簡単な複素速度ポテンシャルを重ね合わせることにより，一様流中に置かれた円柱まわりの流れを表すこともできる．また，等角写像を利用することにより，一様流中に置かれた平板まわりや翼まわりの流れを求めることができる．2 次元非粘性非圧縮性渦なし流れの近似は，予想以上に現実の流れをよく近似することも多い．たとえば，航空機の翼まわりの流れでは，翼表面のきわめて薄い層である境界層と後流部分を除いては，この近似がよく成り立つ．

6.1 速度ポテンシャルと流れ関数

速度ポテンシャルと流れ関数を導入すると，2 次元非粘性非圧縮性渦なし流れを表現することができる．これら二つの関数はコーシー・リーマンの関係式を満たす．複素速度ポテンシャルを定義すると，流れを求める問題は複素関数論の問題に帰着される．

●6.1.1●速度ポテンシャル

流れ場の全領域で渦度 $\boldsymbol{\omega}$ が 0 である流れを**渦なし流れ**とよぶ．すなわち，渦なし流れでは，速度 $\boldsymbol{u}$ は $\nabla \times \boldsymbol{u} = 0$ を満たす．また，渦なし流れの中の任意の閉曲線 C に沿う**循環** Γ は

$$\Gamma = \oint_C \boldsymbol{u} \cdot d\boldsymbol{s} = \iint_S \boldsymbol{\omega} \cdot d\boldsymbol{S} = 0 \tag{6.1}$$

となる．このとき，速度 $\boldsymbol{u}$ はスカラー関数 ϕ を用いて

$$\boldsymbol{u} = \nabla\phi = \mathrm{grad}\phi \tag{6.2}$$

と表すことができる．したがって，流速 $\boldsymbol{u}$ を表す 3 個の変数 u, v, w の代わりに 1 個の変数 ϕ のみを考えればよい．この ϕ を**速度ポテンシャル**という．渦なし流れでは，必ず速度ポテンシャルが存在し，その逆も成り立つので，渦なし流れは**ポテンシャル流れ**ともよばれる．速度ポテンシャルを用いると，循環は

$$\Gamma = \oint_C \boldsymbol{u} \cdot d\boldsymbol{s} = \oint_C d\phi = [\phi]_C \tag{6.3}$$

とも表せる．速度ポテンシャルが空間座標 $\boldsymbol{x}$ の 1 価関数であれば，$\Gamma = 0$ である．流れ場が全領域で渦なしではなく，閉曲線 C を境界とする曲面または平面内に渦度 $\boldsymbol{\omega}$ が 0 でない領域や点があるならば，ϕ は $\boldsymbol{x}$ の多価関数となり，$\Gamma \neq 0$ となることもある．もちろん，そのような領域や点では速度ポテンシャルは定義できないので，そのような領域の外部のみを考える．

渦なし流れで，かつ非圧縮性流れの場合を考える．連続の式は式 (4.24) で表され，これに式 (6.2) を代入して

$$\nabla \cdot \boldsymbol{u} = \nabla \cdot (\nabla \phi) = \nabla^2 \phi = \triangle \phi = 0$$

を得る．ここで，$\triangle$ はラプラシアンとよばれる微分演算子で，デカルト座標（直角座標）(x, y, z) で表すと，

$$\triangle \phi = \frac{\partial^2 \phi}{\partial x^2} + \frac{\partial^2 \phi}{\partial y^2} + \frac{\partial^2 \phi}{\partial z^2} = 0$$

となる．この方程式はラプラス方程式とよばれ，その解は調和関数とよばれる．したがって，非圧縮性渦なし流れの速度ポテンシャルは調和関数であり，逆に任意の調和関数はなんらかの非圧縮性渦なし流れを表している．

●6.1.2●流れ関数

流れが z 方向に一様で，xy 平面に平行なすべての平面に対して同じであり，速度が z 成分をもたない 2 次元流れを考えよう．このとき，流れが非圧縮であると仮定すると，連続の式は

$$\nabla \cdot \boldsymbol{u} = \frac{\partial u}{\partial x} + \frac{\partial v}{\partial y} = 0 \tag{6.4}$$

となる．ここで，任意のスカラー関数 ψ を用いて

$$u = \frac{\partial \psi}{\partial y}, \quad v = -\frac{\partial \psi}{\partial x} \tag{6.5}$$

とおけば，式 (6.4) の連続の式は自動的に満たされる．このスカラー関数 ψ を**流れ関数**という．

流れ関数 ψ の物理的意味を考えるために，図 6.1 のように流れの中に任意に 2 点 A と P をとり，点 A と点 P を曲線 C で結ぶ．C 上の点 P_1 における C に沿う微小

接線ベクトルを $d\boldsymbol{s}$ とすると，x 方向の単位ベクトルを $\boldsymbol{e}_x$，y 方向の単位ベクトルを $\boldsymbol{e}_y$ として，$d\boldsymbol{s} = dx\boldsymbol{e}_x + dy\boldsymbol{e}_y$ と表される．また，点 P_1 で $d\boldsymbol{s}$ を左から右へ向かう C の単位法線ベクトル $\boldsymbol{n}$ は $\boldsymbol{n} = (dy/ds)\boldsymbol{e}_x - (dx/ds)\boldsymbol{e}_y$ となる．したがって，C 上の各点での法線方向の速度成分を u_n とすると，2 点 A と P を結ぶ曲線 C を左から右へ横切る単位時間あたりの流量 Q は

$$Q = \int_{\mathrm{A}}^{\mathrm{P}} u_n ds = \int_{\mathrm{A}}^{\mathrm{P}} (\boldsymbol{u} \cdot \boldsymbol{n})\, ds = \int_{\mathrm{A}}^{\mathrm{P}} \left(u\frac{dy}{ds} - v\frac{dx}{ds} \right) ds$$

となり，式 (6.5) を代入して

$$\begin{aligned} Q &= \int_{\mathrm{A}}^{\mathrm{P}} \left(\frac{\partial \psi}{\partial y}\frac{dy}{ds} + \frac{\partial \psi}{\partial x}\frac{dx}{ds} \right) ds = \int_{\mathrm{A}}^{\mathrm{P}} \frac{d\psi}{ds} ds = \int_{\psi(\mathrm{A})}^{\psi(\mathrm{P})} d\psi \\ &= \psi(\mathrm{P}) - \psi(\mathrm{A}) \end{aligned} \tag{6.6}$$

が得られる．したがって，2 点 A と P を結ぶ曲線 C を横切る単位時間あたりの流量 Q は，2 点 A と P に対する流れ関数の差で表され，曲線 C のとり方にはよらないことがわかる．

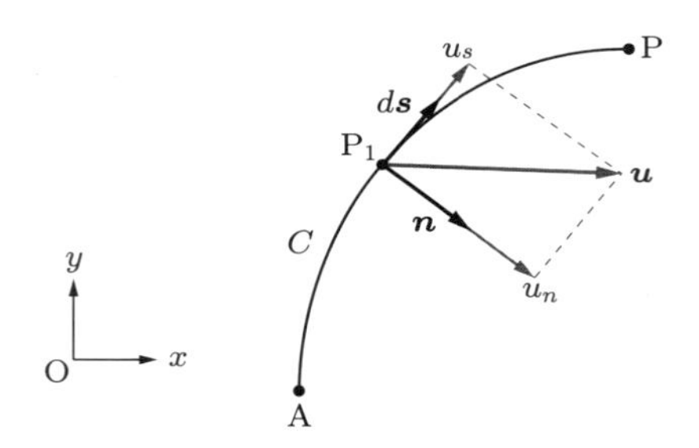

図 6.1　2 点 A と P を結ぶ曲線 C 上の速度分布と流れ関数．u_s は接線方向速度，u_n は垂直方向速度を表す．

とくに，曲線 C として，流線すなわち曲線 C 上の各点での速度ベクトルがその点での接線と平行である線（3.2.2 節を参照）を考えると，図 6.1 で $u_n = 0$, $u_s \neq 0$ となっており，C を通過する流量 Q は 0 となる．すなわち，式 (6.6) より，C 上の任意の点 P について $\psi(\mathrm{P}) = \psi(\mathrm{A})$ となることから，1 本の流線に沿って

$$\psi = \psi_1\,(\text{定数})$$

である．この結果は流れ場中での渦度の有無に関係なく成り立ち，2 次元非圧縮性流れでは常に成り立つ．

さて，2次元流れにおいて，渦なし流れの条件は

$$\boldsymbol{\omega} = \begin{vmatrix} \boldsymbol{e}_x & \boldsymbol{e}_y & \boldsymbol{e}_z \\ \dfrac{\partial}{\partial x} & \dfrac{\partial}{\partial y} & \dfrac{\partial}{\partial z} \\ u & v & 0 \end{vmatrix} = \left(\frac{\partial v}{\partial x} - \frac{\partial u}{\partial y}\right)\boldsymbol{e}_z = 0$$

である．したがって

$$\frac{\partial v}{\partial x} - \frac{\partial u}{\partial y} = 0$$

が成り立つ．これに式 (6.5) を代入すると

$$\frac{\partial^2 \psi}{\partial x^2} + \frac{\partial^2 \psi}{\partial y^2} = 0 \tag{6.7}$$

が得られる．つまり，2次元非圧縮性渦なし流れでは，流れ関数 ψ は，速度ポテンシャル ϕ と同様に調和関数である．

●6.1.3●複素速度ポテンシャル

2次元非粘性非圧縮性渦なし流れ（ポテンシャル流れ）の流速 $\boldsymbol{u} = (u, v)$ は，式 (6.2) のように速度ポテンシャル ϕ を用いて

$$u = \frac{\partial \phi}{\partial x}, \quad v = \frac{\partial \phi}{\partial y} \tag{6.8}$$

と表され，非圧縮性の条件より

$$\frac{\partial^2 \phi}{\partial x^2} + \frac{\partial^2 \phi}{\partial y^2} = 0$$

が成り立つ．また，流速 $\boldsymbol{u} = (u, v)$ を式 (6.5) の流れ関数 ψ を用いて表せば，渦なし流れの条件より式 (6.7) が成り立つ．すなわち，2次元非粘性非圧縮性渦なし流れの場合，速度ポテンシャル ϕ と流れ関数 ψ は共に2次元調和関数である．式 (6.5) と式 (6.8) をまとめると

$$u = \frac{\partial \phi}{\partial x} = \frac{\partial \psi}{\partial y}, \quad v = \frac{\partial \phi}{\partial y} = -\frac{\partial \psi}{\partial x} \tag{6.9}$$

と表される．関数 ϕ と ψ に対するこの関係式は，複素関数論におけるコーシー・リーマンの関係式と同じである．すなわち，複素変数 $z = x + iy$ $(i^2 = -1)$ の関数と

して，

$$W(z) = \phi(z) + i\psi(z) \tag{6.10}$$

とおくと，式 (6.9) は，複素関数 $W(z)$ が複素変数 z に関して微分可能である条件を表しており，$W(z)$ が z の正則関数（または解析関数）であるための必要十分条件となっている．この W を**複素速度ポテンシャル**という．

複素速度ポテンシャル W を x で微分しても iy で微分しても

$$\frac{\partial W}{\partial x} = \frac{\partial \phi}{\partial x} + i\frac{\partial \psi}{\partial x} = u - iv, \quad \frac{\partial W}{\partial (iy)} = -i\frac{\partial \phi}{\partial y} + \frac{\partial \psi}{\partial y} = u - iv \tag{6.11}$$

となる．すなわち，W は z の正則関数であるため，その微分は微分の方向によらない．したがって

$$\frac{\partial W}{\partial x} = \frac{\partial W}{\partial z}\frac{\partial z}{\partial x} = \frac{dW}{dz}\frac{\partial z}{\partial x} = \frac{dW}{dz} \tag{6.12}$$

が得られ，式 (6.11) と式 (6.12) より，

$$\frac{dW}{dz} = u - iv \tag{6.13}$$

となり，これを**複素速度**とよぶ．同様に W を iy で微分しても同じ結果が得られる．ただし，$\partial z/\partial y = i$ となることに注意する必要がある．

図 6.2 のように，速度ベクトル $\boldsymbol{u} = (u, v)$ が x 軸となす角を $\theta(= \tan^{-1}(v/u))$，$\boldsymbol{u}$ の大きさを $|\boldsymbol{u}| = q$ とおけば，$u = q\cos\theta$，$v = q\sin\theta$ となるので

$$\frac{dW}{dz} = u - iv = q(\cos\theta - i\sin\theta) = qe^{-i\theta} \tag{6.14}$$

$$\left|\frac{dW}{dz}\right| = q, \quad \arg\left(\frac{dW}{dz}\right) = -\theta \tag{6.15}$$

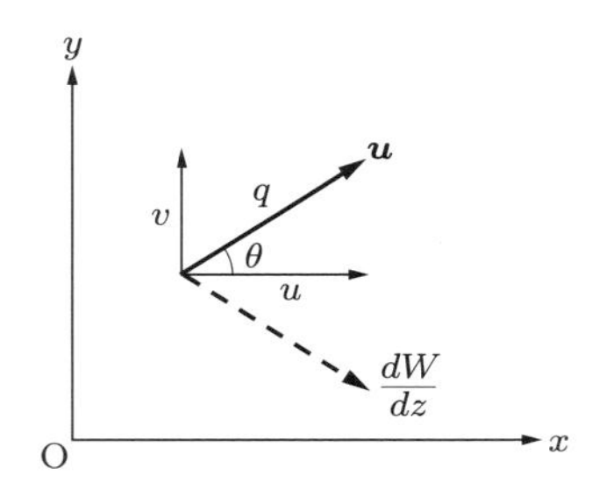

図 6.2　流速 $\boldsymbol{u}$ と複素速度．$dW/dz = u - iv$

と表すことができる．このように，W を z で微分すれば，その実部と虚部から速度成分 $u, -v$ が求められ，その絶対値 $|dW/dz|$ と偏角 $\arg(dW/dz)$ は速度ベクトルの大きさ q と方向 $(-\theta)$ を与える．

まとめると，2 次元非粘性非圧縮性渦なし流れ（ポテンシャル流れ）を求める問題は，複素関数論の正則関数を求める問題に帰着する．逆に，任意の正則関数を与えれば，それに対応する流れが存在することになる．それではつぎに，いくつかの複素速度ポテンシャルの具体例について，それらが表す流れを調べよう．

例題 6.1 以下の流れ関数をもつ流れの速度分布を求めよ．また，その流れは渦なし流れであるかどうかを調べよ．ただし，a は定数とする．

(1) $\psi(x, y) = axy$　　(2) $\psi(x, y) = a(x^2 + y^2)$

[解] (1) 速度成分 u と v はそれぞれ $u = \partial\psi/\partial y = ax$，$v = -\partial\psi/\partial x = -ay$ となり，これは流線が双曲線となる流れである．また，$\omega_z = \partial v/\partial x - \partial u/\partial y = 0$ より，渦なし流れである．

(2) 速度成分 u と v はそれぞれ $u = \partial\psi/\partial y = 2ay$，$v = -\partial\psi/\partial x = -2ax$ となり，これは原点を中心とする同心円の流れである．また，$\omega_z = \partial v/\partial x - \partial u/\partial y = -4a$ より，渦なし流れではなく，一定値 $-4a$ の渦度をもつ．

問 6.1 a と b を定数として，速度ポテンシャル $\phi = ax^2 + by^2$ で決まるポテンシャル流れにおいて，圧力分布を求めよ．ただし，原点 O $(x = y = 0)$ での圧力を p_0，流体の密度は一定で ρ とする．

問 6.2 等ポテンシャル線 $\phi(x, y) = \phi_1$（定数）と流線 $\psi(x, y) = \psi_1$（定数）は直交することを示せ．

6.2 簡単な 2 次元ポテンシャル流れ

複素速度ポテンシャルを用いると，いろいろな 2 次元ポテンシャル流れを表現できる．いくつかの簡単な複素速度ポテンシャルを例として，流れ場と複素速度ポテンシャルの関係を知っておくことは重要であり，原理的には複雑な流れもこれらの複素速度ポテンシャルの重ね合わせで表現できる．

●6.2.1● 一様流

複素速度ポテンシャル W の最も簡単な例として，z の一次関数

$$W = Uz \tag{6.16}$$

を考える．ここで，U は正の実数とする．このとき，複素速度は式 (6.13) より

$$u - iv = \frac{dW}{dz} = U$$

となり，$(u, v) = (U, 0)$，すなわち，$W = Uz$ は x 方向に平行な速さ U の一様流を表す．

つぎに，$W = Uz$ を少し拡張して W を

$$W = Ue^{-i\alpha}z \tag{6.17}$$

とする．このとき，複素速度は式 (6.13) より

$$u - iv = \frac{dW}{dz} = Ue^{-i\alpha}$$

となり，式 (6.14) より $q = U$，$\theta = \alpha$ である．すなわち，流れは図 6.3 のように x 軸に対して角度 α 傾いた方向に流れる速度 U の一様流を表している．

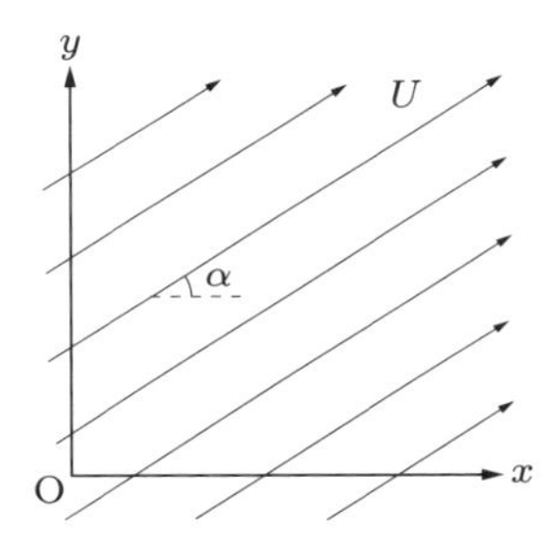

図 6.3　x 軸と角度 α をなす速度 U の一様流．$W = Ue^{-i\alpha}z$

●6.2.2●角を回る流れ

複素速度ポテンシャル W が z のベキ関数

$$W = Az^n \tag{6.18}$$

で表される場合を考える．ただし，A と n は正の実定数であるとする．z をその絶対値 $r = |z|$ と偏角 $\theta = \tan^{-1}(y/x)$ を用いて $z = re^{i\theta}$ と表すと，

$$W = Ar^n e^{in\theta} = Ar^n(\cos n\theta + i \sin n\theta)$$

となる．したがって，式 (6.10) より，速度ポテンシャル ϕ と流れ関数 ψ はそれぞれ

$$\phi = Ar^n \cos n\theta, \quad \psi = Ar^n \sin n\theta$$

となる．また，円柱座標系 (r, θ) での速度成分 (u_r, u_θ) は

$$u_r = \frac{\partial \phi}{\partial r} = \frac{1}{r}\frac{\partial \psi}{\partial \theta} = Anr^{n-1}\cos n\theta$$

$$u_\theta = = \frac{1}{r}\frac{\partial \phi}{\partial \theta} = -\frac{\partial \psi}{\partial r} = -Anr^{n-1}\sin n\theta$$

となる．

流れの様子を調べるために，$\psi = \psi_1$（定数）となる流線群のうち，$\psi = 0$ のときの流線を見てみよう．$\psi = 0$，すなわち $\sin n\theta = 0$ となる条件は，

$$\theta = k\frac{\pi}{n} \quad (k = 0, \pm 1, \pm 2, \cdots)$$

である．このとき

$$u_r = Anr^{n-1}\cos\left(k\frac{\pi}{n}\right), \quad u_\theta = 0 \tag{6.19}$$

であり，流線は原点を通る放射状の直線で，隣り合う2直線によって挟まれる角は π/n となる．また，その他の流線は，この原点を通る放射状の直線を漸近線とする相似曲線群となる．

ここでは非粘性の流れを考えており，流線を壁に置き換えても流れは変わらないので，これらの流れは，原点から出る隣り合った2直線 $(\theta = 0, \pi/n)$ を壁面とする角を回る流れ，あるいはくさび状の領域を回る流れと考えることもできる．図6.4は n が簡単な有理数の場合の例である．いま，この流れの速度の大きさは

$$q = \left|\frac{dW}{dz}\right| = |A|nr^{n-1}$$

となるため，$n > 1$ であれば流速 q は原点からの距離 r が大きくなるとともに増加し，原点はよどみ点 $(q = 0)$ になる．一方，$n < 1$ では q は r と共に減少し，原点に近づくと $(r \to 0)$ 流速は増大して原点では $q \to \infty$ となり，ベルヌーイの定理より，原点に近づくにつれて圧力が無限に低下することになり，矛盾が生じる．これは，非粘性流体という仮定が原点付近では成り立たず，実際には粘性の影響を考慮に入れなければならないことを意味する．なお，現実の流れでは，粘性によって壁面上では速度が0となる．さらに，下流では，原点付近で生じた渦がはがれ，渦領域を形成するため，渦なしの仮定が成り立たなくなる．

●6.2.3●わき出しと吸い込み

対数関数によって複素速度ポテンシャル W が

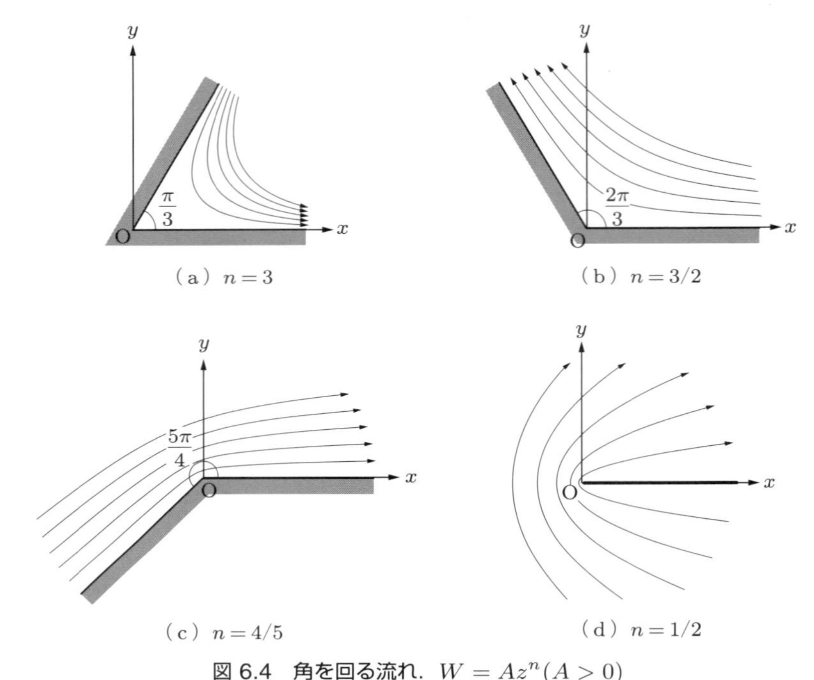

図 6.4　角を回る流れ． $W = Az^n (A > 0)$

$$W = m \log z \tag{6.20}$$

と表されるときの流れ場を考える．ここで，m は実数である．$z = re^{i\theta}$ とおけば

$$W = m \log re^{i\theta} = m(\log r + i\theta)$$

となるので，速度ポテンシャル ϕ と流れ関数 ψ はそれぞれ

$$\phi = m \log r, \quad \psi = m\theta$$

である．したがって，$\theta = \theta_1$（定数）で $\psi = m\theta_1 = \psi_1$（定数）であり，この流れの流線（$\psi$ が一定の線）は原点から放射状に出る直線群となる．一方，等ポテンシャル線は原点を中心とする同心円となる（図 6.5 (a)）．また，円柱座標系での速度成分は

$$u_r = \frac{\partial \phi}{\partial r} = \frac{1}{r}\frac{\partial \psi}{\partial \theta} = \frac{m}{r}, \quad u_\theta = \frac{1}{r}\frac{\partial \phi}{\partial \theta} = -\frac{\partial \psi}{\partial r} = 0$$

と表される．このとき $m > 0$ ならば $u_r > 0$ であり，流れは原点から流体がわき出すような流れとなるので，この流れを**わき出し**という．逆に，$m < 0$ ならば $u_r < 0$ であり，その流れを**吸い込み**という．また，半径 r の円周を通過する流量 Q は

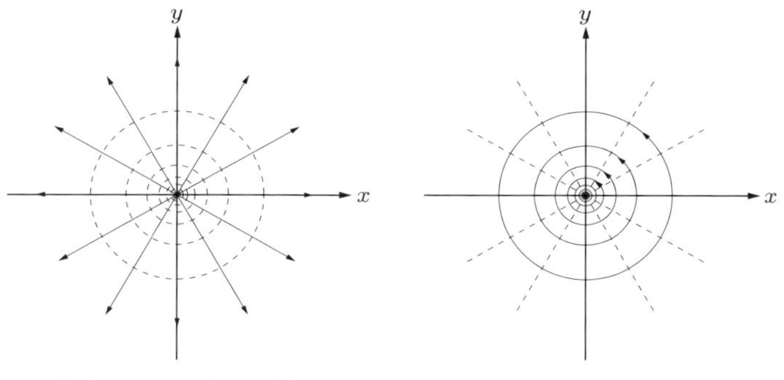

（a）わき出し（m：実数）　（b）渦糸（$m=ik$, k：実数）

図 6.5 $W = m\log z$（m：定数）で表される流れ．
実線は流線，破線は等ポテンシャル線．

$$Q = \oint_0^{2\pi} u_r r d\theta = \oint_0^{2\pi} \frac{m}{r} r d\theta = 2\pi m$$

となる．この m をわき出しまたは吸い込みの強さという．

●6.2.4●渦　糸

複素速度ポテンシャル (6.20) で m を純虚数 $m = ik$（k は実数）にとると，

$$W = ik\log z \tag{6.21}$$

と表される．$z = re^{i\theta}$ とおけば速度ポテンシャル ϕ と流れ関数 ψ はそれぞれ

$$\phi = -k\theta, \quad \psi = k\log r \tag{6.22}$$

である．ここで，半径 r_1 の円を考えると，$\psi = k\log r_1$ となり，定数なので流線となっている．したがって，この流れの流線は原点を中心とする同心円群となる．一方，等ポテンシャル線は原点から放射状に出る直線群となる（図 6.5 (b)）．また，円柱座標系での速度成分は

$$u_r = \frac{\partial\phi}{\partial r} = \frac{1}{r}\frac{\partial\psi}{\partial\theta} = 0, \quad u_\theta = \frac{1}{r}\frac{\partial\phi}{\partial\theta} = -\frac{\partial\psi}{\partial r} = -\frac{k}{r}$$

と表される．このとき，$k > 0$ ならば $u_\theta < 0$ となって流れは時計回り，逆に，$k < 0$ ならば反時計回りに回る渦となっている．すなわち，原点以外のすべての点での渦度は 0（渦なし）で，原点を特異点とする回転流を表し，自由渦を表している．また，原点を中心とする半径 R の円に沿って循環 Γ を求めると

$$\Gamma = \int_0^{2\pi} u_\theta R d\theta = -2\pi k$$

となり，半径 R によらず一定である．これは，原点に $-2\pi k$ の大きさの循環 Γ をもつ渦糸があることを示しており，式 (6.21) は渦糸の強さ Γ を用いて

$$W = -\frac{i\Gamma}{2\pi}\log z \tag{6.23}$$

と表される．すなわち，式 (6.23) は強さ $\Gamma = -2\pi k$ の渦糸まわりの流れを表している．このように，係数を実数から純虚数へと変えるだけでまったく異なる流れが表現できることが，複素速度ポテンシャルを用いた解析の便利な点である．

●6.2.5●2 重わき出し

同じ強さ m をもつわき出しと吸い込みが近接して存在する場合を考える．$z = h$ に強さ m の吸い込み，原点に同じ強さ m のわき出しがあるとすると，式 (6.20) より複素速度ポテンシャル W は，二つの複素速度ポテンシャルの和として

$$W = m\log(z-h) - m\log z = m\log\left(1-\frac{h}{z}\right) \tag{6.24}$$

で与えられる．ここで，m と h の積 mh を一定値 μ に保ちながら，わき出しと吸い込みの間の距離を近づけて，h を小さく $(h \to 0)$ し，m を大きく $(m \to \infty)$ する極限を考える．このとき，式 (6.24) は

$$\begin{aligned} W &= \lim_{h\to 0,\, m=\mu/h} m\log\left(1-\frac{h}{z}\right) \\ &= \lim_{h\to 0}\frac{\mu}{h}\left(-\frac{h}{z}+\frac{h^2}{2z^2}-\frac{h^3}{3z^3}+\cdots\right) \\ &= \lim_{h\to 0}\left(-\frac{\mu}{z}\right)\left(1-\frac{h}{2z}+\frac{h^2}{3z^2}-\cdots\right) = -\frac{\mu}{z} \end{aligned} \tag{6.25}$$

となる．式 (6.25) が表す流れ場を**2 重わき出し**といい，μ を 2 重わき出しの強さ，わき出し点から吸い込み点に向かう方向をわき出しの向きという．ここで，$z = re^{i\theta}$ とおけば

$$W = -\frac{\mu}{r}e^{-i\theta} = -\frac{\mu}{r}(\cos\theta - i\sin\theta)$$

となるので，速度ポテンシャル ϕ と流れ関数 ψ はそれぞれ

$$\phi = -\frac{\mu}{r}\cos\theta, \quad \psi = \frac{\mu}{r}\sin\theta$$

と表される．$\psi = C$（定数）の流線を考えてみよう．$\psi = \mu\sin\theta/r = C$ に $r = x^2+y^2$，$\sin\theta = y/r$ を代入すると

$$x^2 + y^2 = \frac{\mu}{C} y$$

となり，

$$x^2 + \left(y - \frac{\mu}{2C}\right)^2 = \left(\frac{\mu}{2C}\right)^2$$

が得られる．すなわち，流線は y 軸上に中心をもち，原点で x 軸に接する円群となる（図 6.6）．同様に，等ポテンシャル線は x 軸上に中心をもち，原点で y 軸に接する円群となる．

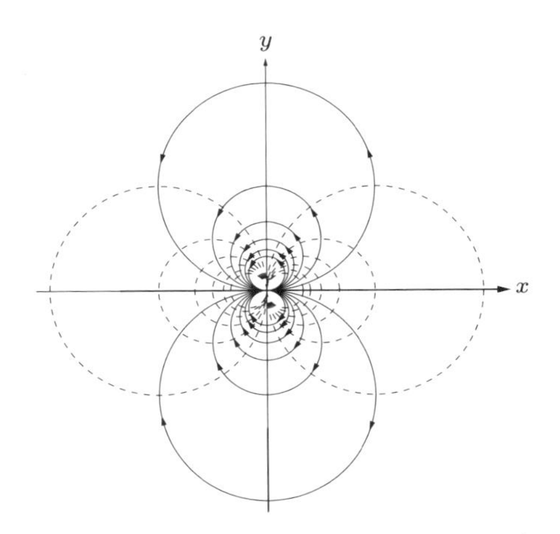

図 6.6　2重わき出し．$W = -\mu/z \ (\mu > 0)$

例題 6.2　渦糸が $(x, y) = (0, h)$ にあり，そのまわりの流れが渦糸を囲んだ任意の閉曲線 C について一定の循環 $\Gamma \ (\Gamma > 0)$ をもつとする．このとき，渦系まわりの流れを表す複素速度ポテンシャル W を求めよ．

[解]　式 (6.23) で z を $z - ih$ で置き換えて，$W = -(i\Gamma/2\pi)\log(z - ih)$ となる．

問 6.3　半無限領域 $x > 0$ を2次元非圧縮性渦なし流体が満たし，y 軸上の点 $(0, h)$ に循環 Γ（> 0，時計回り）を生成する渦糸があるときの複素速度ポテンシャル W を求めよ

問 6.4　角度が $60°$ のくさび状領域内で頂角を回るように流れる2次元非圧縮性渦なし流体の複素速度ポテンシャル W を求めよ．また，くさび状領域の頂角での流速を求めよ．

6.3 円柱まわりの流れと翼まわりの流れ

一様流と2重わき出しの複素速度ポテンシャルを重ね合わせると，円柱まわりの流れを表すことができる．このようにして求めた複素速度ポテンシャルから円柱にかかる力を評価することができるが，その抗力は0であり，揚力も0である．抗力が0となる結果は**ダランベールのパラドックス**とよばれる．円柱まわりに循環がある場合は円柱に揚力が発生する．円柱まわりの流れを表す複素速度ポテンシャルを等角写像することにより翼まわりの流れ場が得られ，揚力も求めることができる．

●6.3.1●円柱まわりの流れ

x 軸の正の方向に流れる速度 U の一様流と，原点でわき出しから吸い込みの向きが x 軸の負の方向に向く強さ Ua^2 $(= -\mu)$ の2重わき出しとを重ね合わせると，流れの複素速度ポテンシャルは

$$W = U\left(z + \frac{a^2}{z}\right) \tag{6.26}$$

となる．$z = re^{i\theta}$ とおき，W を実部 ϕ と虚部 ψ に分けると

$$\phi = U\left(r + \frac{a^2}{r}\right)\cos\theta, \quad \psi = U\left(r - \frac{a^2}{r}\right)\sin\theta \tag{6.27}$$

が得られる．式 (6.27) の第2式で，$r = a$ を代入すると $\psi = 0$ であり，半径 a の円は流線となる．すなわち，式 (6.26) の複素速度ポテンシャルは，x 軸に平行な速度 U の一様流の中に置かれた半径 a の円柱のまわりの流れを表していることがわかる (図 6.7)．

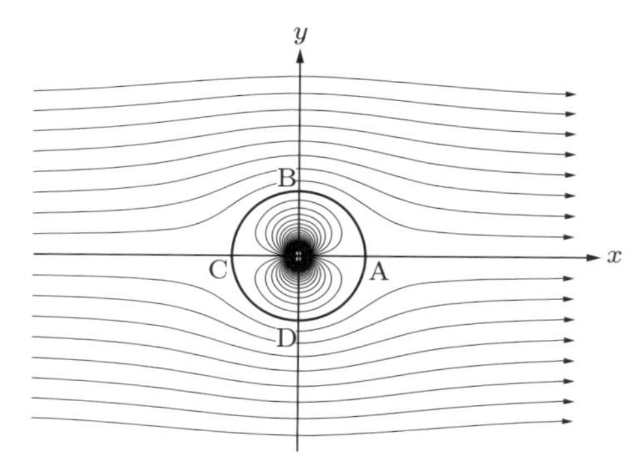

図 6.7　半径 a の円柱まわりの流れ．$W = U(z + a^2/z)$

円柱座標系 (r, θ) での速度成分 u_r と u_θ は，式 (6.27) の第 1 式より

$$u_r = \frac{\partial \phi}{\partial r} = U\left(1 - \frac{a^2}{r^2}\right)\cos\theta, \quad u_\theta = \frac{1}{r}\frac{\partial \phi}{\partial \theta} = U\left(1 + \frac{a^2}{r^2}\right)\sin\theta$$

となるので，とくに，円柱表面上 $(r = a)$ の速度成分は

$$u_r = 0, \quad u_\theta = 2U\sin\theta$$

となる．円柱表面での接線方向速度 u_θ は $\theta = \pi/2$ で最大値 $2U$ をもつ．円柱表面の各点での速度の大きさ $q(= |\boldsymbol{u}|)$ は

$$q = \sqrt{u_r^2 + u_\theta^2} = 2U\,|\sin\theta| \tag{6.28}$$

と求められるが，式 (6.26) を z で微分し，その絶対値を計算して，

$$q = \left|\frac{dW}{dz}\right|_{r=a} = U\left|1 - \frac{a^2}{z^2}\right|_{r=a} = U\left|1 - e^{-2i\theta}\right|$$
$$= U\sqrt{(1 - \cos 2\theta)^2 + \sin^2 2\theta} = 2U\,|\sin\theta|$$

と計算することもできる．したがって，速度 U の一様流中に置かれた円柱表面に沿う速度は，$\theta = 0$ と π（図 6.7 の点 A と点 C）で 0 であり，これらの点はよどみ点である．また，$\theta = \pm\pi/2$（点 B と点 D）で速度は最大値 $2U$ となる．

円柱表面の圧力分布は，ベルヌーイの定理から得られる．水平面内の流れ場を考え，重力ポテンシャルを無視し，無限遠での圧力を p_∞，円柱表面上の圧力を $p(a, \theta)$，流体の密度を ρ_0 とすると，ベルヌーイの式 (3.24) は

$$p_\infty + \frac{\rho}{2}U^2 = p + \frac{\rho}{2}q^2 \tag{6.29}$$

となる．式 (6.29) に式 (6.28) を代入して

$$\frac{p - p_\infty}{\rho U^2/2} = 1 - 4\sin^2\theta$$

を得る．したがって，速度 U の一様流中に置かれた円柱表面の圧力 p は，$\theta = 0$ と π（点 A と点 C）で最大値 $p_\infty + \rho U^2/2$ をとり，$\theta = \pm\pi/2$（点 B と点 D）で最小値 $p_\infty - 3/2\rho U^2$ となる．また，圧力分布は y 軸に対して対称となるため，円柱には抗力がはたらかない．この現象は**ダランベールのパラドックス**とよばれ，円柱だけでなく任意の形状に対して成り立つ．これは，流れの中の置かれた物体には抗力が生じるという一般的な常識と相反する結果であるが，ここでは完全流体という流体の粘性を無視した流れを考えているために生じる矛盾である．

●6.3.2●循環がある円柱まわりの流れ

円柱まわりの流れを表す複素速度ポテンシャルの式 (6.26) に，式 (6.23) で表される循環 Γ をもつ渦糸まわりの流れを重ね合わせると

$$W = U\left(z + \frac{a^2}{z}\right) - \frac{i\Gamma}{2\pi}\log z \tag{6.30}$$

となる．式 (6.30) の表す流れが原点を中心とする任意の半径 $R\ (>0)$ の円について循環 Γ をもつことは，複素速度ポテンシャル (6.23) が同様の性質をもつことから明らかである．ここで，円柱上のよどみ点 z_s（速度が 0 となる点）を求めてみよう．式 (6.30) より複素速度は

$$\frac{dW}{dz} = U\left(1 - \frac{a^2}{z^2}\right) - \frac{i\Gamma}{2\pi z} = u - iv$$

となり，よどみ点 z_s は $u = v = 0$ とおくことにより得られるので，

$$U\left(1 - \frac{a^2}{z_s^2}\right) - \frac{i\Gamma}{2\pi z_s} = 0$$

を満たす．これよりよどみ点の座標 z_s を求めると，

$$\frac{z_s}{a} = -\frac{i\Gamma}{4\pi aU} \pm \sqrt{1 - \left(\frac{\Gamma}{4\pi aU}\right)^2}$$

となる．したがって，流れのパターンは $\Gamma/(4\pi aU)$ の値に応じて 3 通りに分類される（図 6.8）．

まず，比較的循環が小さい，$\Gamma < 4\pi aU$ の場合は $|z_s/a|=1$ となり，よどみ点は円柱上に y 軸に対称で 2 個存在する（図 6.8 (a)）．つぎに，$\Gamma = 4\pi aU$ の場合は $z_s/a = -i$ となり，よどみ点は円柱表面の最下端に 1 個存在する（図 6.8 (b)）．最後に，循環が大きい，$\Gamma > 4\pi aU$ の場合は，z_s は純虚数となり，よどみ点は y 軸上に 2 個存在する（図 6.8 (c)）．このうちの一つは円柱内 $(|z_s/a| < 1)$ にあるため，実質的に流れの中にあるよどみ点は 1 個 $(|z_s/a| > 1)$ である．

円柱座標 (r, θ) を用いて $z = re^{i\theta}$ を式 (6.30) に代入して，W を実部 ϕ と虚部 ψ に分けると

$$\phi = U\left(r + \frac{a^2}{r}\right)\cos\theta + \frac{\Gamma}{2\pi}\theta, \quad \psi = U\left(r - \frac{a^2}{r}\right)\sin\theta - \frac{\Gamma}{2\pi}\log r$$

が得られる．円柱座標系での速度成分 (u_r, u_θ) は

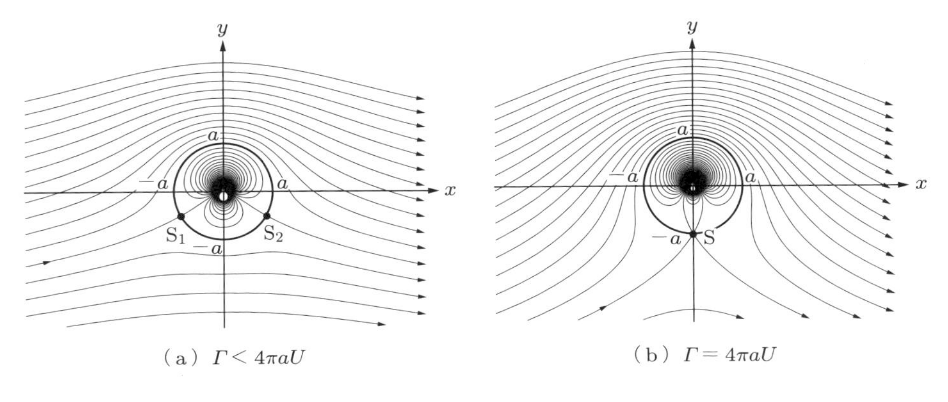

（a） $\Gamma < 4\pi aU$　　（b） $\Gamma = 4\pi aU$

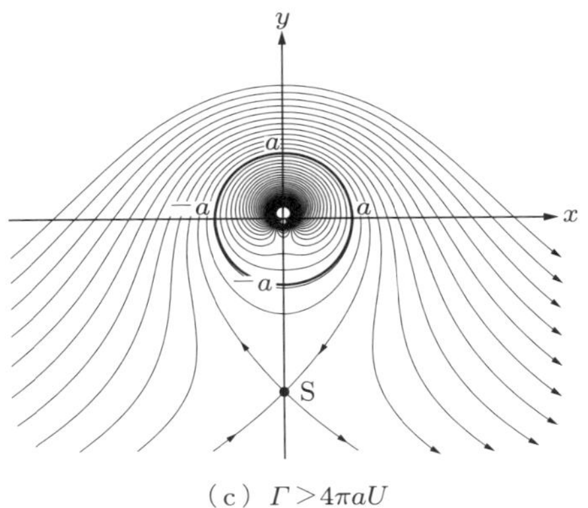

（c） $\Gamma > 4\pi aU$

図 6.8　円柱まわりに循環がある流れ． $W = U(z + a^2/z) - i\Gamma/(2\pi)$．(a) $\Gamma < 4\pi aU$，**よどみ点** S_1 **と** S_2 **は** $\left(\pm\sqrt{a^2 - [\Gamma/(4\pi U)]^2}, -\Gamma/(4\pi U)\right)$．(b) $\Gamma = 4\pi aU$，**よどみ点** S **は** $(0, -a)$．(c) $\Gamma > 4\pi aU$，**よどみ点** S **は** $\left(0, -\Gamma/(4\pi U) - \sqrt{[\Gamma/(4\pi U)]^2 - a^2}\right)$．

$$
\begin{aligned}
u_r &= \frac{\partial \phi}{\partial r} = U\left(1 - \frac{a^2}{r^2}\right)\cos\theta \\
u_\theta &= \frac{1}{r}\frac{\partial \phi}{\partial \theta} = U\left(1 + \frac{a^2}{r^2}\right)\sin\theta + \frac{\Gamma}{2\pi r}
\end{aligned}
\tag{6.31}
$$

となる．

円柱表面上 $(r = a)$ の圧力分布を求めるため，式 (6.31) に $r = a$ を代入すると，接線方向と法線方向の速度成分はそれぞれ，

$$
u_r = 0, \quad u_\theta = 2U\sin\theta + \frac{\Gamma}{2\pi a}
$$

となり，速度の大きさ q は

$$q = \left| 2U \sin\theta + \frac{\Gamma}{2\pi a} \right|$$

となる．したがって，円柱表面上の圧力分布は，ベルヌーイの式 (6.29) を用いて

$$\frac{p - p_\infty}{\rho U^2/2} = 1 - 4\left(\sin\theta + \frac{\Gamma}{4\pi a U}\right)^2 \tag{6.32}$$

と得られる．円柱にはたらく力 F の x 成分と y 成分はそれぞれ

$$F_x = \int_0^{2\pi} (-p\cos\theta) a d\theta, \quad F_y = \int_0^{2\pi} (-p\sin\theta) a d\theta \tag{6.33}$$

で表されるので，式 (6.33) に式 (6.32) を代入すると

$$F_x = 0, \quad F_y = \rho U \Gamma \tag{6.34}$$

が得られる．一般に，物体が一様流の方向に受ける力の成分 F_x を**抗力**，それと垂直方向の力の成分 F_y を**揚力**という．式 (6.34) より，揚力 F_y は Γ に比例している．この揚力と循環の関係を**クッタ・ジューコフスキーの定理**とよび，これは任意の形状の物体について成り立つ．

●6.3.3●等角写像

6.3.1 項と 6.3.2 項では，一様流と 2 重わき出し流れの複素速度ポテンシャルの重ね合わせにより，円柱まわりの流れを表した．ある 2 次元ポテンシャル流れに対して正則関数による変換を行うことにより，別の流れを求めることができる．この変換を円柱まわりの流れに適用すると，平板まわりの流れや翼まわりの流れなどを求めることができる．

複素変数 $\zeta\ (= \xi + i\eta)$ が $z\ (= x + iy)$ の関数として

$$\zeta = f(z) \tag{6.35}$$

と表されるとする．また，z 面上の点 z_0 には ζ 面上の点 ζ_0 が対応するとする．z 面上の領域 D の各点を式 (6.35) により ζ 面に写像したとき，その点で構成される領域 D' を関数 f による D の**写像**という（図 6.9）．

関数 $\zeta = f(z)$ について

$$\lim_{z \to z_0} \frac{f(z) - f(z_0)}{z - z_0} = \lim_{h \to 0} \frac{f(z_0 + h) - f(z_0)}{h}$$

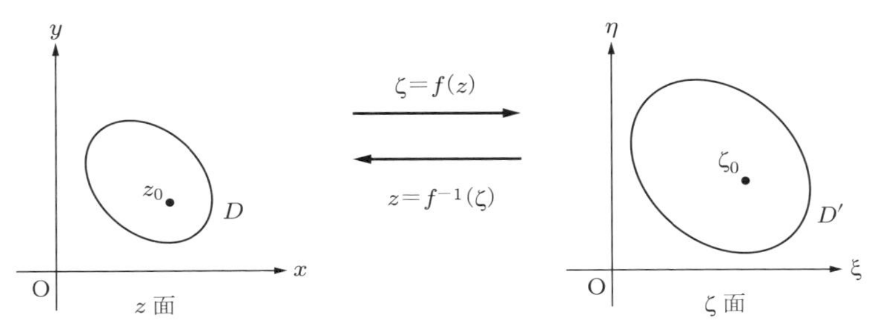

図 6.9 正則関数 $f(z)$ による等角写像 $\zeta = f(z)$ と逆写像 $z = f^{-1}(\zeta)$.

が有限の極限値をもつとき，$f(z)$ は z_0 で微分可能であるといい，この極限値を $f(z)$ の z_0 における微分係数とよんで $f'(z_0)$ と表す．また，$f(z)$ が領域 D のすべての点 z で微分可能であるとき，$f(z)$ は D で正則であるという．

式 (6.35) の $f(z)$ が領域 D で正則であるときに，この写像の性質を調べてみよう．図 6.10 のように，z 面上の点 z_0 とその近傍の点 z_1，z_2 を考え，それぞれに対応する ζ 面上の点を ζ_0，ζ_1，ζ_2 とする．$f(z)$ は領域 D で正則なので，z_1 と z_2 が z_0 に近づくとき，$f'(z_0)$ は z_0 への道筋にかかわらず一定値に近づく．すなわち

$$f'(z_0) = \lim_{z_1 \to z_0} \frac{\zeta_1 - \zeta_0}{z_1 - z_0} = \lim_{z_2 \to z_0} \frac{\zeta_2 - \zeta_0}{z_2 - z_0}$$

となる．よって，$|z_1 - z_0| \ll 1$ および $|z_2 - z_0| \ll 1$ のとき，

$$f'(z_0) = \frac{\zeta_1 - \zeta_0}{z_1 - z_0} = \frac{\zeta_2 - \zeta_0}{z_2 - z_0} \tag{6.36}$$

が成り立つ．ここで，$f'(z_0) = Ee^{i\gamma}$，$z_1 - z_0 = r_1 e^{i\theta_1}$，$z_2 - z_0 = r_2 e^{i\theta_2}$，$\zeta_1 - \zeta_0 = R_1 e^{i\varphi_1}$，$\zeta_2 - \zeta_0 = R_2 e^{i\varphi_2}$ とおいて，式 (6.36) に代入すると

$$Ee^{i\gamma} = \frac{R_1}{r_1} e^{i(\theta_1 - \varphi_1)} = \frac{R_2}{r_2} e^{i(\theta_2 - \varphi_2)} \tag{6.37}$$

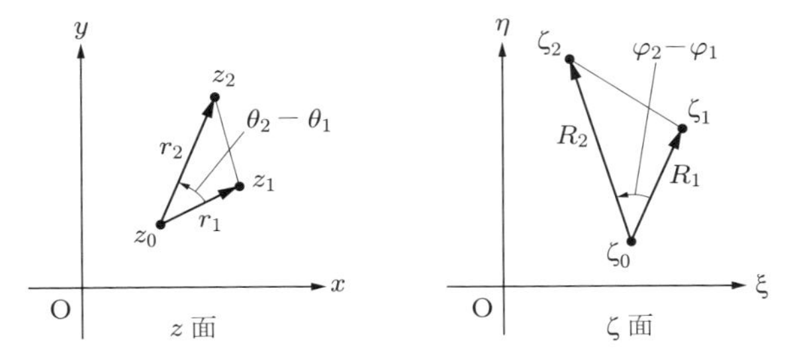

図 6.10 等角写像の性質．等角写像 $\zeta = f(z)$ によって，偏角の差は $\theta_2 - \theta_1 = \varphi_2 - \varphi_1$ と変わらず，絶対値は $E = |f'(z_0)|$ 倍になる．

となる．これから $z_1 - z_0$ と $z_2 - z_0$ の絶対値 (r_1, r_2) と偏角 (θ_1, θ_2) を比較すると

$$\frac{r_1}{r_2} = \frac{R_1}{R_2}, \quad \theta_2 - \theta_1 = \varphi_2 - \varphi_1 \tag{6.38}$$

が成り立つ．これは，図 6.10 で三角形 $z_0z_1z_2$ と三角形 $\zeta_0\zeta_1\zeta_2$ が $z_1 \to z_0$，$z_2 \to z_0$（すなわち $\zeta_1 \to \zeta_0$，$\zeta_2 \to \zeta_0$）の極限において互いに相似であることを意味している．したがって，$\zeta = f(z)$ によって z 平面から ζ 平面へ写像すると，各点の近傍は $E = |f'(z)|$ 倍に拡大され，角度 $\gamma = \arg(f'(z))$ だけ回転される．このような写像を**等角写像**とよび，E を拡大率，γ を回転角という．ただし，$f'(z) = 0$ または ∞ のときは写像の等角性は成立しないため，このような点を写像の**特異点**という．なお，等角写像とよぶ理由は，z 面上の互いに交わる 2 直線間の角度と，それらの直線を ζ 面へ写像した 2 直線間の角度が等しいからである．互いに交わる 2 曲線の場合は，交点における 2 接線間の角度が写像によって変化しない．

ζ 面における渦なし流れの複素速度ポテンシャル $W(\zeta) = \Phi(\zeta) + i\Psi(\zeta)$ に式 (6.35) を代入すると，

$$W[f(z)] = \Phi(f(z)) + i\Psi(f(z)) = \phi(z) + i\psi(z) = F(z)$$

となる．ここで，$\Phi(\zeta) = \Phi(f(z)) = \phi(z), \Psi(\zeta) = \Psi(f(z)) = \psi(z)$ とおいた．また，$F(z)$ は z の正則関数である．したがって，$F(z) = \phi(z) + i\psi(z)$ は z 面上での一つの渦なし流れを表しており，ϕ と ψ はそれぞれ z 面上における速度ポテンシャルと流れ関数となる．つまり，式 (6.35) による等角写像において，対応する点の速度ポテンシャルと流れ関数の値はそれぞれ等しい．また，等角写像では，等ポテンシャル線は等ポテンシャル線に，流線は流線に写像される．とくに，z 面で物体 X に沿った流れは，ζ 面で対応する物体 X' に沿った流れに写像される．さらに，z 面上の任意の閉曲線 C が ζ 面上の閉曲線 C' に写像されるとき，C および C' に沿う循環 Γ について，式 (6.3) より

$$\Gamma(C) = \oint_C d\phi = [\phi]_C = [\Phi]_{C'} = \oint_{C'} d\Phi = \Gamma(C')$$

となり，C に沿う循環と C' に沿う循環は等しい．同様に，C および C' を横切って流出する流量 Q についても式 (6.6) より

$$Q(C) = \oint_C d\psi = [\psi]_C = [\Psi]_{C'} = \oint_{C'} d\Psi = Q(C')$$

となる．すなわち，循環とわき出し量は等角写像に際して不変である．このように，

ζ 面上の渦なし流れに対して，正則関数 $z = f^{-1}(\zeta)$ を適当に選び，等角写像を行うことによって，z 面上でさまざまな渦なし流れが得られる．

●6.3.4●ジューコフスキー変換

等角写像 $\zeta = f(z)$ の例として，変換

$$\zeta = z + \frac{a^2}{z} \quad (a > 0) \tag{6.39}$$

を考える．式 (6.39) はジューコフスキー変換とよばれる．円柱座標を用いて $z = re^{i\theta}$ と表すと

$$\zeta = re^{i\theta} + \frac{a^2}{r}e^{-i\theta} = \left(r + \frac{a^2}{r}\right)\cos\theta + i\left(r - \frac{a^2}{r}\right)\sin\theta$$

となる．したがって，$\zeta = \xi + i\eta$ の実部 ξ と虚部 η はそれぞれ

$$\xi = \left(r + \frac{a^2}{r}\right)\cos\theta, \quad \eta = \left(r - \frac{a^2}{r}\right)\sin\theta$$

となる．これらの式より θ を消去すると，

$$\frac{\xi^2}{\alpha^2} + \frac{\eta^2}{\beta^2} = 1$$

が得られる．ここで，

$$\alpha = r + \frac{a^2}{r}, \quad \beta = r - \frac{a^2}{r}$$

である．この式は，図 6.11 に描かれているように，図 6.11 (a) の z 面上の原点を中

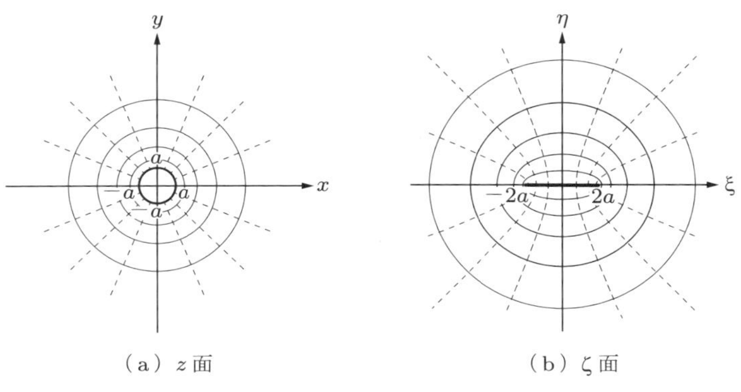

（a）z 面　　（b）ζ 面

図 6.11　ジューコフスキー変換 $(\zeta = z + a^2/z)$

心とする半径 r の円（実線）が，ζ 面上では 2 点 $\zeta = \pm 2a$ を焦点とする楕円（図 6.11 (b) の実線）へ写像されることを表している．とくに，z 面で a の円は，ζ 面では ξ 軸上の 2 点 $(-2a, 0)$ と $(2a, 0)$ を結ぶ長さ $4a$ の線分に写像される．また，図 6.11 (a) の破線は図 6.11 (b) の破線に写像される．

●6.3.5●平板を過ぎる流れ

ジューコフスキー変換を用いた等角写像の例として，平板を過ぎる流れを求めることができる．z 面で半径 a の円柱を過ぎる流れは複素速度ポテンシャル $W = U(z + a^2/z)$ で表され，流れ場は図 6.12 (a) のようになる．この複素速度ポテンシャルをジューコフスキー変換 (6.39) によって ζ 面へ写像すると，ζ 面では ξ 軸に平行な速度 U の一様流 $(W = U\zeta)$ となる．この流れは ζ 面で ξ 軸上の長さ $4a$ の平板に沿う流れにほかならない（図 6.12 (b)）．

つぎに，ζ 面で平板に対して一様流が角度 α であたっている場合を求めてみよう（図 6.13）．そのために，z 面の原点に置かれた半径 a の円柱に x 軸と角度 α をなす方向に円柱に向かう流れが循環 Γ をもつとする．その流れの複素速度ポテンシャル

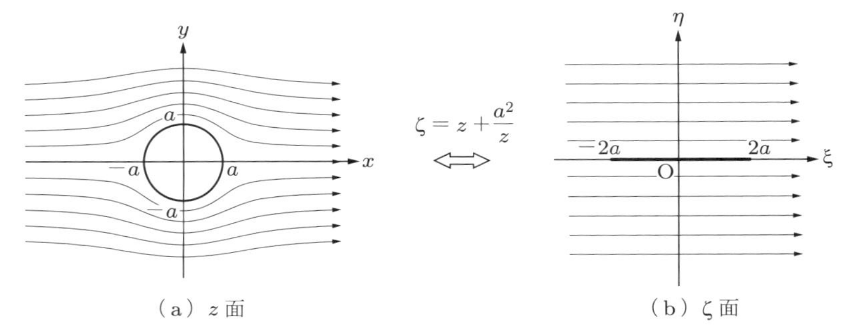

図 6.12　円柱を過ぎる流れから平板を過ぎる流れへの写像 $(\zeta = z + a^2/z)$

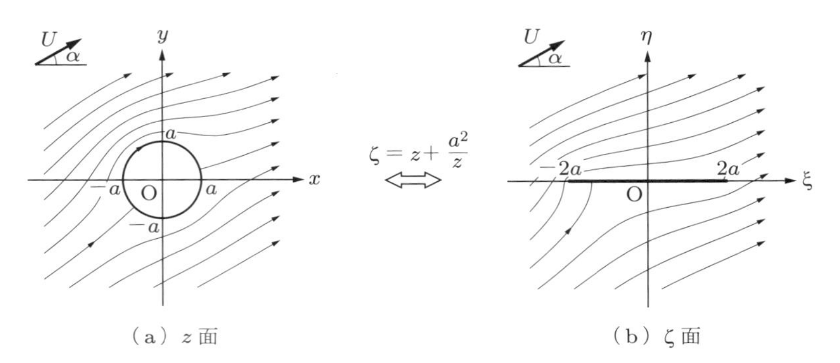

図 6.13　循環 Γ をもち迎え角 α で平板を過ぎる流れ．$\zeta = z + a^2/z$

は，式 (6.30) において，z 面を原点を中心に角度 α だけ反時計回りに回転して得られるので，この式の z に $ze^{-i\alpha}$ を代入することにより，

$$W(z) = U\left(e^{-i\alpha}z + \frac{a^2 e^{i\alpha}}{z}\right) - \frac{i\Gamma}{2\pi}\log z + \alpha\frac{\Gamma}{2\pi} \tag{6.40}$$

となる．したがって，ζ 面上の複素速度ポテンシャル $W(\zeta)$ は，式 (6.40) にジューコフスキー変換 $\zeta = f(z) = z + a^2/z$ の逆変換 $z = f^{-1}(\zeta)$ を代入することにより得られるが，ここではその具体形を求めずに，ζ 面での複素速度を求めると，

$$\begin{aligned} u - iv &= \frac{dW}{d\zeta} = \frac{dW}{dz}\bigg/\frac{d\zeta}{dz} \\ &= \left[U\left(e^{-i\alpha} - \frac{a^2 e^{i\alpha}}{z^2}\right) + \frac{i\Gamma}{2\pi z}\right]\bigg/\left(1 - \frac{a^2}{z^2}\right) \end{aligned} \tag{6.41}$$

となる．式 (6.41) で，$z = \pm a$，すなわち ζ 面上の平板の両端 $\zeta = \pm 2a$ では，分母が 0 となり，速度は無限大となる．この困難を避けるため，少なくとも平板の後縁において上下面の流れが滑らかに合流すると考え，このための条件を求める．平板の後縁で流速が有限になる条件，すなわち $z = a$ のとき式 (6.41) の分子が 0 となる条件を求めると

$$U\left(e^{-i\alpha} - e^{i\alpha}\right) + \frac{i\Gamma}{2\pi a} = 0$$

となる．この条件のもとでは，循環 Γ は

$$\Gamma = 4\pi a U \sin\alpha$$

のように一意的に決まる（図 6.14）．このように現実の流れを表すために，循環を後縁での流速が有限となるように一意的に決める条件を**クッタの条件**あるいは**ジューコフスキーの仮定**とよぶ．このとき，クッタ・ジューコフスキーの定理により平板には

$$L = \rho U \Gamma = 4\pi\rho a U^2 \sin\alpha$$

の揚力がはたらく．また，平板にはたらく抗力 D は 0 であり，ここでもダランベールのパラドックスが現れる．

航空機が飛ぶ原理として，ベルヌーイの定理を使った説明をよく見かける．これは，翼前端で上下に分かれた流れが翼後端で同時刻に合流するためには，翼上面の流れのほうが速くなければならず，翼上面の圧力が低くなり，結果として揚力が発生するというものである．しかし，非粘性流れでは，下面の流れが上面の流れよりも早く

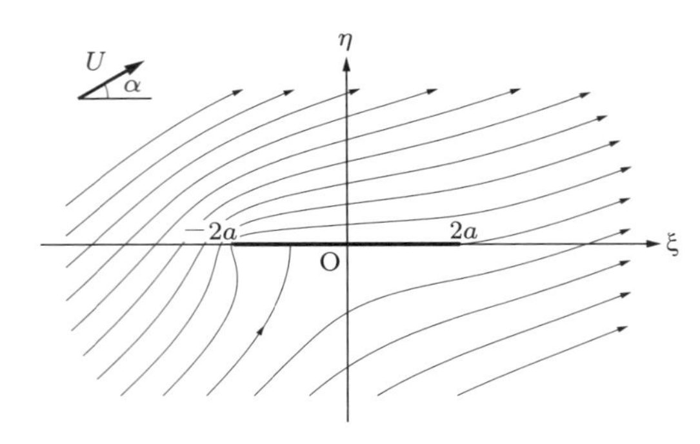

図 6.14　平板を過ぎる流れ（クッタの条件を満たす場合）．ζ 面．$\Gamma = 4\pi a U \sin\alpha$.

翼後端に到達するため正しくない．非粘性流体の枠内では，循環による揚力を考えるのがより適切である．

●6.3.6●ジューコフスキー翼

ジューコフスキー変換を用いると，z 面上の円の中心点と半径を変えることにより，平板への写像だけでなく，翼型形状への写像も容易にできる．図 6.15 (a) のように z 面上で y 軸または第 2 象限に中心をもち，点 $z = a$ を通る円を考えると，この円はジューコフスキー変換によって ζ 面上で翼型に写像される（図 6.15 (b)）．この翼型を**ジューコフスキー翼**とよぶ．とくに，円の中心が y 軸上にある場合（図 6.15 (c)），写像によって ζ 面上では厚さのない円弧状の翼，つまり**円弧翼**になる（図 6.15 (d)）．また，円の中心が x 軸上にある場合（図 6.15 (e)），翼は ξ 軸に関して対称になる．これを**対称ジューコフスキー翼**という（図 6.15 (f)）．ジューコフスキー翼を過ぎる流れについても，平板を過ぎる流れと同様に，それぞれ対応する z 面上の円まわりの流れを考えることによって求めることができる．

例題 6.3　式 (6.40) において，$\Gamma = 0$ のとき，平板上のよどみ点を求めよ．

[解] よどみ点では複素速度 $u - iv$ が 0 であり，$e^{-i\alpha} - a^2 e^{i\alpha}/z^2 = 0$ より，$z = \pm a e^{i\alpha}$ が得られる．これに対応する平板上の位置は $\zeta = z + a^2/z = \pm 2a\cos\alpha$ である．

問 6.5　風速 30 m/s の一様な空気（密度 $\rho = 1.25\,\mathrm{kg/m^3}$）の 2 次元の流れの中に半径 10 cm の円柱がある．円柱はその中心を回転軸として毎秒 5 回転の割合で回転している．ここで，円柱表面上の流速は，非常に小さな粘性のため円柱と同一速度であるとする．このとき，円柱まわりに生じる循環を求め，円柱にはたらく揚力を求めよ．

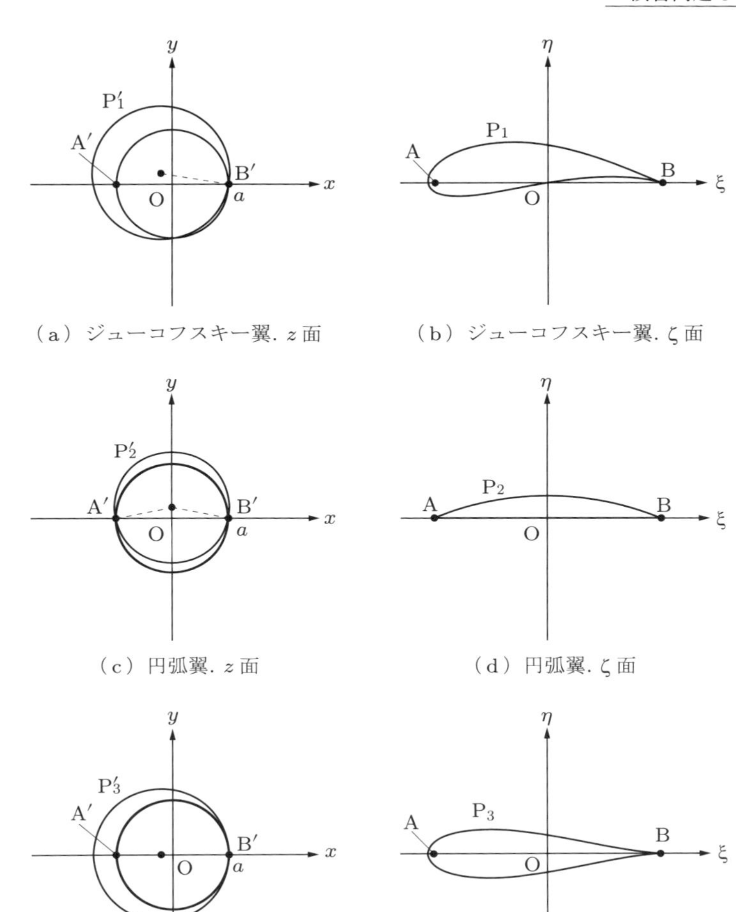

（a）ジューコフスキー翼．z 面　（b）ジューコフスキー翼．ζ 面

（c）円弧翼．z 面　（d）円弧翼．ζ 面

（e）対称ジューコフスキー翼．z 面　（f）対称ジューコフスキー翼．ζ 面

図 6.15　ジューコフスキー翼．$\zeta = z + a^2/z$（ジューコフスキー変換）

演習問題 6

6.1　以下の二つの速度ポテンシャルで表される速度場を求めよ．

(1) $\phi = Ux + Vy + Wz$ (U, V, W ：定数)

(2) $\phi = -m/r \quad \left(r = \sqrt{x^2 + y^2 + z^2}\right)$

6.2　速度ポテンシャルが m を定数として $\phi = m \tan^{-1}(y/x)$ と表されるとき，この流れは渦なしといえるか．また，この流れ場がもつ原点 O を中心とする半径 1 の円に沿う循環を求めよ．

6.3　原点 O に強さ m の 2 重わき出しがある 2 次元流れを考える．点 $(a, 0)$ での圧力を p_a として，$0 < r \leq a$ での圧力分布を求めよ．ここで，流体の密度は ρ とする．

6.4　一様流速 U (> 0) の 2 次元流れの中で，原点に強さ m (> 0) のわき出しがある．このときの複素速度ポテンシャルを求めよ．また，よどみ点を求めよ．さらに，このよどみ点を通る流線の式を r と θ を用いて表せ．

6.5　$(0, -h)$ に強さ Γ の渦糸（反時計回り），$(0, h)$ に強さ Γ の渦糸（時計回り）があるとき，複素速度ポテンシャルを求めよ．また，x 軸上での流速分布を求めよ．

6.6　速度 10 m/s の一様流中に直径 5 cm，長さ 2 m の円柱が置かれ，中心軸まわりに角速度 10 rad/s で回転している．このとき，円柱にかかる揚力を求めよ．ただし，空気の密度を 1.20 kg/m^3 とする．

6.7　変換 $\zeta = z - a^2/z$ によって，z 面での半径 R $(> a)$ の円はどんな図形に移されるか調べよ．また，この変換で移された図形が，無限遠方で ξ 方向の一様流速 U，圧力 p_∞ のポテンシャル流れの中にあるとする．このとき，よどみ点での圧力と，変換された図形が平板となったときの板の両端での流速を求めよ．ここで，流体の密度は ρ とする．

7章 渦と渦度

渦は，流れ場中でしばしば観察され，流れを特徴づけている．たとえば，柱状物体を過ぎる流れには２列に互い違いに並んだ渦が生じ，浴槽の水を排水するときにはバスタブ渦とよばれる渦が生じる．また，二つの海流が合流して生じる鳴門海峡の渦はよく知られている．非粘性流れにおいては，渦糸あるいは渦管は時間が経ってもその特性を保ち，その強さ（循環）を保存する．非粘性でなくても，粘性の小さい高レイノルズ数流れでは，多くの細い渦構造ができ，その乱流構造を特徴づける．しかも，乱流中ではエネルギー散逸は渦構造の内部に集中している．ただし，渦は曖昧さを含む概念であり，厳密には渦度と循環を用いて流体運動を議論する必要がある．

7.1 渦度と循環

渦度は流体粒子の自転運動の強さを表しており，渦度と循環の間には密接な関係がある．非粘性流れでは，ケルビンの循環定理が成り立ち，流体が運動をしても循環は保存する．この定理より，渦管は流体運動中でもその個性が保たれ，渦管の強さである循環が保存するというヘルムホルツの渦定理が導かれる．

●7.1.1●渦と渦度

変形しない物体である剛体の各部分はお互いの位置を変えないが，流体運動では流体粒子は互いの位置関係を変えるので，剛体の運動と流体運動は大きく異なる．流体の中に小さいが有限の大きさをもつ流体粒子を考えると，流体運動を理解しやすい．物体の運動が重心の並進運動と重心まわりの回転運動に分けて考えることができるように，流体運動でも並進運動と回転運動に分けて考えてみよう．図 7.1 の (a) と (b) は流体粒子が２次元平面内で円運動をする流れで，どちらも典型的な流れ場である．図 7.1 (a) では，矩形に矢印で表した流体粒子は同じ側面を原点に向けて角速度 Ω で回転運動をしており，原点のまわりを１回公転する間に１回自転する．このような運動は物体の剛体回転と同様である．また，地球のまわりの月の運動とも同じである．このように自転する流体粒子は渦度をもっている．あるいは流体粒子が位置する点に渦度があるという．一方，図 7.1 (b) では，流体粒子は原点のまわりを公転しているが自転をしていない．このとき，流体粒子は渦度をもたず，流体粒子のある位置に

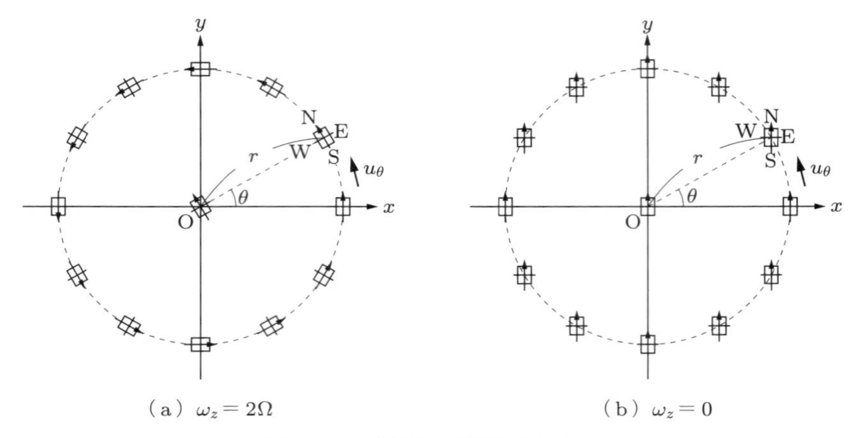

図 7.1　流体粒子の並進運動と自転

は渦度が存在しない．しかし，図 7.1 の (a) と (b) のどちらの流体運動も原点のまわりの回転運動なので，これらの流れ場は渦を含んでいる．

流れが図 7.1 の (a) と (b) で表される渦をもつときの，渦度と循環を調べる．渦度 $\boldsymbol{\omega}$ は速度に回転演算子を適用して，

$$\boldsymbol{\omega} = \nabla \times \boldsymbol{u} \tag{7.1}$$

で定義される．図 7.1 の (a) や (b) のように流体が原点のまわりに円運動をしているときは，円柱座標を用いると便利である．式 (7.1) を円柱座標 $\boldsymbol{x} = (r, \theta, z)$ で表して，各座標方向の単位ベクトルを $(\boldsymbol{e}_r, \boldsymbol{e}_\theta, \boldsymbol{e}_z)$，速度ベクトルを $\boldsymbol{u} = (u_r, u_\theta, u_z)$ で表すと，

$$\begin{aligned}\boldsymbol{\omega} &= \left(\boldsymbol{e}_r \frac{\partial}{\partial r} + \boldsymbol{e}_\theta \frac{1}{r}\frac{\partial}{\partial \theta} + \boldsymbol{e}_z \frac{\partial}{\partial z}\right) \times (u_r \boldsymbol{e}_r + u_\theta \boldsymbol{e}_\theta + u_z \boldsymbol{e}_z) \\ &= \left(\frac{1}{r}\frac{\partial u_z}{\partial \theta} - \frac{\partial u_\theta}{\partial z}\right)\boldsymbol{e}_r + \left(\frac{1}{r}\frac{\partial u_r}{\partial z} - \frac{\partial u_z}{\partial \theta}\right)\boldsymbol{e}_\theta + \left(\frac{1}{r}\frac{\partial (r u_\theta)}{\partial r} - \frac{1}{r}\frac{\partial u_r}{\partial \theta}\right)\boldsymbol{e}_z\end{aligned} \tag{7.2}$$

となる．$\boldsymbol{\omega}$ の z 成分は

$$\omega_z = \frac{1}{r}\frac{\partial (r u_\theta)}{\partial r} - \frac{1}{r}\frac{\partial u_r}{\partial \theta} \tag{7.3}$$

となり，2 次元平面内の流れを考えているので，それ以外の成分は $u_z = 0$, $\partial u_r/\partial z = \partial u_\theta/\partial z = 0$ より，0 となる．

一方，非圧縮性流れについてはナビエ・ストークス方程式 (4.57) を円柱座標で表すと，速度の θ 方向成分の時間変化を支配する方程式は

$$\frac{\partial u_\theta}{\partial t} + u_r \frac{\partial u_\theta}{\partial r} + \frac{u_\theta}{r}\frac{\partial u_\theta}{\partial \theta} + u_z \frac{\partial u_\theta}{\partial z} + \frac{u_r u_\theta}{r}$$
$$= -\frac{1}{\rho r}\frac{\partial p}{\partial \theta} + \nu\left(\triangle u_\theta - \frac{u_\theta}{r^2} + \frac{2}{r^2}\frac{\partial u_r}{\partial \theta}\right) \tag{7.4}$$

となる（付録 A.4 を参照）．流れが原点に対して軸対称で速度が周方向成分のみをもつ定常流である $(\boldsymbol{u} = (0, u_\theta(r), 0))$ と仮定すると，式 (7.4) は

$$\frac{1}{r}\frac{d}{dr}\left(r\frac{du_\theta}{dr}\right) - \frac{u_\theta}{r^2} = 0 \tag{7.5}$$

となる．式 (7.5) の解を $u_\theta = r^n$ と仮定して n を求めると，$n = \pm 1$ が得られる．これらの解のうち，$n = 1$ は a を定数として $u_\theta = ar$ となるので，剛体回転を表しており，図 7.1 (a) の流れ場である．a は回転角速度なのでこれを Ω と表し，$u_\theta = \Omega r$ を式 (7.3) に代入すると，渦度の z 成分は $\omega_z = 2\Omega$ となって，図 7.1 (a) の流れ場は 2Ω の一定渦度をもつことがわかる．一般に，流体が単位ベクトル $\boldsymbol{k}$ の方向の軸を中心として回転角速度 Ω で回転しているときは，その渦度は場所によらず一定で $\boldsymbol{\omega} = 2\Omega\boldsymbol{k}$ である．このような流れは，たとえば円形容器の中に水を入れて容器全体を回転することによって，簡単に観測できる．地球の北極付近や南極付近の海水は，海流の影響を無視した場合，地球の自転と同じ回転角速度で剛体回転をしている．一方，$n = -1$ の場合は b を定数として解を $u_\theta = b/r$ と表せる．このときは，渦度は $\omega_z = 0$ となり，図 7.1 (b) の流れ場であり，渦なし流れである．このような渦なし流れは円形容器に水を入れて，容器の底の中心に開けた穴から排水するときに実現される．ただし，このときでも中心軸近傍では渦度が存在する．

図 7.1 (a) の流れ場では，流体粒子の公転角速度と自転角速度が同じ値である．流れが剛体回転している場合は，この図で流体粒子の E の点での回転角速度は W の点での回転角速度と同じで，流体粒子が 1 回公転する間に流体粒子は 1 回自転している．この図では，NS と WE は直交するように固定して描いているが，仮にこれらが自由に回転できるとしても，NS と WE のなす角は常に直角に保たれる．一方，図 7.1 (b) で $|\theta| \leq \pi/4$ あるいは $|\pi - \theta| < \pi/4$ のときは，流体粒子の E の点での回転角は W の点での回転角速度よりも遅く，NS と WE が自由に回転できるときは，WE は時計回りにある角速度 $-\zeta_1$ で回転し，NS は反時計回りに角速度 ζ_1 で回転して，その間の角度はしだいに大きくなっていく．それらの角速度の和 $\zeta_1 + (-\zeta_1)$ は渦度 ω_z に等しく $\omega_z = 0$ である．一般には，流れ場中の流体粒子がもつ自転角速度は公転角速度とは異なっている．流体粒子が公転角速度と異なる角速度で自転することができるのは，流体粒子が位置する点の近傍で空間的に速度差があることによる．このように渦度は流れ場の各点における速度の微分を表している．図 7.1 (a) は流体

粒子のNSとEWの向きが常に直交性を保っている特別な場合であり，一般にはNSの回転角速度 ζ_1 とEWの回転角速度 ζ_2 は異なり，その和 $\zeta_1+\zeta_2$ が渦度を表している．

例題 7.1　2次元円形流を考える．図 7.1 (a) で描かれている流れは円柱座標系で $\boldsymbol{u}=(u_r,u_\theta,u_z)=(0,ar,0)$ (a は定数) と表される．水の表面がこのような流れ場であるとき，2本の細く短い麦わらを自由に回転できるように十字に組んで浮かべると，どのような運動をするか考えよ．

[解] 図 7.1 (a) で，原点Oからの距離が r で x 軸からの角度が θ の点 P_1 と，点 P_1 から x 軸に平行に dx だけ離れた点 Q_1 を考える．点 P_1 は時間が Δt だけ経過すると，原点のまわりに $a\Delta t$ だけ回転し，x 軸からの角は $\theta+a\Delta t$ となる．デカルト座標系での流速を $\boldsymbol{u}=(u,v)$ とすると，$u=-u_\theta\sin\theta,\ v=u_\theta\cos\theta$ である．x 軸に平行な長さ dx の小片の回転角速度が $\partial v/\partial x$ であることを用いると，点 Q_1 は Δt の間に点 P_1 のまわりに角度 $(\partial v/\partial x)\Delta t=[\partial(u_\theta\cos\theta)/\partial x]\Delta t=[\partial(ax)/\partial x]\Delta t=a\Delta t$ だけ回転するので，OP_1 と P_1Q_1 のなす角度は不変で θ である．この P_1Q_1 の動きは，x 軸上で原点からの距離が r の点 P_0 から角度 $-\theta$ の方向に $dr=dx$ だけ離れて置かれた小片の動きと同じである．また，系は原点まわりに回転対称であることを考えると，P_1Q_1 と P_2Q_2 がどのような位置関係に置かれても，P_1Q_1 と P_2Q_2 の間の角度は不変であることが証明される．

問 7.1　例題 7.1 と同様に，2次元円形流を考える．図 7.1 (b) で描かれている流れ場 $\boldsymbol{u}=(u_r,u_\theta,u_z)=(0,b/r,0)$ (b は定数) に2本の細く短い麦わらを自由に回転できるように十字に組んで浮かべると，どのような運動をするか考えよ．

●7.1.2●循環と渦度の関係

循環 Γ は，図 7.2 のような流れ場中の有限な広がりをもつ面積 S を囲む閉曲線 C に沿った線分 $d\boldsymbol{s}$ と速度 $\boldsymbol{u}$ との内積を線積分した量で，

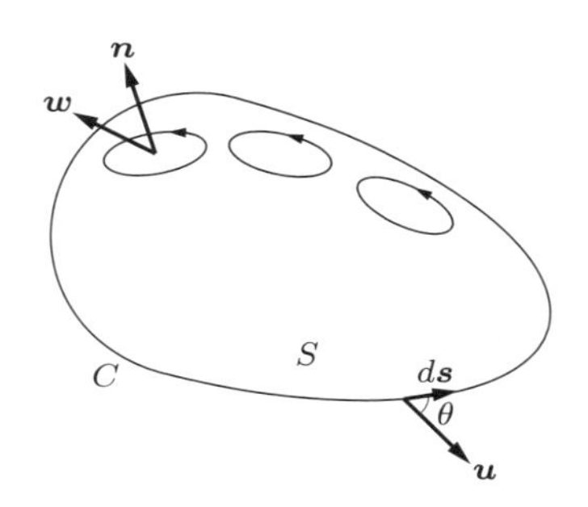

図 7.2　循環の定義

$$\Gamma = \oint_C \boldsymbol{u} \cdot d\boldsymbol{s} \tag{7.6}$$

と定義される．$\boldsymbol{u}$ と $d\boldsymbol{s}$ のなす角を θ とすると，Γ は

$$\Gamma = \oint_C |\boldsymbol{u}| \cos\theta \, d|\boldsymbol{s}| \tag{7.7}$$

と表される．このように，Γ は有限の大きさの空間領域で定義される積分量である．

一方，渦度 $\boldsymbol{\omega}$ は速度 $\boldsymbol{u}$ に回転演算を行って得られる局所的な物理量である．ここで，任意のベクトル $\boldsymbol{A}$ の回転 $\nabla \times \boldsymbol{A}$ は，非常に小さい面積 dS とその面積を取り囲む閉曲線 C に沿う線積分との比で，

$$(\nabla \times \boldsymbol{A}) \cdot \boldsymbol{n} = \lim_{dS \to 0} \frac{\oint_C \boldsymbol{A} \cdot d\boldsymbol{s}}{dS} \tag{7.8}$$

のように表すことができる．このことを考慮して，循環 Γ と渦度との関係を導くことができる．式 (7.8) で $\boldsymbol{n}$ は面積 dS の単位法線ベクトルである．この式が無限小の dS だけでなく，小さいが有限の大きさの dS について近似的に成り立つと考え，さらに $\boldsymbol{A} = \boldsymbol{u}$ とおけば，

$$d\Gamma = \oint_C \boldsymbol{u} \cdot d\boldsymbol{s} = (\nabla \times \boldsymbol{u}) \cdot \boldsymbol{n} \, dS = \boldsymbol{\omega} \cdot \boldsymbol{n} \, dS \tag{7.9}$$

となる．したがって，微小面積 dS 内で $\boldsymbol{\omega}$ を一定値とみなせば，$d\Gamma = \boldsymbol{\omega} \cdot \boldsymbol{n} dS$ と表され，$d\Gamma$ は $\boldsymbol{\omega} \cdot \boldsymbol{n}$ と面積 dS との積で近似できる．有限の大きさの面積 S ではその単位法線ベクトル $\boldsymbol{n}$ も渦度 $\boldsymbol{\omega}$ も位置により異なるが，付録の式 (A.5) のストークスの定理を用いれば，式 (7.6) は

$$\Gamma = \iint_S (\nabla \times \boldsymbol{u}) \cdot d\boldsymbol{S} = \iint_S \boldsymbol{\omega} \cdot \boldsymbol{n} dS \tag{7.10}$$

となる．式 (7.10) は，$\boldsymbol{\omega}$ の法線方向成分を面積で積分すれば，循環が求められることを表している．図 7.1 (a) のように角速度 Ω で剛体回転をしている流れについては，半径 r の円を C とし，その内部の面が平面でその面積を S とすると，$\Gamma = \omega S = 2\Omega \times \pi r^2 = 2\pi r^2 \Omega$ となる．あるいは，円周の長さ $2\pi r$ と周方向速度 $u_\theta = r\Omega$ との積 $\Gamma = 2\pi r \times r\Omega = 2\pi r^2 \Omega$ でもある．

●7.1.3● 循環の保存則とケルビンの循環定理

流れ場中の渦度ベクトルに沿ってなめらかに結んだ線を渦線という．当然，渦線上の各点での接線は渦度 $\boldsymbol{\omega}$ に平行である．流れ場の中に閉曲線を考えると，その閉曲線上の各点を通る渦線は，一般には管状の曲面を形成する．このようにまわりを渦線

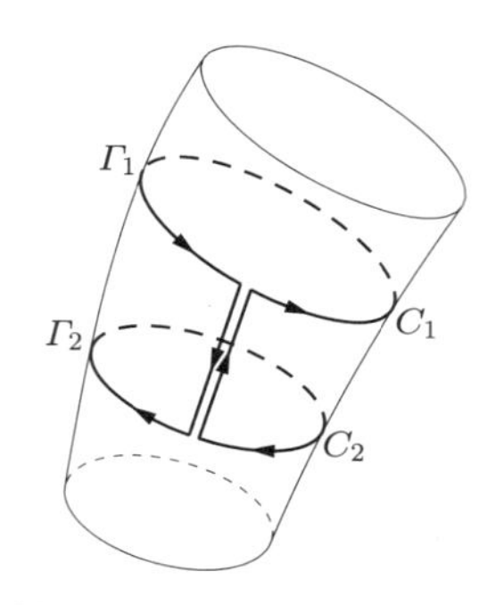

図 7.3　渦管と循環．渦管の強さを表す循環は渦管の断面によらず一定（$\Gamma_1 = \Gamma_2$）である．

で囲まれた曲面を渦管とよぶ（4 章および図 7.3 を参照）．また，渦管の表面を渦面という．渦管の強さは渦管を 1 周する閉曲線 C に沿う $\Gamma = \oint_C \boldsymbol{u} \cdot d\boldsymbol{s}$ で定義する．このように定義された渦管の強さ Γ は循環であり，閉曲線 C のとり方にかかわらず一定である．このことを証明するために，図 7.3 のように渦管を取り巻く 2 本の閉曲線 C_1 と C_2 を考え，それぞれに沿う循環を Γ_1，Γ_2 とする．図 7.3 のように，C_1 と C_2 の 1 箇所をそれぞれ切り取り，C_1 と C_2 をつないで 1 周する一つの閉じた閉曲線 C をつくる．閉曲線 C は C_1，C_2 とそれらを結ぶ 2 重線でできている．閉曲線 C に沿う循環は，この閉曲線が取り囲む面上の各点での渦度 $\boldsymbol{\omega}$ とその点における面の法線ベクトル $\boldsymbol{n}$ との内積 $\boldsymbol{\omega} \cdot \boldsymbol{n}$ を面積分したものに等しい．ここで，渦面上では渦度 $\boldsymbol{\omega}$ と法線ベクトル $\boldsymbol{n}$ は直交していることより，$\boldsymbol{n} \cdot \boldsymbol{\omega} = 0$ であり，その面積分も 0 となる．一方，C_1，C_2 とそれらを結ぶ 2 重線は互いに向きが逆であることと，C_1 と C_2 上の線積分の向きが逆になっていることを考えると $\Gamma_1 - \Gamma_2 = 0$ が導かれ，渦管を 1 周する任意の閉曲線についてその循環は一定であるということが証明される．このことは流れ場が粘性をもつ場合でも，もたない場合でも成り立つ．

循環 Γ は渦管の断面によらず一定であることがわかったが，非粘性バロトロピック流中では，渦管が流れによって流されてもその強さ Γ は不変である．すなわち，循環を定義する閉曲線 C が流体粒子と共に動くとき，C で定義される循環は保存される．すなわち，

$$\frac{D\Gamma}{Dt} = 0 \tag{7.11}$$

となる．これを**ケルビンの循環定理**とよぶ（図 7.4）．ここで，流れが**バロトロピック**であるとは，密度が圧力のみの関数 $\rho = f(p)$ であることをいう．流体の圧力と密度の関係を $p\rho^{-\gamma} =$ 一定 と表すと，1 kg あたりの気体の定圧比熱を $\overline{c_p}$，定積比熱を $\overline{c_v}$

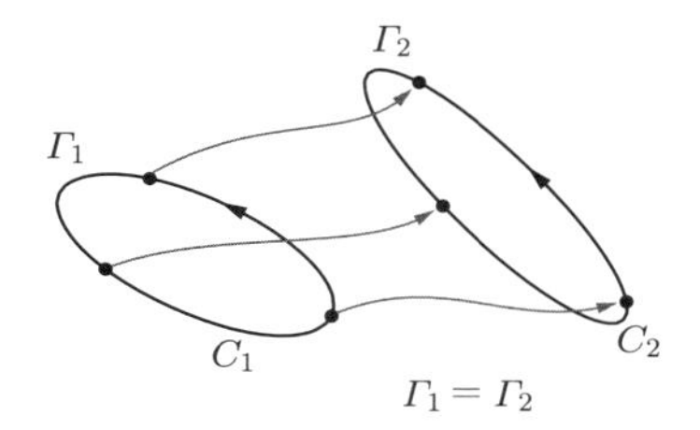

図 7.4 ケルビンの循環定理

として，断熱変化では $\gamma = \overline{c_p}/\overline{c_v}$，定温変化では $\gamma = 1$，その中間のポリトロープ変化では，$\gamma = \delta\ (1 < \delta < \overline{c_p}/\overline{c_v})$ と表される（式 (2.15) を参照）．また，非圧縮性流れでは密度 ρ は一定であるから，明らかにバロトロピックである．バロトロピックの条件が満たされるとき，$P = \int^p dp/\rho$ によって P を定義すると，非圧縮性流れの運動方程式であるオイラー方程式は

$$\frac{D\boldsymbol{u}}{Dt} = -\nabla P \tag{7.12}$$

となる．流体がポテンシャル力 $\boldsymbol{f} = \nabla U$ を受けているときは，式 (7.12) 右辺の P を $P + U$ で置き換える．ここで，流体と共に流されて動く閉曲線 C で循環 Γ を定義すると，

$$\begin{aligned}\frac{D\Gamma}{Dt} &= \frac{D}{Dt}\oint_C \boldsymbol{u}\cdot d\boldsymbol{x} = \oint_C \frac{D\boldsymbol{u}}{Dt}\cdot d\boldsymbol{x} + \oint_C \boldsymbol{u}\cdot d\left(\frac{D\boldsymbol{x}}{Dt}\right) \\ &= -\oint_C \nabla P\cdot d\boldsymbol{x} + \oint_C \boldsymbol{u}\cdot d\boldsymbol{u} = -\oint_C dP + \frac{1}{2}\oint_C d|\boldsymbol{u}|^2 = 0 \end{aligned} \tag{7.13}$$

となり，式 (7.11) が成り立つ．ここで，式 (7.13) 2 行目の最右辺で 0 となるのは，P と $|\boldsymbol{u}|^2$ はどちらもスカラー量で，空間座標 $\boldsymbol{x}$ の 1 価関数であるから C について 1 周積分が 0 となるからである．このようにして，時間が経っても任意の閉曲線 C で定義した循環が保存されることから，渦管を 1 周するように C をとっても，渦面上に C をとっても循環が保存される．このことは，渦管は流されても渦管であり続けることを意味しており，その渦管の強さは変化しない．これを**ヘルムホルツの渦定理**という．したがって，バロトロピックな非粘性流れでは，渦管を 1 周する任意の閉曲線によって定義される循環（渦管の強さ）は渦管の断面によらず一定で，渦管と閉曲線が流されてもその循環は時間にもよらず一定である．

ここで，非粘性バロトロピックな流れ場中の渦度 $\boldsymbol{\omega}$ の発展方程式をオイラー方程式 (7.12) から導こう．ベクトル解析の公式 $(\boldsymbol{u}\cdot\nabla)\boldsymbol{u} = \nabla|\boldsymbol{u}|^2/2 - \boldsymbol{u}\times(\nabla\times\boldsymbol{u})$ を用いると，式 (7.12) は

$$\frac{\partial \boldsymbol{u}}{\partial t} = -\nabla P - \nabla \left(\frac{1}{2}|\boldsymbol{u}|^2 \right) + \boldsymbol{u} \times \boldsymbol{\omega} \tag{7.14}$$

となる．さらに，公式 $\nabla \times (\boldsymbol{u} \times \boldsymbol{\omega}) = (\nabla \cdot \boldsymbol{\omega})\boldsymbol{u} - (\nabla \cdot \boldsymbol{u})\boldsymbol{\omega} + (\boldsymbol{\omega} \cdot \nabla)\boldsymbol{u} - (\boldsymbol{u} \cdot \nabla)\boldsymbol{\omega}$ において，非圧縮性の条件 $\nabla \cdot \boldsymbol{u} = 0$ と渦度の定義から得られる $\nabla \cdot \boldsymbol{\omega} = 0$ を適用すると $\nabla \times (\boldsymbol{u} \times \boldsymbol{\omega}) = (\boldsymbol{\omega} \cdot \nabla)\boldsymbol{u} - (\boldsymbol{u} \cdot \nabla)\boldsymbol{\omega}$ となることを用い，式 (7.14) の両辺に回転演算 $(\nabla \times)$ を行うと

$$\frac{\partial \boldsymbol{\omega}}{\partial t} = (\boldsymbol{\omega} \cdot \nabla)\boldsymbol{u} - (\boldsymbol{u} \cdot \nabla)\boldsymbol{\omega} \tag{7.15}$$

が得られる．式 (7.15) は

$$\frac{D\boldsymbol{\omega}}{Dt} = (\boldsymbol{\omega} \cdot \nabla)\boldsymbol{u} \tag{7.16}$$

とも表される．渦度 $\boldsymbol{\omega}$ は流体粒子と共に動く点では保存されないが，非粘性流れでは，もしある時刻で $\boldsymbol{\omega} = 0$ ならば，流跡線に沿って $\boldsymbol{\omega} = 0$ であることは導かれる．これより，初期時刻 $t = 0$ で $\boldsymbol{\omega} = 0$ なら，$t > 0$ でも $\boldsymbol{\omega} = 0$ であり，$t = 0$ で $\boldsymbol{\omega} \neq 0$ なら，$t > 0$ でも $\boldsymbol{\omega} \neq 0$ である．これを**ラグランジュの渦定理**というが，粘性の影響を考慮に入れると，この定理は成り立たない．

式 (7.16) が示すように渦度の変化率は渦管の伸び縮み $(\boldsymbol{\omega} \cdot \nabla)\boldsymbol{u}$ によって表され，渦が伸びると渦度が大きくなり，縮むと小さくなる．このことを確かめるために，図 7.5 のような渦管を考える．この図で，渦管内部では管軸方向に渦度の大きさ $|\boldsymbol{\omega}|$ は一定で，渦管の断面積 S も管軸方向に変化せず一定であり，渦管の外部では渦度は 0 とする．渦管は流体粒子と共に流され，その渦度の大きさと渦管の断面積は時刻と共に変化する．ここで，時刻 t_1 における渦管の渦度を ω_1，断面積を S_1 とし，時刻 t_2 では渦度が ω_2，断面積が S_2 となるとしよう．時刻 t_1 において渦管を 1 周する線

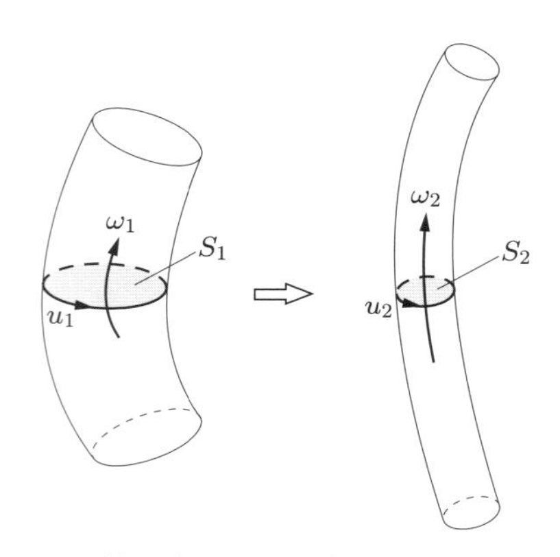

図 7.5　渦管の伸長と渦度の関係．$S_1\omega_1 = S_2\omega_2$

分として C_1 をとる．C_1 は時刻 t_2 には C_2 へ移るとする．このとき，C_1 と C_2 に沿っての循環は $\Gamma_1 = \oint_{C_1} \boldsymbol{u} \cdot d\boldsymbol{s} = \omega_1 S_1$，$\Gamma_2 = \oint_{C_2} \boldsymbol{u} \cdot d\boldsymbol{s} = \omega_2 S_2$ である．したがって，式 (7.11) より $\omega_1 S_1 = \omega_2 S_2$ が得られる．これより，時刻 t_2 での渦管の断面積 S_2 が時刻 t_1 での断面積 S_1 より小さくなると，渦度 ω_2 は ω_1 よりも大きくなる（$S_2 < S_1$ ならば $\omega_2 > \omega_1$）．このように，循環 Γ は保存するが，渦度は渦管の断面積に反比例して変化する．なお，経験的には時間の経過と共に渦管は細くなり，渦度は大きくなる傾向にあることが知られている．このように，渦度は渦管が伸びると大きくなるが，いつも渦管は伸びるとは限らない．ただし，乱流中ではほとんど確実に伸長効果により渦度が大きくなることが知られている．

例題 7.2 速度ベクトルがある平面（xy 平面）内にあるとすると，その平面と垂直方向に一様な非圧縮性 2 次元流れ $(u(x,y), v(x,y), 0)$ では，速度ベクトルと渦度ベクトルは常に直交することを示せ．また，渦度の z 成分 ω_z は保存することを示せ．

[解] 2 次元流れでは，渦度 $\boldsymbol{\omega}$ は $\boldsymbol{\omega} = (0, 0, \partial v/\partial x - \partial u/\partial y) = (0, 0, \omega_z)$ と表されて，$\boldsymbol{u} \cdot \boldsymbol{\omega} = 0$ となり，速度ベクトルと渦度ベクトルは直交する．また，速度 $\boldsymbol{u}$ の z 成分が 0 であることから，式 (7.16) より，$D\omega_z/Dt = 0$ となって，渦度の z 成分は保存する．

問 7.2 z 軸に対して軸対称な流れにおいて，α を定数として，円柱座標 (r, θ, z) で速度が $\boldsymbol{u} = (\alpha rz, 0, -\alpha z^2)$ と表されるとき，渦度の θ 方向成分 ω_θ は軸からの距離に比例して大きくなることを示せ．

7.2 渦が誘導する速度場

速度場に回転演算 $(\nabla \times)$ を施すと渦度場を求めることができるので，渦度場を積分すると速度場を求めることができるが，このときに求められる速度場は不定な部分を含んでいる．渦度場から速度場を求める公式をビオ・サバールの式という．ビオ・サバールの式は，電磁気学で電流場から磁場を求めるときに用いられる式である．渦管が非常に細く渦糸あるいは渦フィラメントである場合には，簡単に速度場を計算することができる．このときの速度場は電流分布から求められる磁場に対応している．

●7.2.1●ビオ・サバールの式

渦度 $\boldsymbol{\omega}$ は速度場 $\boldsymbol{u}$ に微分作用素である回転演算を施して，$\boldsymbol{\omega} = \nabla \times \boldsymbol{u}$ として求められるが，逆に渦度場から速度場を求めることを考える．ここで，流れは非圧縮性と仮定する．$\boldsymbol{\omega} = \nabla \times \boldsymbol{u}$ の両辺に回転演算を施すと，付録の式 (A.17) より

$\nabla \times \boldsymbol{\omega} = \nabla \times (\nabla \times \boldsymbol{u}) = \nabla(\nabla \cdot \boldsymbol{u}) - \nabla^2 \boldsymbol{u}$ となり，非圧縮性流れ $(\nabla \cdot \boldsymbol{u} = 0)$ の仮定から

$$\nabla^2 \boldsymbol{u} = -\nabla \times \boldsymbol{\omega} \tag{7.17}$$

が得られる．式 (7.17) はベクトル $\boldsymbol{u}$ についてのポアソン方程式であり，その解は

$$\boldsymbol{u} = \frac{1}{4\pi} \iiint \frac{\nabla_\xi \times \boldsymbol{\omega}(\boldsymbol{\xi})}{|\boldsymbol{x} - \boldsymbol{\xi}|} d^3\boldsymbol{\xi} \tag{7.18}$$

と表される．ここで，∇_ξ は変数 $\boldsymbol{\xi}$ についての微分を表す．付録の式 (A.10) より $(\nabla_\xi \times \boldsymbol{\omega}(\boldsymbol{\xi}))/|\boldsymbol{x} - \boldsymbol{\xi}| = \nabla_\xi \times (\boldsymbol{\omega}/|\boldsymbol{x} - \boldsymbol{\xi}|) + \boldsymbol{\omega} \times [\nabla_\xi (1/|\boldsymbol{x} - \boldsymbol{\xi}|)]$ を用いて式 (7.18) を変形し，部分積分したあとに，$\nabla_\xi (1/|\boldsymbol{x} - \boldsymbol{\xi}|) = (\boldsymbol{x} - \boldsymbol{\xi})/|\boldsymbol{x} - \boldsymbol{\xi}|^3$ であることを用いて，

$$\boldsymbol{u}(\boldsymbol{x}) = \frac{1}{4\pi} \iiint \frac{\boldsymbol{\omega}(\boldsymbol{\xi}) \times (\boldsymbol{x} - \boldsymbol{\xi})}{|\boldsymbol{x} - \boldsymbol{\xi}|^3} d^3\boldsymbol{\xi} \tag{7.19}$$

が得られる．ここで，遠方 $\boldsymbol{x} \to \infty$ あるいは流れ場の境界で $\boldsymbol{\omega}(\boldsymbol{\xi})/|\boldsymbol{x} - \boldsymbol{\xi}| = 0$ であると仮定した．

このようにして渦度場 $\boldsymbol{\omega}$ から求められる速度場を $\boldsymbol{u}_V$ と表し，この速度場がどの程度非圧縮性流れの場合のナビエ・ストークス方程式の一般解を表すのかを検討しよう．一般解 $\boldsymbol{u}$ と $\boldsymbol{u}_V$ の差を $\widetilde{\boldsymbol{u}} = \boldsymbol{u} - \boldsymbol{u}_V$ と表し，両辺に回転演算を行うと，$\nabla \times \widetilde{\boldsymbol{u}} = \nabla \times \boldsymbol{u} - \nabla \times \boldsymbol{u}_V = \boldsymbol{\omega} - \boldsymbol{\omega} = 0$ となり，$\boldsymbol{u}$ と $\boldsymbol{u}_V$ の間には $\nabla \times \widetilde{\boldsymbol{u}} = 0$ の解だけの不定性がある．$\nabla \times \widetilde{\boldsymbol{u}} = 0$ の解は $\widetilde{\boldsymbol{u}} = \nabla \phi$ のように速度ポテンシャル ϕ（詳しくは6章を参照）を用いて表すことができるので，渦度場から求めた速度場は任意のポテンシャル ϕ について $\nabla \phi$ だけの不定性をもつ．その速度差 $\widetilde{\boldsymbol{u}}$ を $\boldsymbol{u}_P$ と表すことにする．一般に，速度場は渦度をもつ速度場 $\boldsymbol{u}_V$ と速度ポテンシャルによって決まる速度場 $\boldsymbol{u}_P$ からなり，$\boldsymbol{u} = \boldsymbol{u}_V + \boldsymbol{u}_P$ と表される．

渦度場から速度場がどのようにして得られるのかを見るために，渦度が細い渦管状に集中している場合を考えよう．渦管は一定の断面積 S をもち，渦度の大きさ ω も断面内で一様で管軸方向に一定であるとする．渦管の管軸方向に座標 s をとり，点 s での単位接線ベクトルを $\boldsymbol{t}$ として，$\boldsymbol{\omega} = \omega \boldsymbol{t}$，$d\boldsymbol{\xi} = \boldsymbol{t} d|\boldsymbol{\xi}|$ と表し，$\mathit{\Gamma} = \omega S$ とおくと

$$\begin{aligned} \iiint \frac{\boldsymbol{\omega}(\boldsymbol{\xi}) \times (\boldsymbol{x} - \boldsymbol{\xi})}{|\boldsymbol{x} - \boldsymbol{\xi}|^3} d^3\boldsymbol{\xi} &= \int \frac{\mathit{\Gamma}[\boldsymbol{t} \times (\boldsymbol{x} - \boldsymbol{\xi})]}{|\boldsymbol{x} - \boldsymbol{\xi}|^3} d|\boldsymbol{\xi}| \\ &= -\int \frac{\mathit{\Gamma}(\boldsymbol{x} - \boldsymbol{\xi}) \times d\boldsymbol{\xi}}{|\boldsymbol{x} - \boldsymbol{\xi}|^3} \end{aligned} \tag{7.20}$$

となる．式 (7.20) を式 (7.19) に代入して，

$$\boldsymbol{u} = -\frac{\Gamma}{4\pi}\int\frac{(\boldsymbol{x}-\boldsymbol{\xi})\times d\boldsymbol{\xi}}{|\boldsymbol{x}-\boldsymbol{\xi}|^3} \tag{7.21}$$

を得る．これを**ビオ・サバールの公式**とよぶ．また，このような細い渦管を強さ Γ の**渦フィラメント**とよぶ．

●7.2.2●直線渦フィラメントが誘導する速度場

最も単純な渦度分布の例として，強さ Γ の直線状の渦フィラメント（直線渦フィラメント）を考え，これによって誘導される速度場を求める．図 7.6 のように，直線渦フィラメントに沿って z 軸をとり，それと垂直に x 軸と y 軸をとる．速度場は z 軸方向に一様となるので，xy 平面内での速度場を求める．さらに，速度場は z 軸に関して回転対称で，速度ベクトルは渦フィラメントの方向ベクトル $\boldsymbol{t}$ と垂直なので，速度ベクトルは xy 平面に平行で，原点を中心とする円の接線の方向を向いている．たとえば，x 軸上の点 $(x_1, 0, 0)$ での y 方向の速度成分 v_1 を求めてみよう．ここで，渦フィラメントの位置を $\boldsymbol{\xi} = (0, 0, \xi_z)$ と表し，y および z 方向の単位ベクトルをそれぞれ $\boldsymbol{e}_y$ および $\boldsymbol{e}_z$ とすると，式 (7.21) より

$$\begin{aligned} v_1\boldsymbol{e}_y &= -\frac{\Gamma}{4\pi}\int_{-\infty}^{\infty}\frac{[(x_1,0,0)-(0,0,\xi_z)]\times\boldsymbol{e}_z\,d\xi_z}{(x_1^2+{\xi_z}^2)^{3/2}} \\ &= \frac{\Gamma x_1\boldsymbol{e}_y}{4\pi}\int_{-\infty}^{\infty}\frac{1}{(x_1^2+{\xi_z}^2)^{3/2}}d\xi_z \end{aligned}$$

となる．さらに，$\xi_z = x_1\tan\varphi$ とおくと

$$\begin{aligned} v_1\boldsymbol{e}_y &= \frac{\Gamma x_1\boldsymbol{e}_y}{4\pi}\int_{-\pi/2}^{\pi/2}\frac{x_1\sec^2\varphi\,d\varphi}{x_1^3(1+\tan^2\varphi)^{3/2}} \\ &= \frac{\Gamma\boldsymbol{e}_y}{4\pi x_1}\int_{-\pi/2}^{\pi/2}\frac{d\varphi}{\sec\varphi} = \frac{\Gamma}{2\pi x_1}\boldsymbol{e}_y \end{aligned} \tag{7.22}$$

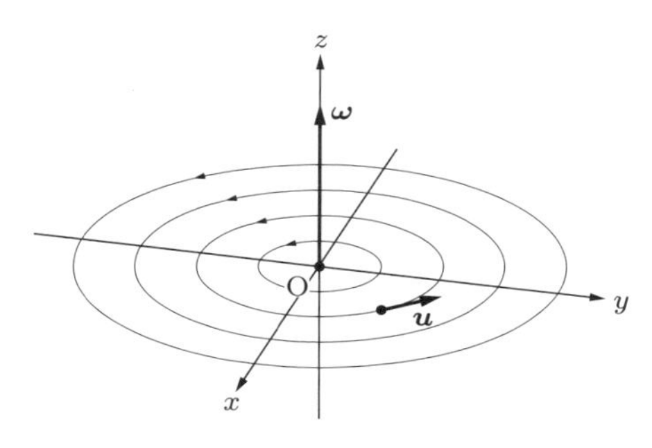

図 7.6 直線渦フィラメントにより誘導される速度場

が得られる．したがって，円柱座標を用いて，$\boldsymbol{x} = (r, \theta, z)$ における流速 $\boldsymbol{u}$ は $(u_r, u_\theta, u_z) = (0, \Gamma/(2\pi r), 0)$ となって，これは I [A] の直線電流のまわりにできる磁場 $B = \mu_0 I/(2\pi r)$ [T]（T：テスラ）に対応している．ここで，μ_0 [T·m/A] は真空の透磁率である．

●7.2.3●渦輪フィラメントのつくる速度場

渦輪状になった渦フィラメントが誘導する速度場は，電磁気学で円電流がつくる磁場に対応する．xy 平面内にある半径 a の円形渦輪を考え，この渦輪が点 (x_1, y_1, z_1) につくる速度場を求めよう．図 7.7(a) のように，渦輪の中心を原点にとり，xy 平面に垂直に z 軸をとると，速度場は z 軸について回転対称なので，$y_1 = 0$ とおくことができる．渦輪上の各点の位置は $\boldsymbol{\xi} = (a\cos\theta, a\sin\theta, 0)$ と表すことができるので，速度場 $\boldsymbol{u}$ は式 (7.21) より

$$\begin{aligned}\boldsymbol{u} &= -\frac{\Gamma}{4\pi}\int_0^{2\pi} \frac{[(x_1, 0, z_1) - (a\cos\theta, a\sin\theta, 0)] \times a(-\sin\theta, \cos\theta, 0)}{|(x_1 - a\cos\theta, -a\sin\theta, z_1)|^3}\,d\theta \\ &= -\frac{\Gamma}{4\pi}\int_0^{2\pi} \frac{a(-z_1\cos\theta, z_1\sin\theta, x_1\cos\theta - a)}{[(x_1 - a\cos\theta)^2 + a^2\sin^2\theta + z_1^2]^{3/2}}\,d\theta \qquad (7.23)\end{aligned}$$

となる．式 (7.23) で，任意の x_1 についての計算は容易でないため，渦輪の中心軸 $(x_1 = y_1 = 0)$ に沿って速度分布を求める．このとき，式 (7.23) は

$$\begin{aligned}\boldsymbol{u} &= -\frac{\Gamma}{4\pi}\int_0^{2\pi} \frac{a(-z_1\cos\theta, z_1\sin\theta, -a)\,d\theta}{(a^2 + z_1^2)^{3/2}} = -\frac{\Gamma}{4\pi}\frac{a(0, 0, -2\pi a)}{(a^2 + z_1^2)^{3/2}} \\ &= \frac{\Gamma}{2}\frac{a^2\boldsymbol{e}_z}{(a^2 + z_1^2)^{3/2}} \qquad (7.24)\end{aligned}$$

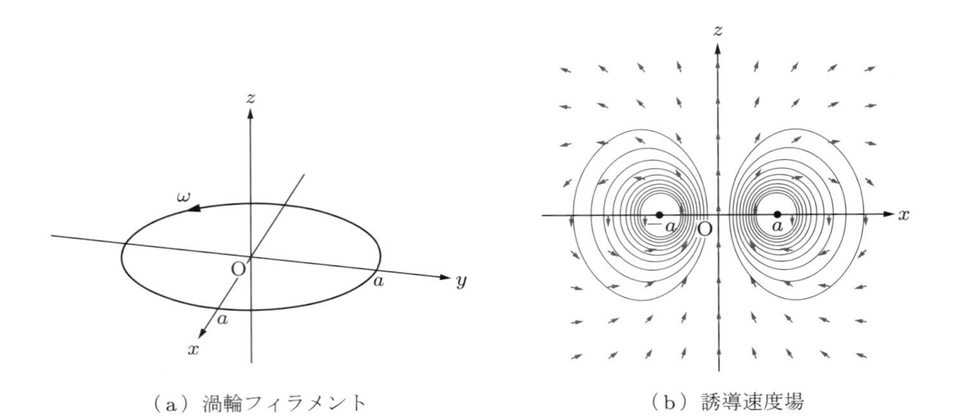

（a）渦輪フィラメント　　（b）誘導速度場

図 7.7　渦輪フィラメントと誘導速度場

となる．この式は，半径 a の円電流 I [A] がつくる磁場が円の中心を通る垂直線に沿って $\mu_0 I a^2/[2(a^2+z_1^2)^{3/2}]$ [T] であることに対応している．式 (7.23) を数値計算すると，渦輪の中心軸を通る xz 断面での流速分布は図 7.7 (b) のようになり，速度場は z 軸まわりに軸対称なドーナッツ状の流線をもつことがわかる．

問 7.3　図 7.7 (a) で描かれている渦輪フィラメントが誘導する速度場は，z 軸上では z の正方向である．その理由を説明せよ．また，渦輪フィラメントの運動を調べよ．

7.3　2 次元渦糸の運動

3 次元空間の中で渦度分布が与えられると，ある点の渦度はその点以外の渦度分布が誘導する流速によって流され，一般には渦度分布は時間と共に変化する．3 次元的な構造をもつ細い渦管の運動を調べるのは複雑であるが，いくつかの直線状の細い渦管がある方向にそろっているときは，簡単にそれらの運動を調べることができる．このような細い渦管あるいは直線渦フィラメントは，渦管に垂直な 2 次元面内では一つの点として表され，**渦糸**ともよばれる．とくに，2 本の渦糸の運動や 1 本の渦糸と壁との相互作用は，渦の誘起速度と渦の運動を考えるのに役立つ．

数本の直線渦フィラメントが平行にあるときは，渦フィラメントの長さの方向に z 軸をとると，それと垂直な xy 平面内では一つの点として表される．これを**渦点**あるいは**渦糸**とよぶ．原点に強さ Γ の渦糸があるとき，この渦糸は点 (x_1, y_1) に反時計回りに周方向速度 $u_\theta = \Gamma/(2\pi r_1)$ ($r_1 = \sqrt{x_1^2+y_1^2}$) を誘起する．このときの速度場は軸対称である．このことを念頭に 2 個の渦糸だけがある場合に，渦糸の動きを調べてみる．

二つの渦糸の相互作用の例として，点 $(a, 0)$ に強さ $\Gamma(>0)$ の渦糸，点 $(-a, 0)$ に異符号の強さ $-\Gamma$ の渦糸があるときの渦糸の運動を調べよう（図 7.8 (a)）．このとき，点 $(a, 0)$ には点 $(-a, 0)$ の渦糸により $-y$ 方向に $\Gamma/(4\pi a)$ の速度が誘導され，同様に点 $(-a, 0)$ には点 $(a, 0)$ の渦糸から $-y$ 方向に $\Gamma/(4\pi a)$ の速度が誘導される．したがって，これら 2 本の異符号の渦糸はどちらも $-y$ 方向に y 軸と平行に速さ $\Gamma/(4\pi a)$ で運動する．

二つの渦糸の符号が同じであるときは，異符号のときとは異なり，二つの渦糸が互いのまわりを回転運動する．二つの同符号の渦糸が点 $(a, 0)$ と点 $(-a, 0)$ にあり，それらの強さを $\Gamma(>0)$ として点 $(\pm a, 0)$ に誘導される速度を求め，これらの渦糸の運動を調べる（図 7.8 (b)）．点 $(a, 0)$ には点 $(-a, 0)$ の渦糸から y 方向に $\Gamma/(4\pi a)$

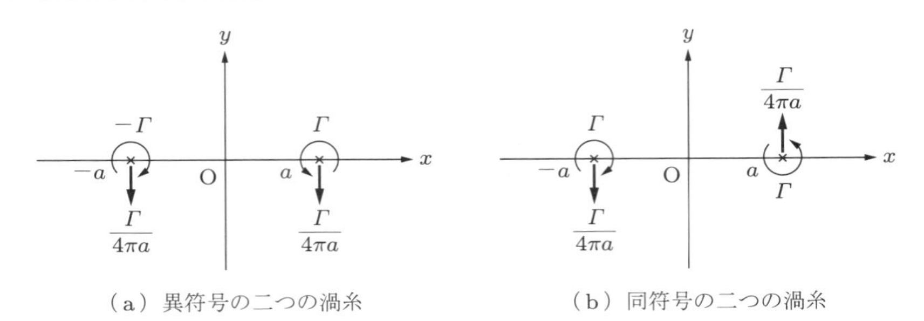

図 7.8　二つの渦糸の相互作用

の速度が誘導され，点 $(-a,0)$ には点 $(a,0)$ の渦糸から $-y$ 方向に $\Gamma/(4\pi a)$ の速度が誘導される．これにより，これら二つの渦糸は原点 O を中心に周方向の速度 $u_\theta = \Gamma/(4\pi a)$ で回転する．

つぎに，一つの渦糸と壁との相互作用を調べる．ある平面の片側に流体があり，流体中に一つの渦糸がある場合を考える．壁の位置を $y = 0$ として $y > 0$ の領域を占める流体中の点 $(0,a)$ に強さ $\Gamma(>0)$ の渦糸（実渦）があるとする（図 7.9）．このときの渦糸が壁との相互作用によって誘導する流れ場は，渦糸と壁に関して鏡面対称の位置 $(0,-a)$ に反対符号 $-\Gamma$ の渦糸（虚渦）を仮定することにより求めることができる．実際，壁面上で壁面に垂直な速度は実渦と虚渦の二つの渦糸の誘導速度が互いに打ち消しあって 0 となる．また，二つの異符号の渦糸の場合と同様に，これら実渦と虚渦からなる二つの渦糸系は，x の正方向に速度 $\Gamma/(4\pi a)$ で平行移動する．

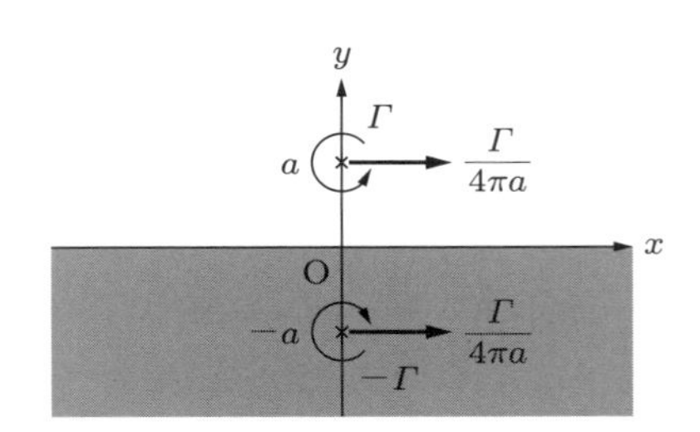

図 7.9　壁付近にある渦糸の運動

例題 7.3　2 次元平面（xy 平面）内で，x 軸上の点 $(-a,0)$ に強さ -2Γ の渦糸があり，点 $(a,0)$ に強さ Γ の渦糸があるときのこれらの渦の運動を調べよ．これは，図 7.8 (a) で，点 $(-a,0)$ にある渦糸を -2Γ で置き換えた場合である．

[解] 点 $(-a,0)$ の渦糸には y の負方向に $\Gamma/(2\pi a)$ の誘導速度が生じ，点 $(a,0)$ の渦糸には y の負方向に $\Gamma/(4\pi a)$ の誘導速度が生じる．誘導速度はいずれも二つの渦糸を結ぶ線分に直交しているので，渦糸間の距離は不変である．二つの渦糸が動く速度はこれらを結

ぶ線分に垂直で，その間隔が一定であることから，これらの二つの渦糸の運動は x 軸上のある点を中心とする同心円を描く．初期状態から非常に短い時間 Δt 秒後の二つ渦糸の位置はそれぞれ $(-a, \Gamma\Delta t/(2\pi a))$，$(a, \Gamma\Delta t/(4\pi a))$ である．これらの 2 点を結ぶ直線が x 軸と交差する点 $(3a, 0)$ が渦糸の描く円軌道の中心である．二つの渦糸はいずれもこの中心点のまわりを回転角速度 $\Gamma/(8\pi a^2)$ で反時計回りに回転する．より一般に，二つの渦糸が相互作用して運動するとき，その運動は円運動である．具体的には，強さ Γ_1 の渦糸が位置 $\boldsymbol{r}_1$ にあり，強さ Γ_2 の渦糸が $\boldsymbol{r}_2$ にあるとき，これらの渦糸は $(\Gamma_1\boldsymbol{r}_1 + \Gamma_2\boldsymbol{r}_2)/(\Gamma_1 + \Gamma_2)$ を中心とする同心円上を運動する．ただし，$\Gamma_1 + \Gamma_2 = 0$ のときは，中心が無限遠方にある円軌道とみなせば，二つの渦糸を結ぶ線分に垂直に平行移動すると考えることができる．

問 7.4 2 次元平面（xy 平面）内で，x 軸上の点 $(-a, 0)$ に強さ Γ の渦糸があり，$(a, 0)$ に強さ 2Γ の渦糸があるときのこれらの渦の運動を調べよ．

7.4 自由せん断層・境界層と渦層

流速がある面を境に急に変化している流れ場の領域を自由せん断層という．大きなレイノルズ数の流れでは，壁面近傍でも速度が急に変化し，境界層とよばれる領域が生じる（詳しくは 8 章を参照）．境界層における急な速度変化の存在する平面あるいは曲面上の領域には，小さな渦の層が分布していると考えることができ，これを**渦層**とよぶ．渦層は流れの不安定性により，より大きな渦構造をもつ渦管構造へと変化する．

図 7.10 (a) のように，速さの異なる非粘性一様流が境界面で接している場合（自由せん断流），境界面では，無数の渦糸が並んで**渦層**を形成していると考えることができる．このとき，渦層の強さは $U_1 - U_2$ であり，紙面奥方向の渦糸が無数に並んでいるとみなすことができる．その理由は流速が異なる境界面における渦度 $\boldsymbol{\omega}$ を調べるとわかる．ここで，$H(y)$ を単位階段関数，すなわち $y \geq 0$ のとき $H(y) = 1$，$y < 0$ のとき $H(y) = 0$ となる関数であるとすると，$\delta(y) = dH(y)/dy$ はデルタ関数とよ

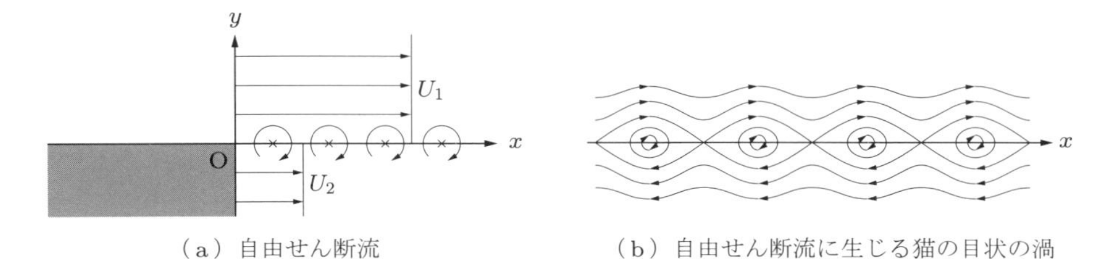

（a）自由せん断流　（b）自由せん断流に生じる猫の目状の渦

図 7.10 自由せん断流の渦層モデル

ばれ，$y=0$ で $\delta(y)=\infty$，その他の点 $y\neq 0$ で $\delta=0$ となる関数となる．これらの関数を用いて，図 7.10(a) の x 方向の速度 $u(y)$ は

$$u(y)=U_2+(U_1-U_2)H(y) \tag{7.25}$$

と表され，渦度は

$$\boldsymbol{\omega}=-\frac{\partial u}{\partial y}\boldsymbol{k}=-(U_1-U_2)\delta(y)\boldsymbol{k} \tag{7.26}$$

となって，確かに面 $y=0$ に集中した渦度分布をしている．このような渦面には，境界面が正弦波状にわずかに波打つと流れの不安定性が生じて，境界面に並んでいた渦糸がある空間周期ごとに集中して大きな渦を形成し，猫の目（キャッツアイ）状の渦が発生する（図 7.10(b)）．

図 7.11 のように壁面に非粘性一様流が接している場合，境界層とよばれる領域が生じ，壁面に沿って無数の渦糸が分布しているとみなすことができる．このとき，x 方向の速度は $u(y)=UH(y)$ のように表されて，渦度は $\boldsymbol{\omega}=-U\delta(y)\boldsymbol{e}_z$ となる．このように，ある一つの方向にデルタ関数で変化するような渦度場を渦層という．一方，y 方向だけでなく，x 方向にも渦度が集中しているときの渦度分布は，これまでも見てきた渦糸であり，強さ Γ の渦糸の渦度は

$$\boldsymbol{\omega}=\Gamma\delta(x)\delta(y)\boldsymbol{e}_z \tag{7.27}$$

と表すことができる．

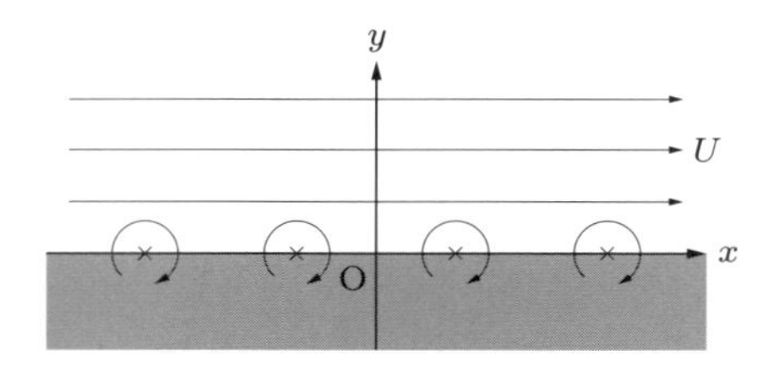

図 7.11　壁面境界層の渦層モデル

例題 7.4　2 次元流れ場を考える．速度分布はある直線 $(y=0)$ を境に，一方 $(y>0)$ では一様速度 $\boldsymbol{u}=(U_1,0)$ であり，他方 $(y<0)$ では異なる一様速度 $\boldsymbol{u}=(U_2,0)$ であるとする．x 方向には一様である．この速度の不連続面を一定速度 $(U_1+U_2)/2$ で x 方向に動く単位長さあたりの強さ U_1-U_2 の渦層とみなすとき，y 軸上の点 $(0,y_1)$ $(y_1>0)$ における渦層からの誘導速度を求めよ．

[解] 点 $(x,0)$ と点 $(x+dx,0)$ を結ぶ長さ dx の線分に強さ $-(U_1-U_2)dx$ の渦糸があると考える．x 軸上にある渦層が $(0,y_1)$ に誘導する速度の y 方向成分は，問題の対称性

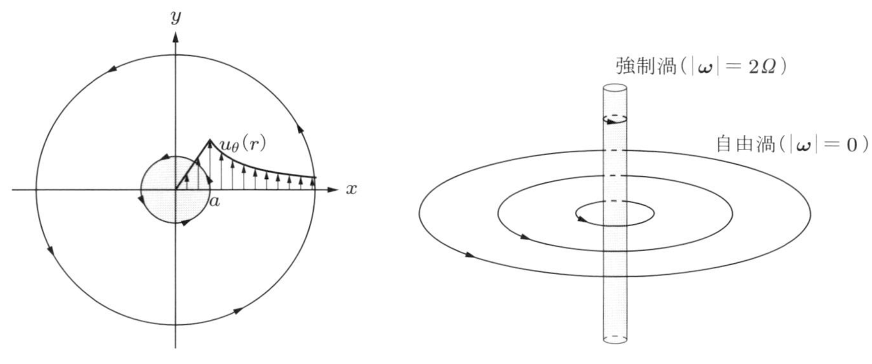

（a）周方向速度の分布：$u_\theta(r)$　（b）コア部とその外側の構造

図 7.12　ランキン渦

より，$x > 0$ の渦糸の寄与と $x < 0$ の渦系の寄与が打ち消しあうため，0 である．誘導速度の x 方向成分は $(U_1 - U_2)dx/\left(2\pi\sqrt{x^2 + y_1^2}\right) \times \left(y_1/\sqrt{x^2 + y_1^2}\right)$ なので，これを $x = (-\infty, \infty)$ で積分すると

$$\int_{-\infty}^{\infty} \frac{(U_1 - U_2)y_1}{2\pi(x^2 + y_1^2)}\, dx = \frac{1}{2}(U_1 - U_2)$$

となる．渦層が速度 $(U_1 + U_2)/2$ で x の正方向へ移動しているので，静止座標系から見ると，$(0, y_1)$ に誘導される速度の x 方向成分の大きさは U_1 であり，$y > 0$ では一様流速 $(U_1, 0)$ であることが確かめられる．

問 7.5　2 次元流れ場を考える．速度分布は x 方向に一様で，速度場が

$$\boldsymbol{u} = (u(y), 0), \quad u(y) = \frac{U_1 - U_2}{2}\tanh\frac{y}{\delta} + \frac{1}{2}(U_1 + U_2)$$

と表されるとき，この流れ場の渦度分布を求め，$\delta \to 0$ の極限での渦度場を図に描け．

7.5 ランキン渦

物理現象や実験で観察される渦は，中心部では一様な渦度をもち，その外部では渦度をもたない場合が多い．このような渦の中心部では流体は剛体回転していて，外部は中心部の流体の回転によって粘性応力で引きずられて回転している．このような粘性流中に発生する渦の構造は，非粘性モデルであるランキン渦で表される．

流体の円形回転運動は渦とよばれるが，円形に回転している流れであっても，位置によっては渦なし（$\boldsymbol{\omega} = \boldsymbol{0}$）であることも多い．そのような流れは多くの場合，中心

からある距離 a までは一様渦度をもち，その外部では渦度をもたないとするモデルで表すことができる．ここでは単純に，ある軸（z 軸）方向に一様で，z 軸を中心として回転する 2 次元的な軸対称流を考える．円柱座標をとって，流れは半径 $r=a$ までの中心部（コア）では剛体回転，その外側は渦なし流れ，すなわちポテンシャル流れとする．このような渦構造は**ランキン渦**とよばれ，現実に存在する渦のよいモデルとなっている（図 7.12 (a)）．コアとよぶ中心部における剛体回転の角速度を $\boldsymbol{\Omega}=\Omega\boldsymbol{e}_z$ とし，z 軸に垂直な平面内の座標を $\boldsymbol{x}=r\boldsymbol{e}_r$ とおくと，流速 $\boldsymbol{u}$ と渦度 $\boldsymbol{\omega}$ は

$$\boldsymbol{u}=\boldsymbol{\Omega}\times\boldsymbol{x}=\Omega(\boldsymbol{e}_z\times\boldsymbol{e}_r)=r\Omega\boldsymbol{e}_\theta,\quad \boldsymbol{\omega}=2\boldsymbol{\Omega}=2\Omega\boldsymbol{e}_z\quad(r\le a)\tag{7.28}$$

と表される．このように渦度が一様分布する渦を**強制渦**とよぶ（図 7.12 (a)）．コアの外部では渦なし流れで，流速 $\boldsymbol{u}$ と渦度 $\boldsymbol{\omega}$ は

$$\boldsymbol{u}=\frac{C}{r}\boldsymbol{e}_\theta,\quad \boldsymbol{\omega}=0\quad(r>a)\tag{7.29}$$

となる．このように渦度をもたない渦を**自由渦**とよぶ（図 7.12 (b)）．$r=a$ で速度場が連続であるためには

$$C=\Omega a^2\tag{7.30}$$

でなければならない．速度ベクトルは円周方向成分のみをもつ．z 軸に垂直な平面にある半径 r の円に沿う循環 $\Gamma=\int_0^{2\pi}\boldsymbol{u}\cdot\boldsymbol{e}_\theta r d\theta$ は $r\le a$ のコア部内では，$\Gamma=2\pi\Omega r^2$ であり，外部 $(r>a)$ では $\Gamma=2\pi\Omega a^2$ となって一定値である．なお，ランキン渦はナビエ・ストークス方程式の厳密解である．ナビエ・ストークス方程式の軸対称解が $u_\theta=r$ と $1/r$ であったので，式 (7.28) と (7.29) は $r\le a$ と $r>a$ のそれぞれの領域ではナビエ・ストークス方程式の厳密解ともなるのである．

例題 7.5　ランキン渦を含む 2 次元的な流れ場を考える．原点を中心に，半径 $r<a$ で角速度 Ω の剛体回転であり，その外側は渦なし流れであるとする．この流れ場中に十字形の可視化素子を浮かべたとき，コア部 $(r<a)$ とその外部 $(r>a)$ のそれぞれで可視化素子はどのような運動をするか調べよ．

[解]　$r<a$ では流体は剛体回転するため，可視化素子は原点から一定距離 r を保ち円運動をしてながら，原点と粒子を結ぶ線分とともに自転する．すなわち，1 回公転するうちに 1 回自転する．一方，$r>a$ では，流れは渦なし流れ（ポテンシャル流れ）であるため，可視化素子は原点から一定距離 r の円運動を行うが，自転はせずに空間に対して一定方向を保つ．

問 7.6　速度場が円柱座標 (r,θ,z) で $\boldsymbol{u}=(0,C/r,0)$ と表されるとき，この流れはポテンシャル流れ（渦なし流れ）である．このときの速度ポテンシャルを求めよ．

7.6 カルマン渦列

一様流中に置かれた円柱の後方にはきれいな2列の渦ができることがある．この渦列はカルマン渦列とよばれ，レイノルズ数がある大きさ以上になると，対称な定常流が不安定となることにより生じる．

流れの中に円柱や角柱などの柱状の物体があると，柱状物体の後流には図7.13(a)のように，交互に並んだ回転方向の異なる2列の渦列ができる．カルマンは2列の渦列があるときにその渦列が安定な配置となる条件を求めた．その結果，図7.13(a)のような配置で，$h/l \sim 0.281$ のときに安定となることを発見した．カルマンの安定性の計算は非粘性流れを仮定していたので，安定というのは中立安定であること，すなわち，渦の配置が少し変化してもその配置を保つという意味であり，元の配置に戻るという意味ではない．このような渦列はカルマン渦列という．俗にカルマン渦ともよばれるが，正しくはカルマン渦列である．

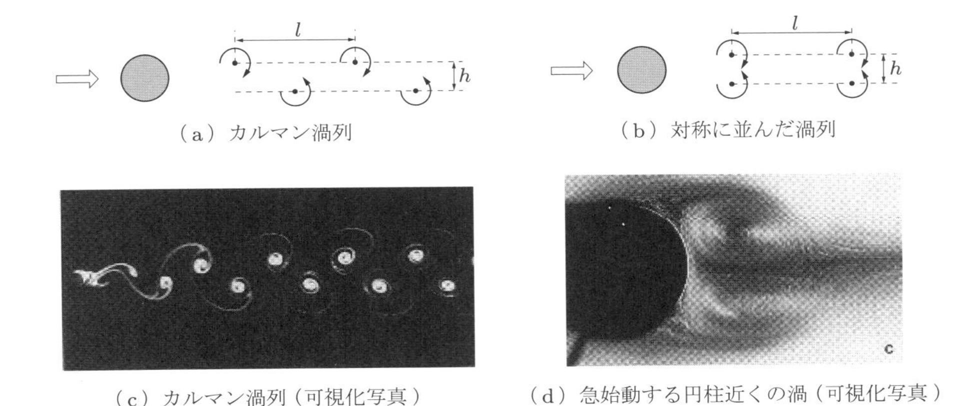

（a）カルマン渦列　（b）対称に並んだ渦列

（c）カルマン渦列（可視化写真）　（d）急始動する円柱近くの渦（可視化写真）

図7.13 円柱後流に生じる渦列
［(c), (d)の出典：種子田定俊著「画像から学ぶ流体力学」（朝倉書店，1988）］

カルマン渦列の発生は物体後流（ウェイク）の不安定性による．一様流中に柱状物体を置くと，物体が流れの障害となり，柱状物体の後方は流れが遅くなって後流が生じる．円柱の中心を原点として流れの方向に x 軸をとり，流れと垂直に y 軸をとると，流速 U の一様流中に置かれた円柱後流の速度分布 $u(y)$ は近似的に $u(y) = U\{1 - b\exp[-(y/y_1)^2]\}$ と表される．ここで，$b\exp[-(y/y_1)^2]$ は速度欠損である．速度欠損が b/e となるときの y の値 y_1 を代表長さ，U を代表速度，流体の動粘性係数を ν として，レイノルズ数を $Re = Uy_1/\nu$ と定義すると，平行流近似による線形安定性理論では $Re \sim 4.5$ で後流は不安定となり，振動流へと遷移する．実験や数値シミュレーションでは，円柱直径 d と一様流速 U でレイノルズ数を $Re_d = Ud/\nu$ で定義すると，$Re_d = 46$ で不安定となることが知られている．この不安定性がカルマン渦列発生の物理的機構である．カルマン渦列はおよそ $Re \simeq 100$〜150 で観測される．図 7.13 (a) はこうして現れるカルマン渦列の概念図であり，図 7.13 (c) は可視化実験により得られた写真である．可視化実験は流速 2.05 cm/s でほぼ一様に流れる水の中に直径 0.503 cm の円柱をおいたときの流れ場で，きれいなカルマン渦列が見られる．レイノルズ数はおよそ $Re_d = 105$ である．

一方，図 7.13 (b) のような対称な配置の 2 列の渦列は非粘性流れでも，粘性の影響を入れても不安定であり，定常な一様流中に置かれた 1 本の円柱後流では観測されないが，静止流体中において 1 本の円柱を急に動かし始めると，円柱直後ではかろうじてそれらしき流れが観測できる．図 7.13 (d) は静止した水の中で，直径 $d = 5.5$ cm の円柱を速さ 3.03 cm/s で急に動かしたあと，円柱が $3d$ だけ進んだときの流れ場である．このときのレイノルズ数はおよそ $Re_d = 1700$ で，円柱の後ろには双子渦らしき渦が見られ，この図では明らかではないが，円柱と双子渦に挟まれた領域には小さな渦の対が発生している．図 7.13 (b) のような対称な渦列を実際に見ることは難しいが，流れ場に対称条件を課して数値シミュレーションを行うと，このような渦列を含む流れをつくり出すことができる．

演習問題 7

7.1　2 次元平面（xy 平面）内で，第 1 象限に非粘性流体が満たされており，x 軸 ($y = 0$, $x \geq 0$) と y 軸 ($x = 0$, $y \geq 0$) に沿って壁がある．ある時刻 $t = 0$ において，点 (x_0, y_0) $(x_0 > 0, y_0 > 0)$ に循環 $\Gamma(> 0)$ の渦糸があるとき，$t > 0$ における渦糸の運動を調べよ．

7.2　2 次元空間（xy 平面）内での三つの渦糸の運動を考える．三つの渦糸は原点を中心とする半径 a の円上にそれぞれ円周角 $120°$ ごと，等間隔にあり，それらの強さは等しく $\Gamma\ (> 0)$ である．$t > 0$ でのこれら 3 個の渦糸の運動を調べよ．

7.3　2 次元空間（xy 平面）内における $x^2 + y^2 \geq a^2$ の領域を非粘性流体が満たし，$x^2 + y^2 < a^2$ の領域には円柱が存在するとする．時刻 $t = 0$ で，点 $(x_0, 0)$ $(x_0 > a)$ に強さ $\Gamma(> 0)$ の渦糸，点 $(x_1, 0)$ $(0 < x_1 < a)$ に強さ $-\Gamma$ の渦糸（虚渦），原点 $(0, 0)$ に強さ Γ の渦糸（虚渦）が存在するとする．半径 a の円上で誘導速度の半径方向成分が 0 となるように x_1 を決めよ．また，そのときの $t > 0$ での渦糸の運動を調べよ．

7.4　2 次元流れ場を考える．原点を中心にランキン渦があるとき，無限遠点での圧力を p_0 として流れ場中の圧力分布を求めよ．

7.5　非粘性流中でのケルビンの循環定理 $D\Gamma/Dt = 0$（式 (7.11)）と渦度の時間発展方程式 $D\boldsymbol{\omega}/Dt = (\boldsymbol{\omega} \cdot \nabla)\boldsymbol{u}$（式 (7.16)）は，重力場などのようにポテンシャル力（ポテンシャル U で表される力）がはたらくときにも成り立つことを示せ．

8章 境界層

非粘性ポテンシャル流れの理論は，数学的に非常に簡潔に表現できるため，さまざまな物体のまわりの流れの解を求めることができる．しかし，いかにレイノルズ数が大きくても，現実の流体には粘性が存在し，物体表面近傍などではその効果を無視することはできない．物体表面では流速が物体の運動速度と一致し，物体が静止しているときは流速は 0 とならなければならない．ところが，ポテンシャル流れでは流速に対するこの条件を満たすことができず，物体にはたらく抗力を求めると，流れ方向の抗力が 0 となるダランベールのパラドックスが生じる．ポテンシャル流れの数学的簡潔性を保ちながら，流れの境界での条件を満たし，抗力を生じるようにする巧妙な方法が境界層のアイデアであり，そこでは粘性が効果的で，渦度が 0 ではなくなる．

8.1 境界層の発生

航空機の翼まわりの流れは，流速が大きいのでレイノルズ数が非常に大きく，その意味では粘性項は無視でき，ポテンシャル流れの理論が適用可能であるはずである．実際，現実の翼まわりの流れではポテンシャル流れの近似がよく成立している．しかし，より正確に翼にはたらく抗力や揚力を評価し，翼まわりの流れの構造を調べるときには，物体近傍では粘性の影響が大きくなり，境界層とよばれる領域が生じることを考慮する必要がある．

ここでは，レイノルズ数 Re の非常に大きな流れの振る舞いを調べる．適当な代表長さと代表速度で無次元化されたナビエ・ストークス方程式は

$$\frac{\partial \boldsymbol{u}}{\partial t} + (\boldsymbol{u} \cdot \nabla)\boldsymbol{u} = -\nabla p + \frac{1}{Re}\nabla^2 \boldsymbol{u} \tag{8.1}$$

と表される．式 (8.1) は $Re \to \infty$ の極限ではオイラー方程式

$$\frac{\partial \boldsymbol{u}}{\partial t} + (\boldsymbol{u} \cdot \nabla)\boldsymbol{u} = -\nabla p \tag{8.2}$$

に近づくように見える．しかし，この議論は $\nabla^2 \boldsymbol{u}$ の大きさが $O(1)$ である場合に限り成立するもので，もし $\nabla^2 \boldsymbol{u}$ の大きさが $O(Re)$ 程度にまで大きくなると，成立しないことは明らかである．このような状況が発生するのは，壁面近傍では非常に狭い

範囲で流速が変化するからである．このように，大半の領域では粘性を無視することができるが，ある一部の領域では粘性が無視できない状況は，大きなレイノルズ数の流れではしばしば存在し，そのときの流れは，大規模な構造の一部が非常に小さな構造をもつ2重構造ができることにより生じる．

6章では，翼まわりの流れをポテンシャル流れ，すなわち非粘性流で記述した．非粘性流の近似では翼表面に無限に薄い渦層が存在し，そこで渦が生成され，揚力を生み出す循環の源となると考えた（図8.1）．この無限に薄い渦層は仮想的なもので，実在の粘性流体では，局所的に $\nabla^2 \boldsymbol{u}$ が大きくなって粘性が効果的となる領域である．平均的な航空機の翼弦長を $L = 2\,\mathrm{m}$，飛行速度を $U = 1000\,\mathrm{km/h}$，空気の動粘性係数を $\nu = 1 \times 10^{-5}\,\mathrm{m^2/s}$ として，レイノルズ数を見積もると

$$Re = \frac{UL}{\nu} = \frac{1000 \times 10^3/3600 \times 2}{10^{-5}} \approx 5 \times 10^7 \tag{8.3}$$

と非常に大きな値で，翼から少し遠ざかれば粘性項が無視できるのは明らかである．しかし，オイラー方程式の解は翼面境界では速度の法線方向成分のみが0で，接線方向成分は0となっていない．一方，現実の流れは翼の表面近傍のみで $\nabla^2 \boldsymbol{u}$ が非常に大きくなり，オイラー方程式では記述できないため粘性項を含むナビエ・ストークス方程式へと戻る必要があり，ナビエ・ストークス方程式では境界でのすべりなし条件を満たすことができる．このような壁面近傍の薄い領域を**境界層**とよぶ．境界層は代表長さ L と比べて非常に小さな長さスケール（尺度）δ の厚みをもつ．また，このような境界層を含む流れを**境界層流**という．

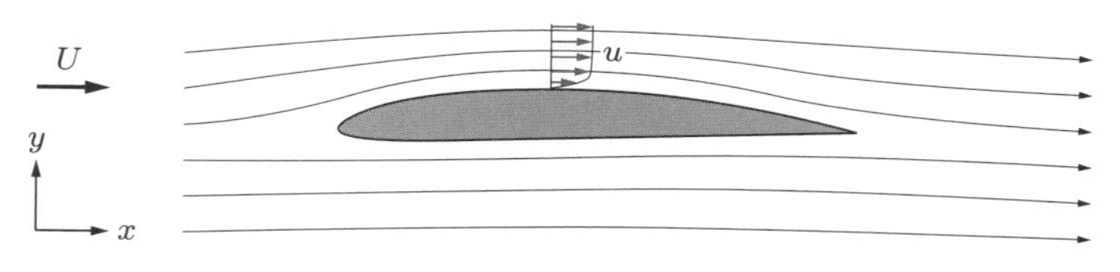

図8.1　翼まわりの流れ．翼表面近くで非常に薄い渦層ができる．

このように，翼まわりの高速流では，代表長さ L と δ の二つの長さスケールが混在している．その性質を詳しく調べるために，次節で境界層流を単純化して取り扱うことにする．なお，流体運動でよく見られる乱流では，流体中に無限に多くのスケールが存在していて，それらすべてのスケールの流体運動が互いに相互作用を行っているが，層流の境界層流では二つのスケールのみが現れる．

8.2 平板境界層

半無限平板に沿って平行に一様流が流れるときは，平板先端から境界層が発達する．境界層の特徴を考慮して，ナビエ・ストークス方程式を簡単化するために，境界層近似を導入する．境界層近似によって導かれる境界層方程式は，ブラジウスによって常微分方程式に変形され，解析的に解くことは難しいが，数値的に解くことができる．

半無限平板を境界面とする 2 次元非圧縮性粘性流を考える．また，平板の前方および平板に垂直側方に遠く離れたところでは，流れは一様流で圧力勾配はないとする．このような流れを，**ブラジウス境界層**とよぶ．無限平板を考えない理由は，翼まわりの境界層を調べることが念頭にあることと，無限平板では境界が振動するような場合を除いて，実質的に境界層が存在しないからである．

図 8.2 のように，半無限平板の端点を原点として，平板と平行に x 軸をとり，平板と垂直に y 軸をとる．流れは平板の先端より上流 $(x < 0)$ と側方遠方 $(y \to \infty,\ x > 0)$ では平板に平行な流速 U の一様流であると仮定する．2 次元非圧縮性粘性流の仮定により，連続の式およびナビエ・ストークス方程式は

$$\frac{\partial u}{\partial x} + \frac{\partial v}{\partial y} = 0 \tag{8.4}$$

$$\frac{\partial u}{\partial t} + u\frac{\partial u}{\partial x} + v\frac{\partial u}{\partial y} = -\frac{1}{\rho}\frac{\partial p}{\partial x} + \nu\left(\frac{\partial^2 u}{\partial x^2} + \frac{\partial^2 u}{\partial y^2}\right) \tag{8.5}$$

$$\frac{\partial v}{\partial t} + u\frac{\partial v}{\partial x} + v\frac{\partial v}{\partial y} = -\frac{1}{\rho}\frac{\partial p}{\partial y} + \nu\left(\frac{\partial^2 v}{\partial x^2} + \frac{\partial^2 v}{\partial y^2}\right) \tag{8.6}$$

となる．これらの式について，境界層流における各項の大きさを評価してみよう．

前に説明したように，境界層流には二つの長さスケールが混在する．平板先端から L の距離にある点を考えると，それらのスケールの一つは平板先端からの流れ方向の

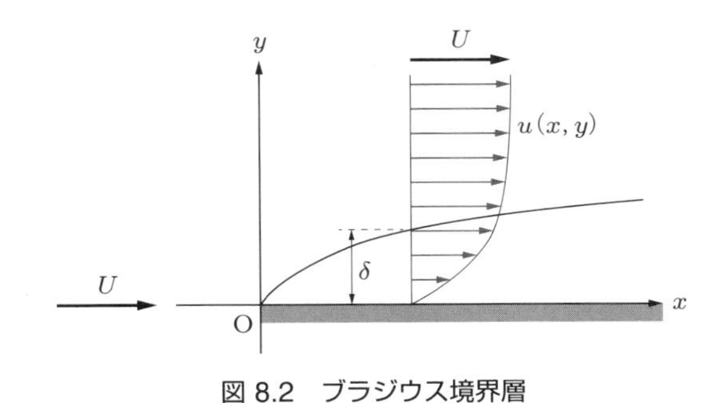

図 8.2 ブラジウス境界層

スケール L，もう一つはその点での境界層の厚み δ であり，これら二つの長さスケールの関係は $L \gg \delta$ である．すなわち，境界層の内部では y 方向の空間スケールが x 方向に比べて非常に小さい．このとき，$x \sim L, y \sim \delta, u \sim U$ より，連続の式 (8.4) の左辺第 1 項は $\partial u/\partial x \sim U/L$ であり，左辺第 2 項は第 1 項と同じオーダーとならなければいけないので，結果として，$v \sim U\delta/L$ となる．また，$t \sim L/U$ となる．

式 (8.5) について圧力項以外の各項の大きさを評価すると

$$\begin{aligned} &\frac{\partial u}{\partial t} \sim \frac{U}{L/U}, \quad u\frac{\partial u}{\partial x} \sim \frac{U^2}{L}, \quad v\frac{\partial u}{\partial y} \sim \frac{U\delta}{L}\frac{U}{\delta}, \\ &\frac{\partial^2 u}{\partial x^2} \sim \frac{U}{L^2}, \quad \frac{\partial^2 u}{\partial y^2} \sim \frac{U}{\delta^2} \end{aligned} \tag{8.7}$$

となる．ここで，$\partial^2 u/\partial x^2$ と $\partial^2 u/\partial y^2$ の比は δ^2/L^2 となって，$\partial^2 u/\partial y^2 \gg \partial^2 u/\partial x^2$ である．したがって，式 (8.5) の右辺で $\partial^2 u/\partial x^2$ を無視すると，式 (8.5) は

$$\frac{\partial u}{\partial t} + u\frac{\partial u}{\partial x} + v\frac{\partial u}{\partial y} = -\frac{1}{\rho}\frac{\partial p}{\partial x} + \nu\frac{\partial^2 u}{\partial y^2} \tag{8.8}$$

となる．このとき，$(1/\rho)\partial p/\partial x \sim U^2/L$ となる．

同様に，式 (8.6) について圧力項以外の各項の大きさを評価すると

$$\begin{aligned} &\frac{\partial v}{\partial t} \sim \frac{U\delta}{L}\frac{1}{L/U}, \quad u\frac{\partial v}{\partial x} \sim U\frac{U\delta}{L^2}, \quad v\frac{\partial v}{\partial y} \sim \frac{U\delta}{L}\frac{U}{L}, \\ &\frac{\partial^2 v}{\partial x^2} \sim \frac{U\delta}{L}\frac{1}{L^2}, \quad \frac{\partial^2 v}{\partial y^2} \sim \frac{U\delta}{L}\frac{1}{\delta^2} \end{aligned} \tag{8.9}$$

となる．これらのオーダー評価を式 (8.6) にあてはめると，圧力項のオーダーは

$$\frac{1}{\rho}\frac{\partial p}{\partial y} = O\left(\frac{U^2\delta}{L^2}\right) \tag{8.10}$$

となる．式 (8.10) において $O(U^2/L) \sim O(1)$ とすれば，$(1/\rho)\partial p/\partial y \sim O(\delta/L)$ となり，これは壁面に垂直方向の圧力の変化が非常に小さいことを示しており，境界層内部では

$$\frac{1}{\rho}\frac{\partial p}{\partial y} = 0 \tag{8.11}$$

と近似することができる．これら一連の近似を境界層近似とよぶ．式 (8.8), (8.11) は**境界層方程式**とよばれ，連続の式 (8.4) と連立して解くことができる．

ここでは圧力勾配は 0，すなわち $\partial p/\partial x = 0$ を仮定しているので，境界層近似では全領域で $p =$ 一定 であるとみなすことができる．流れは定常であると考えると，

式 (8.8) は

$$u\frac{\partial u}{\partial x}+v\frac{\partial u}{\partial y}=\nu\frac{\partial^2 u}{\partial y^2} \tag{8.12}$$

となる．

つぎに，境界層方程式 (8.12) を流れ関数 ψ で表現する．式 (6.5) より，流れ関数 ψ の時間変化を表す基礎方程式は

$$\frac{\partial}{\partial t}\nabla^2\psi+\frac{\partial(\nabla^2\psi,\psi)}{\partial(x,y)}=\nu\nabla^4\psi \tag{8.13}$$

と表される．ここで，$\nabla^2 = \triangle = \partial^2/\partial x^2 + \partial^2/\partial y^2$，$\nabla^4 = (\nabla^2)^2 = \triangle^2 = (\partial^2/\partial x^2 + \partial^2/\partial y^2)^2$ である．流れは定常であると仮定すると，式 (8.13) は

$$\frac{\partial(\nabla^2\psi,\psi)}{\partial(x,y)}=\nu\nabla^4\psi \tag{8.14}$$

となる．ここで，

$$\frac{\partial(f,g)}{\partial(x,y)}=\frac{\partial f}{\partial x}\frac{\partial g}{\partial y}-\frac{\partial f}{\partial y}\frac{\partial g}{\partial x} \tag{8.15}$$

である．境界層の外部では粘性項は無視できるので，$\nu\nabla^4\psi=0$ とおくと，式 (8.14) は

$$\frac{\partial(\nabla^2\psi,\psi)}{\partial(x,y)}=0 \tag{8.16}$$

となる．一様流を表す流れ関数 $\psi=Uy$ は式 (8.16) を満たしている．一方，境界層内部では $\partial^2\psi/\partial x^2$ と $\partial^2\psi/\partial y^2$ の比は $O(\delta^2/L^2)$ となって，$|\partial^2\psi/\partial y^2| \gg |\partial^2\psi/\partial x^2|$ である．したがって，$\nabla^2\psi$ と $\nabla^4\psi$ において，x 微分 ($\partial^2\psi/\partial x^2$ と $\partial^4\psi/\partial x^4$) の項を無視することができて，式 (8.14) は

$$\frac{\partial^3\psi}{\partial x\partial y^2}\frac{\partial\psi}{\partial y}-\frac{\partial^3\psi}{\partial y^3}\frac{\partial\psi}{\partial x}=\nu\frac{\partial^4}{\partial y^4}\psi \tag{8.17}$$

となる．これは**境界層方程式**を流れ関数で表したもう一つの表現である．

つぎに，L と δ の大きさの比を調べてみよう．まず，流れ関数 ψ は境界層外で $\psi=Uy$ となり，固体壁上で $\psi=0$ となるから，境界層内では ψ はおよそ $\psi\sim\delta U$ の大きさである．境界層では方程式 (8.17) の左辺と右辺がつり合っていると考えられ，およそ x のスケールが L，y のスケールが δ なので，左辺は $\psi^2/(L\delta^3)$ の大きさであり，右辺は $\nu\psi/\delta^4$ の大きさである．これから $\psi/L\sim\nu/\delta$ であることがわかる．ここで，$\psi\sim\delta U$ を代入すると $\delta U/L\sim\nu/\delta$ が得られる．したがって，δ は

$$\delta \sim \sqrt{\frac{L\nu}{U}} = L\sqrt{\frac{\nu}{UL}} \tag{8.18}$$

と評価される．ここで，レイノルズ数を $Re = UL/\nu$ と定義すると

$$\frac{\delta}{L} \sim \frac{1}{\sqrt{Re}} \tag{8.19}$$

となる．これより境界層の厚さは大きなスケール L で定義したレイノルズ数 Re の平方根に反比例して小さくなる．航空機の翼では，流速を $U \sim 300\,\mathrm{m/s}$，動粘性係数を $\nu \sim 10^{-6}\,\mathrm{m^2/s}$，翼弦長を $L \sim 2\,\mathrm{m}$ とすると，$Re \sim 6 \times 10^8$ となり，

$$\delta \sim 8 \times 10^{-5}\,\mathrm{m}$$

である．このように，$\delta \sim 0.08\,\mathrm{mm}$ となって，境界層が薄いことがわかる．なお，現実の流れでは，このような大きなレイノルズ数の場合には，流れは乱流になり，境界層の厚さは数倍になる．それでも，$1\,\mathrm{mm}$ を超えることのない，非常に薄い層である．

つぎに，境界層方程式 (8.17) を解くことを試みる．この式は非常に簡単化された式であるが，非線形偏微分方程式なので解くことは容易でない．ここでは，相似解を求めることにする．すなわち，x と y を組み合わせてつくられた 1 変数の関数と仮定して解を求める．重要な点は相似変数を発見することである．まず，x を L，y を δ で無次元化した変数をそれぞれ x_*，y_* とし，

$$x = Lx_*, \quad y = \delta y_* = \sqrt{\frac{L\nu}{U}}y_*$$

とおく．つぎに，x_* と y_* の組み合わせ変数 η を

$$\eta = {x_*}^r {y_*}^s = \left(\frac{x}{L}\right)^r \left(y\sqrt{\frac{U}{\nu L}}\right)^s$$

とおく．ここで，L は x 方向の代表長さであり，この代表長さ L に依存しない相似的流れ場を得るためには，η は L を陽に含まない条件

$$r + \frac{s}{2} = 0$$

を満たす必要がある．この条件を満たす最も簡単な係数として $s = 1$，$r = -1/2$ を選ぶと，

$$\eta = \frac{y}{\sqrt{x}}\sqrt{\frac{U}{\nu}} \tag{8.20}$$

となる．

さらに，境界層内では $\psi \sim \delta U$ であり，$\delta \sim \sqrt{\nu L/U} \sim \sqrt{\nu x/U}$ なので，

$$\psi = \sqrt{\frac{x\nu}{U}} \cdot Uf(\eta) = \sqrt{\nu U x} f(\eta) \tag{8.21}$$

と仮定する．つぎに，境界層方程式 (8.17) に含まれる ψ の x と y による偏微分を η による微分で表すと，

$$\frac{\partial \psi}{\partial x} = \frac{1}{2}\sqrt{\frac{\nu U}{x}}\left[f(\eta) - \eta f'(\eta)\right], \quad \frac{\partial \psi}{\partial y} = Uf'(\eta),$$

$$\frac{\partial^2 \psi}{\partial y^2} = \frac{U^{3/2}}{\sqrt{x\nu}} f''(\eta), \quad \frac{\partial^3 \psi}{\partial y^3} = \frac{U^2}{x\nu} f'''(\eta), \quad \frac{\partial^4 \psi}{\partial y^4} = \frac{U^{5/2}}{(x\nu)^{3/2}} f''''(\eta),$$

$$\frac{\partial^3 \psi}{\partial x \partial y^2} = -\frac{1}{2}\frac{U^{3/2}}{x\sqrt{x\nu}}\left[f''(\eta) + \eta f'''(\eta)\right]$$

となる．ここで，$f'(\eta)$ などの $'$ は η による微分を表している．これらを方程式 (8.17) に代入すると

$$-\frac{1}{2}(ff'')' = f'''' \tag{8.22}$$

が得られる．壁から無限遠方 $y \to \infty$ で流れが一様流となることを仮定すると，$\partial u/\partial y \to 0$，$\partial^2 u/\partial y^2 \to 0$ であり，すなわち $\eta \to \infty$ で $f'' = f''' = 0$ となるので，式 (8.22) の両辺を η で積分してこの条件を用いると，**ブラジウス境界層方程式**

$$ff'' + 2f''' = 0 \tag{8.23}$$

が得られる．

境界層方程式 (8.23) で相似関数 $f(\eta)$ が満たすべき境界条件は，壁面上 $(\eta = 0)$ で $v = 0$ $(\partial\psi/\partial x = 0)$ である条件より $f(0) = 0$ であり，同じく壁面上で $u = 0$ $(\partial\psi/\partial y = 0)$ となる条件より $f'(0) = 0$ である．さらに，無限遠方 $(\eta \to \infty)$ で $u = \partial\psi/\partial y \to U$ となる条件より $f' \to 1$ である．これらの条件をまとめると，

$$\left.\begin{aligned} &f = f' = 0 \quad && (\eta = 0) \\ &f' \to 1 && (\eta \to \infty) \end{aligned}\right\} \tag{8.24}$$

となる．ここで，壁に垂直方向の速度 v については無限遠方で 0 となる条件を課していない点に注意する．後に評価するように（式 (8.39) を参照），v は $y \to \infty$ で有界な値をとる．これは境界層が形成されることによって，壁付近の境界層から有限な流量の流体が壁と垂直な方向へ外向きに押し出されていることを示している．このことは，下流位置 x で平板に垂直な断面を通過する流量が下流に行くほど減少することと同等である．

式 (8.23) は常微分方程式であり，簡単な形であるが，非線形方程式であり，その解

を解析的に求めるのは容易ではない．ブラジウスは，壁面近傍の η の小さい領域では f を η のべき級数に展開して求め，η の大きい領域では線形近似により摂動法により求めたあとに，それら二つの式を中間の領域にて接続する方法で解を求めた．その後，式 (8.23) の解は多くの研究者により解析的にも数値的にも求められた．ハワースによる数値計算結果がしばしば引用されるが，現在では数値計算は容易で，その結果は表 8.1 のようになり，それを図に描くと図 8.3 のようになる．

表 8.1　境界層方程式 (8.23) の数値解

$\eta = y\sqrt{\dfrac{U}{\nu x}}$	f	$f' = \dfrac{u}{U}$	f''	$\eta f' - f$
0.0	0.0	0.0	0.33206	0.0
1.0	0.16557	0.32978	0.32301	0.16421
2.0	0.65002	0.62977	0.26675	0.60951
3.0	1.3968	0.84604	0.16136	1.1413
4.0	2.3057	0.95552	0.064234	1.5163
5.0	3.2833	0.99154	0.015907	1.6744
6.0	4.2796	0.99897	0.002402	1.7142
7.0	5.2792	0.99992	0.000220	1.7202
8.0	6.2792	1.0000	0.000012	1.7208
9.0	7.2792	1.0000	0.000000	1.7208
10.0	8.2792	1.0000	0.000000	1.7208

第 5 列の $\eta f' - f$ は $2v\sqrt{x/(U\nu)}$ に等しい．数値計算では，$\eta = 0$ での初期条件を $f(0) = 0$, $f'(0) = 0$, $f''(0) = 0.33206$ とおくと $\eta \to \infty$ で $f' \to 1$ $(u \to U)$ となる．

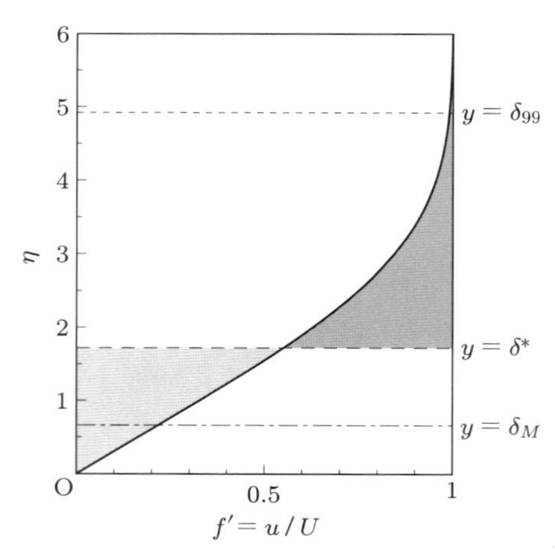

図 8.3　境界層の速度分布（実線）．δ^* で表される破線の下部のグレー部分と上部のグレー部分は面積が等しい．

ブラジウス境界層方程式の数値解法にはスペクトル法や差分法が用いられるが，ここでは比較的簡単な差分法を説明しておこう†．式 (8.24) を差分近似し，初期値問題として解く．解は $\eta = [0, \infty]$ で定義されるが，$\eta = \infty$ を $\eta = H$ で近似する．このとき，H を十分に大きな値にとり，さらに H を大きくしても解が誤差の範囲内で変化しないことを数値計算結果より確かめる．$\eta = [0, H]$ を N 等分し，差分方程式を導く．$\eta = 0$ での初期条件として，境界条件より $f(0) = f'(0) = 0$ と決まるが，$f''(0)$ は未定なので $f''(0) = \alpha$ と仮定して差分方程式を数値的に解いて $\eta = H$ まで計算し，$f'(H)$ の値を調べる．一般に $f'(H)$ は 1 とはならないが，α の値をニュートン法などで調整して $f'(H) = 1$ となる α を求める．これをシューティング法という．さらに，より大きな H の値を用いて計算を行い，結果が変化しないことを確認する．本問題では $H = 10$ で十分な精度が得られ，このとき $\alpha = 0.33206$ となる．その結果，

$$f(\eta) = \frac{1}{2}\alpha\eta^2 + O(\eta^5) \tag{8.25}$$

となる．なお，η^3，η^4 の項が存在しないことは式 (8.23) より容易に確かめられる．また，$\eta \to \infty$ では

$$f(\eta) \sim \eta - \beta, \qquad \beta = 1.7208 \tag{8.26}$$

となることが数値計算結果（表 8.1）より求められる．

境界層近似において，x および y 方向の流速 u と v は，$f(\eta)$ を用いて

$$u = \frac{\partial\psi}{\partial y} = Uf'(\eta), \quad v = -\frac{\partial\psi}{\partial x} = -\frac{U}{2}\sqrt{\frac{\nu}{Ux}}(f - \eta f') \tag{8.27}$$

と表される．ここで，平板先端からの距離 x を用いた局所レイノルズ数 Re_x を

$$Re_x = \frac{Ux}{\nu} \tag{8.28}$$

と定義すると，

$$u \sim O(U), \quad v \sim O\left(U\frac{1}{\sqrt{Re_x}}\right) \tag{8.29}$$

と評価される．境界層厚さ δ の大きさを $\eta \sim 1$ となる厚さであると考え，式 (8.20) で η に 1 を代入し，そのときの y の大きさを δ とすれば，

$$\delta \sim \sqrt{x}\sqrt{\frac{\nu}{U}} \sim \frac{x}{\sqrt{Re_x}} \tag{8.30}$$

† 水島二郎・柳瀬眞一郎著「理工学のための数値計算法」（サイエンス社，2002）第 6 章を参照．

となる．すなわち，δ は Re_x の平方根の逆数に比例する．

つぎに，壁面端点 $x=0$ から点 x までの壁面にはたらく抗力 F_x を評価する．流体が壁面に及ぼす抗力は粘性摩擦力なので，単位面積あたりの応力 τ が $\tau=\mu\partial u/\partial y$ であり，

$$\frac{\partial u}{\partial y}=\frac{\partial^2\psi}{\partial y^2}=\frac{U^{3/2}}{\sqrt{x\nu}}f''(\eta)$$

と表されることから，壁面にはたらく摩擦力 F_x は

$$\begin{aligned}F_x&=\int_0^x\mu\left(\frac{\partial u}{\partial y}\right)_{\eta=0}(x')\,dx'=\frac{\mu U^{3/2}}{\sqrt{\nu}}\int_0^x\frac{1}{\sqrt{x'}}f''(0)\,dx'\\&=2\sqrt{\mu\rho}U^{3/2}f''(0)\sqrt{x}=2\sqrt{\mu\rho}U^{3/2}\alpha\sqrt{x}\end{aligned}\tag{8.31}$$

と求められる．$f''(0)$ の値 α は，表 8.1 より $\alpha=0.33206$ なので

$$F_x=2\alpha\sqrt{\mu\rho}U^{3/2}\sqrt{x}=0.66412\sqrt{\mu\rho}U^{3/2}\sqrt{x}\tag{8.32}$$

となる．

これまでは，境界層厚さ δ のおよその大きさ（オーダー）が平板先端からの下流位置 x で $\sqrt{x\nu/U}$ であることだけを用いて境界層を議論してきた．しかし，さらに境界層の性質を理論的に調べ，実験や数値計算結果と比較するには，境界層の厚さを明確に定義する必要がある．境界層厚さの定義には，境界層内の流速が境界層外の流速 U の 99% の大きさになるときの厚さ δ_{99}，境界層ができることによる速度欠損 $U-u(x,y)$ を位置 x で $y=0$ から ∞ まで積分して求めた流量欠損と U との比で定義する排除厚さ δ^*，同様に境界層による運動量欠損と ρU^2 との比で定義する運動量厚さ δ_M などがある．

流速が一様流速の 99% となる y 座標で定義される境界層厚さ δ_{99} は

$$f'\left(\delta_{99}\sqrt{\frac{U}{\nu x}}\right)=0.99\tag{8.33}$$

で定義され，数値計算によると

$$\delta_{99}=4.9103\sqrt{\frac{\nu x}{U}}\tag{8.34}$$

となる．

排除厚さ δ^* は

$$\delta^*=\frac{1}{U}\int_0^\infty(U-u(x,y))\,dy\tag{8.35}$$

で定義され，図 8.3 でグレー部分で表されるように，境界層内 $(y \leq \delta^*)$ を流れる流量と境界層外 $(y \geq \delta^*)$ での流量欠損が同じになっている．すなわち，排除厚さ δ^* は

$$\begin{aligned}\delta^* &= \frac{1}{U}\int_0^\infty (U-u(x,y))dy = \int_0^\infty (1-f'(\eta))\sqrt{\frac{x\nu}{U}}\,d\eta \\ &= \sqrt{\frac{x\nu}{U}}\,[\eta - f(\eta)]_0^\infty = \sqrt{\frac{x\nu}{U}}\lim_{\eta\to\infty}[\eta - f(\eta)] \\ &= \beta\sqrt{\frac{x\nu}{U}} = 1.7208\sqrt{\frac{x\nu}{U}} \end{aligned} \tag{8.36}$$

となる．ここで，最後の式の係数 $\beta = 1.7208$ は数値計算結果（表 8.1）より求めた．排除厚さ δ^* と 99% 厚さ δ_{99} との間には

$$\delta_{99} = 2.85334\delta^* \tag{8.37}$$

の関係がある．

もう一つの境界層厚さである**運動量厚さ** δ_M は

$$\delta_M = \frac{1}{U^2}\int_0^\infty u(U-u)\,dy \tag{8.38}$$

で定義される．運動量厚さ δ_M の性質については例題 8.2 で考える．

最後に，境界層近似における壁から側方に遠い点 $(\eta \to \infty)$ での流れの性質について検討する．無限遠点 $(\eta \to \infty)$ では $u \to U$ を仮定しているので，$f''(\eta) \to 1$ となる．一方，v は式 (8.27) より

$$\lim_{\eta\to\infty} v = \frac{1}{2}\sqrt{\frac{U\nu}{x}}\lim_{\eta\to\infty}(\eta f' - f) = \frac{1}{2}\sqrt{\frac{U\nu}{x}}\beta = \frac{U\delta^*}{2x} \tag{8.39}$$

となる．ここでは，表 8.1 より $\eta \to \infty$ のとき $(\eta f' - f) \to \beta$ となることと式 (8.36) を用いた．式 (8.39) は，ブラジウス境界層においては y 方向無限遠方への流体の流出が常に存在して，$y \to \infty$ $(x > 0)$ で $\boldsymbol{u} \to (U, U\delta^*/2x)$ となっており，一様流 $\boldsymbol{u} = (U, 0)$ には漸近しないことを意味する．この流れが x 方向への排除厚さ δ^* の増大による流量の減少を補っている．

例題 8.1 区間 $x = [0, 1]$ で定義される微分方程式

$$\epsilon y''(x) - y'(x) = 0$$

を境界条件 $y(0) = 0$ および $y(1) = 1$ のもとで解け．ただし，ϵ は $0 < \epsilon \ll 1$ の非常に小さな値をもつ定数である．つぎに，解を $\epsilon = 0$ のまわりで摂動展開して，解が求められるかどうか吟味せよ．

[解] 厳密解は，$w = y'$ とおくことにより，容易に求められて，

$$y(x) = \frac{e^{x/\epsilon} - 1}{e^{1/\epsilon} - 1}$$

となる．この解は $x = 1$ では $y = 1$ であるが，それ以外の各点 $(0 \leq x < 1)$ では，$\epsilon \to 0$ のとき $y(x) \to 0$ である．つぎに，解 $y(x)$ を

$$y(x) = \sum_{n=0}^{\infty} y_n(x)\epsilon^n$$

と展開すると，問題文の微分方程式と境界条件の $O(\epsilon^0)$ の項より，$y_0(x)$ は

$$-y_0'(x) = 0, \quad y_0(0) = 0, \quad y_0(1) = 1$$

を満たさなければならないが，この方程式と境界条件を満たす解は存在しない．もし境界条件を $y(0) = 0$ のみに限定すれば，$y_0(x) = 0$ が解となり，厳密解の $\epsilon \to 0$ の極限と，$x = 1$ の近傍を除いて一致する．$x = 1$ の近傍では，$\epsilon \to 0$ の極限で $\epsilon y''(x)$ を無視することができない理由は，$y(x)$ の x に対する変化が急激となり，$|y''(x)|$ が非常に大きな値となるからである．この例題は，境界層の数学的構造を簡潔に示している．

例題 8.2　境界層の厚さを示す第3の量として，式 (8.38) で定義される運動量厚さ δ_M がある．ブラジウス境界層に対して δ_M を計算し，δ^* との大小関係を調べよ．

[解] 式 (8.38) の右辺で変数変換 $y = \sqrt{x\nu/U}\eta$ を行ったあと，式 (8.27) を代入して，

$$\begin{aligned}
\delta_M &= \int_0^{\infty} f'(\eta)\left(1 - f'(\eta)\right)\sqrt{\frac{x\nu}{U}}\,d\eta \\
&= \sqrt{\frac{x\nu}{U}}\left\{\left[f(\eta)(1 - f'(\eta))\right]_0^{\infty} + \int_0^{\infty} f(\eta)f''(\eta)\,d\eta\right\} \\
&= -2\sqrt{\frac{x\nu}{U}}\int_0^{\infty} f'''(\eta)\,d\eta = 2\sqrt{\frac{x\nu}{U}}f''(0) \\
&= 2 \times 0.33206\sqrt{\frac{x\nu}{U}} = 0.66412\sqrt{\frac{x\nu}{U}} \qquad (8.40)
\end{aligned}$$

となり，式 (8.36) と比較して

$$\delta_M = 0.385937\,\delta^* \qquad (8.41)$$

が得られる．なお，運動量厚さを

$$\rho U^2 \delta_M = \rho\int_0^{\infty} u(U - u)\,dy \qquad (8.42)$$

のように表せば，この式が境界層の形成による運動量の排除量となっている．

8.3 物体まわりの境界層

物体表面が平面でなく曲面であるときは，曲面に沿う境界層が生じる．このとき，境界層外部の流れは流れ方向に変化し，それに伴って圧力も流れ方向に変化する．流れが下流に行くほど遅くなる減速流では圧力が増加し，その結果として壁付近で逆流が発生し，渦領域が壁から離れ境界層がはく離する．

円柱や翼の近傍では，境界層外部での圧力勾配は 0 ではなく，流れ方向に変化する．これに伴い，境界層外部（**外部流**）での流速を U とすれば，U は一定ではなく，流れ方向座標 x に依存するため $U(x)$ と表す．境界層外部では流れは非粘性かつポテンシャル流れで近似できるので，ベルヌーイの定理

$$p(x) + \frac{1}{2}\rho U(x)^2 = C_1(\text{一定}) \tag{8.43}$$

が成り立つ．式 (8.43) の両辺を x で微分すると，

$$\frac{1}{\rho}\frac{dp(x)}{dx} = -U(x)\frac{dU(x)}{dx} \tag{8.44}$$

が得られるので，圧力が増加するときは速度が減少し，圧力が減少するときは速度が増加することがわかる．境界層方程式 (8.8) は，定常で，このような圧力勾配のある $\partial p/\partial x \neq 0$ の場合には

$$u\frac{\partial u}{\partial x} + v\frac{\partial u}{\partial y} = U(x)\frac{dU(x)}{dx} + \nu\frac{\partial^2 u}{\partial y^2} \tag{8.45}$$

となる．式 (8.45) を連続の式

$$\frac{\partial u}{\partial x} + \frac{\partial v}{\partial y} = 0$$

と連立させて解くことを考える．なお，境界層近似が成り立つためには，条件

$$\frac{dU(x)}{dx} \ll 1$$

が満たされなければならない．応用上重要なのは，翼を過ぎる流れの翼後半部分のように，速度が減少し，圧力が増加することにより，はく離現象が発生する場合であり，今後は速度がしだいに減少する場合について考える．ただし，壁面が曲がっている影響は圧力勾配のみで表されるとし，壁面は平板であるとみなす．

図 8.2 のように壁面に沿って x 軸，それと垂直に y 軸をとる．壁面（$y=0$）上では流速は $\boldsymbol{u}=0$ ($u=0,\ v=0$) なので，これを境界層方程式 (8.45) に代入すると，

$$U(x)\frac{dU(x)}{dx} + \nu\frac{\partial^2 u}{\partial y^2}(x,0) = 0 \tag{8.46}$$

となる．ここで，$0 \leq x \leq x_0$ では $U(x)$ は x によらず一定で，$x > x_0$ で $U(x)$ が減少してその変化率 $|dU/dx|$ が 0 からしだいに大きくなると考える．このとき，$x > x_0$ では，$U(x) > 0$，$dU(x)/dx < 0$ であり，方程式 (8.46) より $\partial^2 u/\partial y^2 > 0$ となる．壁近傍 $y = \Delta y \ll 1$ で，$u(x, 0) = 0$ に注意して，$u(x, \Delta y)$ を

$$u(x, \Delta y) = \frac{\partial u}{\partial y}(x, 0)\Delta y + \frac{1}{2}\frac{\partial^2 u}{\partial y^2}(x, 0)(\Delta y)^2 + \cdots$$

のように Δy のべきでテイラー展開し，式 (8.46) を代入すると

$$\frac{u(x, \Delta y)}{U(x)} = \frac{1}{U(x)}\frac{\partial u}{\partial y}(x, 0)\Delta y - \frac{1}{2\nu}\frac{dU(x)}{dx}(\Delta y)^2 + \cdots$$

となる．$x > x_0$ で，x の増加に伴って $|dU/dx|$ がしだいに大きくなると，右辺第 2 項はしだいに大きくなる．右辺全体は $u(x, \Delta y)/U(x)$ (< 1) を超えてはいけないから，右辺第 2 項の増加を相殺するために，右辺第 1 項は減少しなければならない．したがって，x が大きくなるに従って $\partial u/\partial y$ は減少することが予想される．この結果，x の増加に伴う $u(x, y)$ の速度分布の変化は図 8.4 のようになると考えられる．

流れの下流 $x = x_1$ の壁上で $\partial u/\partial y = 0$ となったとすると，この点では，壁面粘性応力 τ_0 は

$$\tau_0 = \mu \left.\frac{\partial u}{\partial y}\right|_{y=0} = 0 \tag{8.47}$$

となる．x がさらに大きくなり，$x > x_1$ では，明らかに $\partial u/\partial y < 0$ となり，壁付近で逆流 $(u < 0)$ が生じる（図 8.5）．

逆流が生じる $x > x_1$ では大きな渦領域が見られ，これは，薄い境界層に閉じこめられていた渦領域が，急に有限領域まで膨張したと考えられる．そこでは，壁に垂直方向の速度 v はもはや $O\left(U/\sqrt{Re_x}\right)$ ではなく，$O(U)$ まで増加する．このような

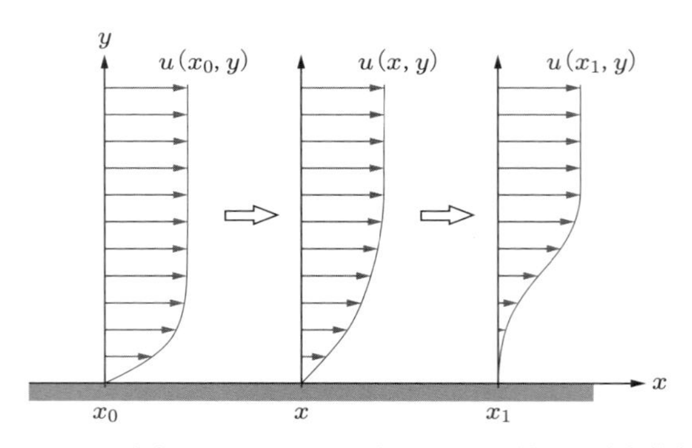

図 8.4　圧力勾配 $\partial p/\partial x > 0$ があるときの境界層速度分布

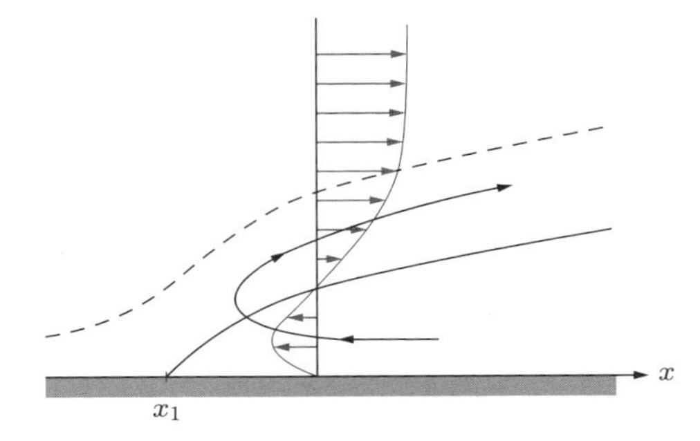

図 8.5 境界層における逆流の発生. x_1 ははく離点で, 実線から下は逆流が存在する領域. 破線から下は渦度が無視できない領域.

現象を**境界層のはく離**とよび, $x = x_1$ を境界層の**はく離点**という. はく離が発生すると, 境界層近似は適用できなくなる. 円柱まわりの流れでは, 流れが円柱にあたるよどみ点から測って約 110°（6 章の図 6.7 の円柱座標系 (r, θ) では角度 $\theta = 70°$ の角度の円柱表面）で, はく離が起こることが知られている.

たとえば, 円柱まわりのポテンシャル流れでは, 円柱表面に沿った流速は

$$U(\theta) = 2U_0 \sin\theta$$

となる. ここで, U_0 は一様流の流速, θ は一様流が円柱に衝突するよどみ点から測った円周角である. これを境界層流の外部流とすると, $\theta > \pi/2$ では

$$\frac{dU(\theta)}{d\theta} = 2U_0 \cos\theta < 0$$

となり, 絶対値は θ の増加とともに大きくなる. したがって, 粘性を考慮すると, 境界層はく離が生じる可能性がある.

例題 8.3 境界層方程式 (8.45) を y について 0 から ∞ まで積分することにより, 排除厚さ δ^* と運動量厚さ δ_M の関係式を導け.

[解] 積分の上限を ∞ の代わりに $y_{\max}$ とし, 式 (8.45) を $y = 0$ から $y_{\max}$ まで積分すると

$$\int_0^{y_{\max}} \left(u\frac{\partial u}{\partial x} + v\frac{\partial u}{\partial y} - U(x)\frac{dU(x)}{dx} \right) dy = \nu \int_0^{y_{\max}} \frac{\partial^2 u}{\partial y^2}\, dy$$

となる. 左辺第 2 項は部分積分を行い, 連続の式 (8.4) を用いると

$$\begin{aligned}\int_0^{y_{\max}} v\frac{\partial u}{\partial y}\, dy &= -\int_0^{y_{\max}} v\frac{\partial (U-u)}{\partial y}\, dy \\ &= -\left[v(U-u)\right]_0^{y_{\max}} + \int_0^{y_{\max}} \frac{\partial v}{\partial y}(U-u)\, dy\end{aligned}$$

$$= -\left[v(U-u)\right]_0^{y_{\max}} - \int_0^{y_{\max}} \frac{\partial u}{\partial x}(U-u)\,dy$$

と変形される．$y_{\max} \to \infty$ の極限を考えて，$[v(U-u)]_0^{y_{\max}}$ を無視すると

$$\int_0^{\infty} \left(2u\frac{\partial u}{\partial x} - U\frac{\partial u}{\partial x} - U\frac{dU}{dx}\right) dy = \nu \int_0^{\infty} \frac{\partial^2 u}{\partial y^2}\,dy$$

が得られる．この式を変形すると，

$$\int_0^{\infty} \frac{\partial}{\partial x}[(U-u)u]\,dy + \frac{dU}{dx}\int_0^{\infty}(U-u)\,dy = \nu \left.\frac{\partial u}{\partial y}\right|_{y=0}$$

となる．排除厚さ δ^*，運動量厚さ δ_M，壁面粘性応力 τ_0 を用いると，

$$\frac{d}{dx}(U^2\delta_M) + U\frac{dU}{dx}\delta^* = \frac{\tau_0}{\rho} \tag{8.48}$$

または，式 (8.44) を使って

$$\frac{d}{dx}(U^2\delta_M) = \frac{1}{\rho}\frac{dp}{dx}\delta^* + \frac{\tau_0}{\rho} \tag{8.49}$$

が得られる．式 (8.48) または式 (8.49) は**境界層の運動量方程式**とよばれる．

なお，境界層方程式の近似解法では，式 (8.48) や式 (8.49) を用いて，圧力勾配のある境界層でのはく離点の位置，排除厚さ，運動量厚さなどを評価することができる．

演習問題 8

8.1　ブラジウス境界層方程式 (8.23) の解を，$\eta \ll 1$ で η のべき級数として η の 5 次の項まで求めよ．ただし，$f(0) = f'(0) = 0$, $f''(0) = \alpha$ とする．

8.2　ブラジウス境界層方程式 (8.23) の解を，$\eta \gg 1$ で β を未知定数として，$f(\eta) = \eta - \beta + g(\eta)$ ($|g(\eta)| \ll |\eta - \beta|$) の形に仮定する．$g(\eta)$ の従う方程式を求め，それを解け．演習問題 8.1 で求めた表現と，ここで求めた表現の f，f'，f'' を η の適当な値において等値して，α，β を決定して解を求める方法によって，ブラジウスが最初に方程式 (8.23) の解を求めた．なお，得られた α，β の値は，$\alpha = 0.332$，$\beta = 1.731$ で，本章で数値的に得られた精度の高い値ときわめてよく一致している．

8.3　境界層流の速度分布 $u(y)$ を y の関数

$$u(y) = U\frac{y}{\delta} \quad (0 \le y \le \delta), \quad u(y) = U \quad (y > \delta)$$

と仮定する．このとき，δ を用いて，δ_{99}，δ^*，δ_M を表せ．

8.4　地表付近の大気のように，系全体が境界面（地表）に垂直な方向を軸として，一定角速度で回転しているとき，気象学で有名な，**エクマン境界層**とよばれる境界層が地表付近に発達する．地表面を xy 平面とし，系が z 軸のまわりに一定角速度 Ω で回転しているとする．回転系での定常状態のナビエ・ストークス方程式は，非線形項を無視すると

$$-2\Omega v = -\frac{1}{\rho}\frac{\partial p}{\partial x} + \nu\frac{\partial^2 u}{\partial z^2}, \quad 2\Omega u = -\frac{1}{\rho}\frac{\partial p}{\partial y} + \nu\frac{\partial^2 v}{\partial z^2}$$

となる．ここで，境界層近似により，粘性項では z による微分のみが卓越しているとする．地衡風平衡（大気圧の勾配とコリオリ力とがつり合った状態）が成立していると仮定して，圧力を $p = -Gy$ とおき，速度成分 u と v は z のみの関数で $u(z)$, $v(z)$ と表されるとし，境界条件を

$$(u(0), v(0)) = (0, 0), \quad (u(\infty), v(\infty)) = \left(\frac{G}{2\rho\Omega}, 0\right)$$

とおく．このとき，解 $u(z)$, $v(z)$ を求めよ．なお，エクマン境界層は，線形微分方程式に従う**線形境界層**である．

9章 遅い粘性流れ

粘性流体の運動を記述するナビエ・ストークス方程式は非線形偏微分方程式であるため，多くの場合，解析的に解を求めることは難しい．しかし，非常に遅い流れでは，非線形項（慣性項）を無視することができ，線形偏微分方程式となって解析解や近似解を求めることが可能である．これらの近似を，ストークス近似やオセーン近似とよぶ．たとえ線形方程式でもその解を求めるのは一般的には容易でないが，2 次元流れでは流れ関数，3 次元流れではトロイダル・ポロイダル分解を用いると，比較的取り扱いやすくなる．解析例として，円柱，剛体球，球状の気泡を過ぎる一様流などがある．これらの流れの解を理解するためにはベクトル解析の知識が必要であるため，付録のベクトル解析の公式を役立ててほしい．

9.1 ストークス近似とオセーン近似

非常に遅い流れでは粘性力が大きく，慣性力が小さいので，非線形項を無視することができる．この近似のもとでストークス方程式が導かれる．

非常に遅い流れでは，速度ベクトル $\boldsymbol{u}$ に対するナビエ・ストークス方程式

$$\frac{\partial \boldsymbol{u}}{\partial t} + (\boldsymbol{u} \cdot \nabla)\boldsymbol{u} = -\frac{1}{\rho}\nabla p + \nu \nabla^2 \boldsymbol{u} \tag{9.1}$$

は右辺の項に比べて左辺第 2 項の慣性項が小さいので，近似としてこの項を無視することができる．代表速度を U，代表長さを L とすると，左辺は両項とも U^2/L 程度の大きさ，右辺第 2 項は $\nu U/L^2$ 程度の大きさとなる．右辺第 2 項に対して左辺の大きさは，レイノルズ数 $Re = UL/\nu$ 程度となり，Re が十分小さい場合には無視できる．しかし，左辺第 1 項の時間微分を含む項は，流れが定常解に達していないときは，$t \sim L^2/\nu$ の長い時間スケールで流れに影響を及ぼすので，無視することができない．なお，速さ U の一様流中に半径 a の球が置かれているとすれば，$L = 2a$ ととり，$Re = 2Ua/\nu$ となる．また，非圧縮性流れでは，圧力項はナビエ・ストークス方程式のほかの項から受動的に決定されるため，非常に遅い流れでは右辺第 2 項程度の大きさとなる．したがって，

$$\frac{\partial \boldsymbol{u}}{\partial t} = -\frac{1}{\rho}\nabla p + \nu \triangle \boldsymbol{u} \tag{9.2}$$

となる．式 (9.2) を**ストークス方程式**といい，この近似を**ストークス近似**という．とくに定常流の場合には

$$\frac{1}{\rho}\nabla p = \nu \triangle \boldsymbol{u} \tag{9.3}$$

となる．式 (9.3) の両辺に回転演算 $(\nabla\times)$ を行うと

$$\triangle \boldsymbol{\omega} = 0 \tag{9.4}$$

となる．ストークス近似は，線形方程式なので，解の重ね合わせが可能である点が重要である．

これに対して，**オセーン近似**とは，ナビエ・ストークス方程式の非線形移流項 $(\boldsymbol{u}\cdot\nabla)\boldsymbol{u}$ の移流速度 $\boldsymbol{u}$ を一様流 $U\boldsymbol{e}_x$ に置き換えて $(U\boldsymbol{e}_x\cdot\nabla)\boldsymbol{u}$ で近似する方法で，定常流の場合はつぎのような方程式となる．

$$\rho U \frac{\partial}{\partial x}\boldsymbol{u} = -\nabla p + \mu \triangle \boldsymbol{u}. \tag{9.5}$$

この近似はナビエ・ストークス方程式 (9.1) で非定常項を無視し，かつ右辺に対して Re 程度の大きさである左辺第 2 項の一部を組み入れた近似となっている．

9.2 2 次元の遅い流れ

円柱を過ぎる遅い流れや角をまわる遅い 2 次元流れを表す解を，ストークス近似を用いて求める．この場合，ストークス方程式は流れ関数を用いて表される．ただし，円柱を過ぎる流れでは，ストークス方程式だけでは正しい解が得られず，慣性項の一部を取り入れたオセーン近似の助けが必要となる．

非定常ストークス方程式は式 (9.2) で，定常流のときは式 (9.3) と表される．これらの式で，2 次元ストークス流においては，∇ はデカルト座標系では $\nabla = \boldsymbol{e}_x(\partial/\partial x) + \boldsymbol{e}_y(\partial/\partial y)$ となり，極座標系では $\nabla = \boldsymbol{e}_r(\partial/\partial r) + \boldsymbol{e}_\theta(1/r)(\partial/\partial\theta)$ となる．また，$\triangle$ は 2 次元流れについては 2 次元ラプラシアンを表しており，デカルト座標系では $\triangle = \partial^2/\partial x^2 + \partial^2/\partial y^2$ であり，極座標系では $\triangle = \partial^2/\partial r^2 + (1/r)(\partial/\partial r) + (1/r^2)(\partial^2/\partial\theta^2)$ である．

●9.2.1●円柱を過ぎる遅い流れ

ストークス近似を用いて円柱まわりの遅い流れを求めよう．2 次元非圧縮性粘性流れに対しては流れ関数 ψ を導入することができる．流れ場を xy 平面にとると，渦度 $\boldsymbol{\omega}$ は z 方向成分のみをもち，$\boldsymbol{\omega} = -\triangle\psi\,\boldsymbol{e}_z$ となる．式 (9.4) の z 成分を ψ を用いて

表すと

$$\triangle^2\psi = 0 \tag{9.6}$$

となる．ここで，$\triangle^2 = (\nabla^2)^2 = \nabla^4$ である．方程式 (9.6) の解を求めるために，式 (9.6) を円柱座標で表すと

$$\left(\frac{\partial^2}{\partial r^2} + \frac{1}{r}\frac{\partial}{\partial r} + \frac{1}{r^2}\frac{\partial^2}{\partial\theta^2}\right)^2 \psi = 0 \tag{9.7}$$

となる．円柱から遠く離れた位置では，流れは x 方向の一様流 $U\boldsymbol{e}_x$ になると考えると，$r \to \infty$ で

$$\psi \to Uy = Ur\sin\theta \tag{9.8}$$

とならなければならない．この点を考慮して，

$$\psi(r,\theta) = f(r)\sin\theta \tag{9.9}$$

と仮定して，式 (9.7) へ代入すると

$$\left(\frac{d^2}{dr^2} + \frac{1}{r}\frac{d}{dr} - \frac{1}{r^2}\right)^2 f(r) = 0 \tag{9.10}$$

が得られる．

つぎに，

$$g(r) = \left(\frac{d^2}{dr^2} + \frac{1}{r}\frac{d}{dr} - \frac{1}{r^2}\right) f(r) \tag{9.11}$$

とおく．式 (9.11) を式 (9.10) に代入すると，$g(r)$ についての方程式が

$$g''(r) + \frac{1}{r}g'(r) - \frac{1}{r^2}g(r) = 0 \tag{9.12}$$

と求められる．ここで，$g(r) \propto r^s$ と仮定すると，$(s^2-1)r^{s-2} = 0$ が得られる．これより，$s = \pm 1$ と求められ，式 (9.12) の二つの特解は r と $1/r$ であり，一般解は C_0 と C_1 を積分定数として

$$g(r) = C_0 r + \frac{C_1}{r} \tag{9.13}$$

と表される．式 (9.13) を式 (9.11) に代入すると，$f(r)$ の方程式が

$$f''(r) + \frac{1}{r}f'(r) - \frac{1}{r^2}f(r) = C_0 r + \frac{C_1}{r} \tag{9.14}$$

と求められる．式 (9.14) で $C_0 \neq 0$ であれば，$r \to \infty$ で $f(r)$ は $O(r^3)$ で大きくな

る．しかし，$f(r)$ は $r \to \infty$ で $O(r)$ でなければならないので，$C_0 = 0$ とおく．その結果，$[(1/r)(rf)']' = C_1/r$ となり，この式を r について 2 回積分して

$$f(r) = \frac{1}{2}C_1 r \log r + C_2 r + \frac{C_3}{r} \tag{9.15}$$

が得られ，式 (9.9) より $\psi(r, \theta)$ が

$$\psi(r, \theta) = \left(\frac{1}{2}C_1 r \log r + C_2 r + \frac{C_3}{r}\right)\sin\theta \tag{9.16}$$

と求められる．解 (9.16) の第 1 項は $r \to \infty$ での条件 (9.8) は満足しない．その原因は慣性項を無視したためで，$r \to \infty$ では慣性項が重要となる．あとで説明する 3 次元流れと比べて，2 次元流れでは慣性項を無視した影響が大きく現れる．このように円柱を過ぎる 2 次元流れではストークス近似は破綻する．しかし，この解は円柱近傍では正しいとして，円柱表面上での条件

$$\psi = \frac{\partial\psi}{\partial r} = 0 \quad (r = a) \tag{9.17}$$

だけを課すと，C_2 と C_3 はそれぞれ $C_2 = -(C_1/2)\log a - C_1/4$，$C_3 = a^2 C_1/4$ のように C_1 で表される．ここで，C_1 を C とおくと

$$\psi(r, \theta) = \left[\frac{1}{2}Cr\log r - \frac{1}{4}C(2\log a + 1)r + \frac{1}{4}\frac{Ca^2}{r}\right]\sin\theta \tag{9.18}$$

となる．式 (9.18) で C は未定であるが，その値を決めるためには $r \to \infty$ で有効なオセーン近似を用いる必要がある．なお，式 (9.18) の右辺 [ ] 内の第 1 項は**ストークスレット**とよばれ，また，第 3 項は 2 重わき出しと同じ関数形をもっている．

解 (9.18) は $r \to \infty$ での条件を満たさないが，円柱付近では近似的に正しい解になっていると考えられるので，これを用いて円柱にはたらく抵抗を計算することができる．圧力場は方程式 (9.3) より

$$\nabla p = \mu\triangle\boldsymbol{u} = -\mu\nabla\times\boldsymbol{\omega} = -\mu\nabla\times(\omega\boldsymbol{e}_z) = -\mu\left(-\boldsymbol{e}_\theta\frac{\partial\omega}{\partial r} + \boldsymbol{e}_r\frac{1}{r}\frac{\partial\omega}{\partial\theta}\right)$$

となる．渦度の式 $\omega = -\triangle\psi$ に式 (9.18) を代入すると，渦度 ω は

$$\omega = -\frac{C}{r}\sin\theta \tag{9.19}$$

と表されるので，

$$\nabla p = -\mu\left(-\boldsymbol{e}_\theta\frac{C\sin\theta}{r^2} - \boldsymbol{e}_r\frac{C\cos\theta}{r^2}\right)$$

が得られ，これより

$$\frac{\partial p}{\partial r} = \mu C \frac{\cos\theta}{r^2}, \quad \frac{1}{r}\frac{\partial p}{\partial \theta} = \mu C \frac{\sin\theta}{r^2}$$

となり，

$$p = -\mu C \frac{\cos\theta}{r} + p_0 \tag{9.20}$$

が得られる．圧力の作用により円柱軸方向の単位長さあたりにはたらく力の x 方向成分を F_p とすると，

$$F_p = 2\int_0^{\pi} (-p\cos\theta)|_{r=a} a\, d\theta = \pi\mu C \tag{9.21}$$

となる．

つぎに，せん断応力による粘性抵抗力を計算するために u_r と u_θ を求める．半径方向流速は u_r は

$$u_r = \frac{1}{r}\frac{\partial \psi}{\partial \theta} = \left[\frac{1}{2}C\log r - \frac{1}{4}C(2\log a + 1) + \frac{1}{4}\frac{Ca^2}{r^2}\right]\cos\theta$$

となり，円柱表面上での $(\partial u_r/\partial r)|_{r=a}$ は

$$\left.\frac{\partial u_r}{\partial r}\right|_{r=a} = \left(\frac{1}{2}C\frac{1}{r} - \frac{1}{2}\frac{Ca^2}{r^3}\right)_{r=a} \cos\theta = 0$$

と求められる．同様に $u_r|_{r=a} = 0$ より $(\partial u_r/\partial\theta)|_{r=a} = 0$ となる．また，

$$u_\theta = -\frac{\partial \psi}{\partial r} = -\left[\frac{1}{2}C\log r + \frac{1}{2}C - \frac{1}{4}C(2\log a + 1) - \frac{1}{4}\frac{Ca^2}{r^2}\right]\sin\theta$$

となり，

$$\left.\frac{\partial u_\theta}{\partial r}\right|_{r=a} = -\left(\frac{1}{2}\frac{C}{r} + \frac{1}{2}\frac{Ca^2}{r^3}\right)\sin\theta\bigg|_{r=a} = -\frac{C}{a}\sin\theta$$

が得られる．粘性により，円柱にはたらく単位長さあたりの抵抗力の x 方向成分を F_τ とすると，F_τ は

$$F_\tau = 2\int_0^{\pi} (\tau_{rr}\cos\theta - \tau_{r\theta}\sin\theta)|_{r=a} a d\theta \tag{9.22}$$

で与えられる．ここで，τ_{rr} は r 方向に垂直な面にはたらく r 方向の応力，$\tau_{r\theta}$ は r 方向に垂直な面にはたらく θ 方向の応力で，

$$\tau_{rr} = 2\mu\frac{\partial u_r}{\partial r}, \quad \tau_{r\theta} = \mu\left(\frac{1}{r}\frac{\partial u_r}{\partial \theta} + \frac{\partial u_\theta}{\partial r} - \frac{u_\theta}{r}\right) \tag{9.23}$$

のように表される（付録 A.4.2 を参照）．

式 (9.23) を式 (9.22) へ代入すると

$$F_\tau = 2\mu \int_0^\pi \left(-\left.\frac{\partial u_\theta}{\partial r}\right|_{r=a} \sin\theta \right) a\, d\theta = \pi\mu C \tag{9.24}$$

となり，$F_p = F_\tau$ であることがわかる．したがって，円柱軸方向の単位長さにはたらく力の x 成分 $F = F_p + F_\tau$ は

$$F = 2\pi\mu C \tag{9.25}$$

である．このように，ストークス近似では圧力よる抵抗力と，粘性による抵抗力の大きさが等しいという結果となる．

円柱を過ぎる流れに対するオセーン近似の定式化を行っておこう．2 次元のオセーン近似方程式は，式 (9.5) より

$$\rho U \frac{\partial}{\partial x}\boldsymbol{u} = -\nabla p + \mu \triangle \boldsymbol{u} \tag{9.26}$$

となる．式 (9.26) に回転演算 $(\nabla\times)$ を行うと，渦度 $\boldsymbol{\omega}$ に対する方程式

$$\rho U \frac{\partial}{\partial x}\boldsymbol{\omega} = \mu \triangle \boldsymbol{\omega} \tag{9.27}$$

が得られ，これから流れ関数 ψ の方程式は

$$\left(\frac{\rho U}{\mu}\frac{\partial}{\partial x} - \triangle \right) \triangle\psi = 0 \tag{9.28}$$

となる．この方程式を解くことにより求められるオセーン解の $r \to 0$ の極限形を式 (9.18) と比較することによって，式 (9.18) の C を決定することができる．その詳細は複雑なので省略し，結果のみを示すと，

$$C = \frac{2U}{\dfrac{1}{2} - \left[\gamma + \log\left(\dfrac{Re}{8} \right) \right]}, \quad Re = \frac{2\rho a U}{\mu} \tag{9.29}$$

となる[†]．ここで $\gamma \sim 0.57722$ はオイラーの定数とよばれる．このように C の値を決めると，流速 U の遅い一様流中に置かれた円柱の単位長さあたりにはたらく抵抗力の x 成分である式 (9.25) は

$$F = \frac{4\pi\mu U}{\dfrac{1}{2} - \left[\gamma + \log\left(\dfrac{Re}{8} \right) \right]} \tag{9.30}$$

となる．

---

† たとえば，今井功著「流体力学（前編）」（裳華房，1973）の 82 節を参照.

●9.2.2●角をまわる遅い流れ

二つの壁面が直交する図9.1のような壁面境界の角をまわる流れは，実際の流れ場で境界に角があれば常に現れる．ここでも非圧縮性2次元流れを考えると，流れが非常に遅いときは，このような角付近の流れを表す解をストークス近似により求めることが可能である．それでも一般の場合には，実際に計算は容易ではない．容易に解が得られる数少ない流れの中で，一方の壁が一定速度 U で動くことによって駆動される流れ（**テイラーの流れ**とよばれる†）をストークス近似の方程式 (9.6) を用いて求めてみよう．

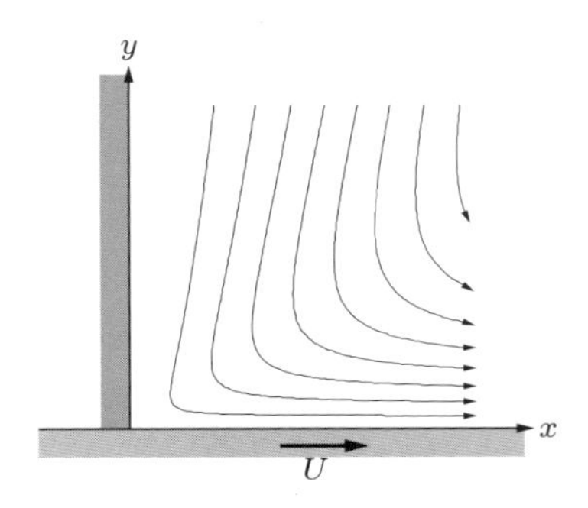

図9.1　テイラーの流れ

境界条件は，y 軸に沿って $u = v = 0$，x 軸に沿って $u = U, v = 0$ であり，

$$\begin{cases} \psi = \dfrac{\partial \psi}{\partial x} = 0 & (x = 0,\ y > 0) \\ \psi = 0, \quad \dfrac{\partial \psi}{\partial y} = U & (x > 0,\ y = 0) \end{cases} \tag{9.31}$$

となる．一般には，$x = 0$ において $\psi = C_1$，$y = 0$ において $\psi = C_2$ のように，二つの壁面で ψ の値は異なるが，この流れでは二つの境界 $x = 0$ と $y = 0$ を別々に取り扱うことができるので，$C_1 = C_2 = 0$ とおくことができる．条件 (9.31) を満たす式 (9.6) の解を解析的に求めることは容易ではないが，つぎのようにして発見的に解を求めてみよう．流れ関数 ψ は x 軸と y 軸上で0であるから，$\theta = \tan^{-1}(y/x)$ として，$\psi = f(\theta)x + g(\theta)y$ と仮定すると，$f(0) = g(\pi/2) = 0$ であれば四つの境界条件 (9.31) のうちの二つ $\psi(0, y) = \psi(x, 0) = 0$ が満足される．つぎに，

$$\psi = \alpha\theta x + \beta\left(\frac{\pi}{2} - \theta\right)y \tag{9.32}$$

と仮定する．$x = r\cos\theta$，$y = r\sin\theta$ とおくと，

† たとえば，今井功著「流体力学（前編）」（裳華房，1973）の73節を参照．

$$\frac{\partial \theta}{\partial x} = -\frac{\sin\theta}{r}, \quad \frac{\partial \theta}{\partial y} = \frac{\cos\theta}{r}$$

である．式 (9.32) の両辺を x で偏微分して

$$\frac{\partial \psi}{\partial x} = \alpha\theta + \alpha x \left(-\frac{\sin\theta}{r}\right) + \beta\left(\frac{\sin\theta}{r}\right) y$$

が得られ，この式に $(x, y) = (0, r)$，すなわち $(r, \theta) = (r, \pi/2)$ を代入して，境界条件 $\partial\psi/\partial x = 0$ を適用すると，

$$\frac{\pi}{2}\alpha + \beta = 0 \tag{9.33}$$

となる．一方，式 (9.32) の両辺を y で偏微分して得られる式

$$\frac{\partial \psi}{\partial y} = \alpha\frac{\cos\theta}{r}x + \beta\left(\frac{\pi}{2} - \theta\right) + \beta\left(-\frac{\cos\theta}{r}\right) y$$

に，$(x, y) = (r, 0)$，すなわち $(r, \theta) = (r, 0)$ での境界条件 $\partial\psi/\partial y = U$ を代入すると

$$\alpha + \frac{\pi}{2}\beta = U \tag{9.34}$$

となる．したがって

$$\alpha = -\frac{4U}{\pi^2 - 4}, \quad \beta = \frac{2\pi U}{\pi^2 - 4} \tag{9.35}$$

が得られる．

最後に，式 (9.32) が式 (9.6) を満たすことを確かめる．これは極座標表示を用いると比較的簡単である．まず，$\triangle(\theta x)$ を計算すると，

$$\begin{aligned}\triangle(\theta x) &= \left(\frac{\partial^2}{\partial r^2} + \frac{1}{r}\frac{\partial}{\partial r} + \frac{1}{r^2}\frac{\partial^2}{\partial \theta^2}\right)(r\theta\cos\theta) \\ &= \frac{1}{r}\theta\cos\theta + \frac{1}{r}\frac{\partial}{\partial\theta}(\cos\theta - \theta\sin\theta) = -\frac{2\sin\theta}{r}\end{aligned}$$

が得られ，さらに

$$\begin{aligned}\triangle^2(\theta x) &= \left(\frac{\partial^2}{\partial r^2} + \frac{1}{r}\frac{\partial}{\partial r} + \frac{1}{r^2}\frac{\partial^2}{\partial \theta^2}\right)\left(-\frac{2\sin\theta}{r}\right) \\ &= -2\sin\theta\left(\frac{\partial^2}{\partial r^2} + \frac{1}{r}\frac{\partial}{\partial r}\right)\left(\frac{1}{r}\right) + \frac{1}{r^2}\frac{2\sin\theta}{r} \\ &= -2\sin\theta\left(\frac{2}{r^3} - \frac{1}{r^3}\right) + \frac{2\sin\theta}{r^3} = 0\end{aligned}$$

が得られる．同様に

$$\triangle^2 \left[\left(\frac{\pi}{2} - \theta \right) y \right] = 0$$

も示される．したがって，式 (9.32) は式 (9.6) の解であることが確かめられた．この流れの流線は図 9.1 のようになる．実際の応用例として，互いに混じりにくい異なる種類の流体が，遅い速度で衝突するときにこのような流れが実現される．

問 9.1　式 (9.18) と式 (9.29) で表される円柱を過ぎる遅い流れに対するストークス解は，$r \to \infty$ でストークス近似の条件が破綻することを，式 (9.1) の各項の大きさを比較することによって示せ．

問 9.2　流れ関数 ψ が式 (9.18) のように与えられているとき，渦度 ω は式 (9.19) のようになることを示せ．

9.3 トロイダル・ポロイダル分解

3 次元非圧縮性流れの解を求めるための一般的な定式化として，トロイダル・ポロイダル分解法がある．とくに，球を過ぎる流れはこの方法を用いると解が求めやすくなる．これは，流れ場をトライダル部（トーラス形状の周方向成分）とポロイダル部（トーラス形状の垂直断面成分）の和で表現する方法である．この定式化では非圧縮性条件は自動的に満足され，方程式は 2 変数の二つの方程式へと縮約される．これは 2 次元非圧縮性流れの場合の流れ関数を用いる方法に相当する．

一様流中に置かれた球を過ぎる遅い非圧縮粘性流れについて考える．レイノルズ数は非常に小さいとして，ストークス近似を適用する．3 次元流れに対しては，2 次元流れにおける流れ関数のような扱いやすい表現はないが，非圧縮性流体を球座標で取り扱うのに比較的便利な表現がある．速度場 $\boldsymbol{u}$ が $\nabla \cdot \boldsymbol{u} = 0$ を満足するとき，ソレノイダル場であるといい，このとき，(r, θ, ϕ) の関数 Ψ と Φ が存在して，$\boldsymbol{u}$ は

$$\boldsymbol{u} = \nabla \times [\nabla \times (\boldsymbol{r}\Psi)] + \nabla \times (\boldsymbol{r}\Phi) \tag{9.36}$$

と表される．ここで，$\boldsymbol{r}$ は位置ベクトルである．この表現は遅い流れだけでなく，非圧縮性流れ一般に成り立つ．式 (9.36) で表される $\boldsymbol{u}$ が非圧縮性流れの連続の式 $\nabla \cdot \boldsymbol{u} = 0$ を満たしていることは，任意のベクトル $\boldsymbol{A}$ について $\nabla \cdot (\nabla \times \boldsymbol{A}) = 0$ となることより明らかである．ここで，

$$\boldsymbol{u}_\Psi = \nabla \times [\nabla \times (\boldsymbol{r}\Psi)] \tag{9.37}$$

を**ポロイダル部**といい，Ψ を**ポロイダル関数**という．また，

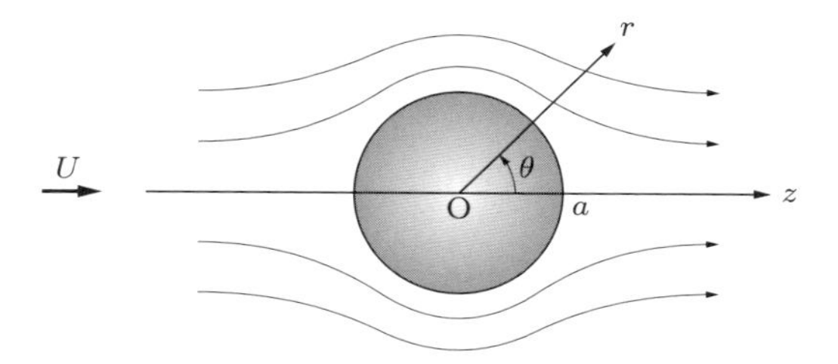

図 9.2 球まわりの遅い一様流れ

$$\boldsymbol{u}_{\Phi} = \nabla \times (\boldsymbol{r}\Phi) \tag{9.38}$$

を**トロイダル部**とよび，Φ を**トロイダル関数**とよぶ．

図 9.2 のような半径 a の球を過ぎる流れを計算するためには，ナビエ・ストークス方程式を球座標系 (r, θ, ϕ) で表現すると便利である（付録 A.5 を参照）．流れが z 軸に関して軸対称である場合を考えると，Ψ と Φ は r と θ だけの関数で，

$$\begin{aligned}\boldsymbol{u}_{\Psi} &= u_r\boldsymbol{e}_r + u_\theta\boldsymbol{e}_\theta \\ &= -\frac{1}{r\sin\theta}\frac{\partial}{\partial\theta}\left(\sin\theta\frac{\partial\Psi}{\partial\theta}\right)\boldsymbol{e}_r + \frac{1}{r}\frac{\partial}{\partial r}\left(r\frac{\partial\Psi}{\partial\theta}\right)\boldsymbol{e}_\theta\end{aligned} \tag{9.39}$$

$$\boldsymbol{u}_{\Phi} = u_\phi\boldsymbol{e}_\phi = -\frac{\partial\Phi}{\partial\theta}\boldsymbol{e}_\phi \tag{9.40}$$

となり，

$$u_r = -\frac{1}{r\sin\theta}\frac{\partial}{\partial\theta}\left(\sin\theta\frac{\partial\Psi}{\partial\theta}\right), \quad u_\theta = \frac{1}{r}\frac{\partial}{\partial r}\left(r\frac{\partial\Psi}{\partial\theta}\right), \quad u_\phi = -\frac{\partial\Phi}{\partial\theta} \tag{9.41}$$

が得られる．したがって，軸対称流の場合，$\boldsymbol{u}_{\Psi}$ は z 軸を含む面内の流れを表し，$\boldsymbol{u}_{\Phi}$ は z 軸を回る流れを表す．

式 (9.39)，(9.40) の導出には，以下の球座標におけるベクトル解析の公式

$$\nabla = \boldsymbol{e}_r\frac{\partial}{\partial r} + \boldsymbol{e}_\theta\frac{1}{r}\frac{\partial}{\partial\theta} + \boldsymbol{e}_\phi\frac{1}{r\sin\theta}\frac{\partial}{\partial\phi}, \quad \frac{\partial\boldsymbol{e}_r}{\partial\theta} = \boldsymbol{e}_\theta, \quad \frac{\partial\boldsymbol{e}_r}{\partial\phi} = \boldsymbol{e}_\phi\sin\theta,$$

$$\frac{\partial\boldsymbol{e}_\phi}{\partial r} = \frac{\partial\boldsymbol{e}_\phi}{\partial\theta} = 0, \quad \frac{\partial\boldsymbol{e}_\phi}{\partial\phi} = -\boldsymbol{e}_r\sin\theta - \boldsymbol{e}_\theta\cos\theta,$$

$$\boldsymbol{e}_r \times \boldsymbol{e}_\theta = \boldsymbol{e}_\phi, \quad \boldsymbol{e}_\theta \times \boldsymbol{e}_\phi = \boldsymbol{e}_r, \quad \boldsymbol{e}_\phi \times \boldsymbol{e}_r = \boldsymbol{e}_\theta$$

などを用いる．まず，最初に式 (9.40) を示そう．Φ は ϕ に依存しないため

$$u_\Phi = \nabla \times (\boldsymbol{r}\Phi) = \nabla\Phi \times \boldsymbol{r} + \Phi(\nabla \times \boldsymbol{r}) = \nabla\Phi \times \boldsymbol{r}$$

$$= \left(\boldsymbol{e}_r \frac{\partial \Phi}{\partial r} + \boldsymbol{e}_\theta \frac{1}{r} \frac{\partial \Phi}{\partial \theta} \right) \times r\boldsymbol{e}_r = -\boldsymbol{e}_\phi \frac{\partial \Phi}{\partial \theta}$$

となって，式 (9.40) が得られる．この結果を用いると，

$$\nabla \times [\nabla \times (\boldsymbol{r}\Phi)] = -\nabla \times \left(\boldsymbol{e}_\phi \frac{\partial \Psi}{\partial \theta} \right) = -\nabla \left(\frac{\partial \Psi}{\partial \theta} \right) \times \boldsymbol{e}_\phi - \frac{\partial \Psi}{\partial \theta} (\nabla \times \boldsymbol{e}_\phi)$$

となる．一方，

$$\begin{aligned} \nabla \times \boldsymbol{e}_\phi &= \left(\boldsymbol{e}_r \frac{\partial}{\partial r} + \boldsymbol{e}_\theta \frac{1}{r} \frac{\partial}{\partial \theta} + \boldsymbol{e}_\phi \frac{1}{r \sin\theta} \frac{\partial}{\partial \phi} \right) \times \boldsymbol{e}_\phi \\ &= \frac{1}{r \sin\theta} \boldsymbol{e}_\phi \times \frac{\partial \boldsymbol{e}_\phi}{\partial \phi} = \frac{1}{r \sin\theta} \boldsymbol{e}_\phi \times (-\boldsymbol{e}_r \sin\theta - \boldsymbol{e}_\theta \cos\theta) \\ &= -\boldsymbol{e}_\theta \frac{1}{r} + \boldsymbol{e}_r \frac{\cos\theta}{r \sin\theta} \end{aligned}$$

であるから

$$\begin{aligned} \nabla \times [\nabla \times (\boldsymbol{r}\Phi)] &= -\left(\boldsymbol{e}_r \frac{\partial^2 \Psi}{\partial r \partial \theta} + \boldsymbol{e}_\theta \frac{1}{r} \frac{\partial^2 \Psi}{\partial \theta^2} \right) \times \boldsymbol{e}_\phi - \frac{\partial \Psi}{\partial \theta} \left(-\boldsymbol{e}_\theta \frac{1}{r} + \boldsymbol{e}_r \frac{\cos\theta}{r \sin\theta} \right) \\ &= \boldsymbol{e}_\theta \frac{\partial^2 \Psi}{\partial r \partial \theta} - \boldsymbol{e}_r \frac{1}{r} \frac{\partial^2 \Psi}{\partial \theta^2} + \boldsymbol{e}_\theta \frac{1}{r} \frac{\partial \Psi}{\partial \theta} - \boldsymbol{e}_r \frac{\cos\theta}{r \sin\theta} \frac{\partial \Psi}{\partial \theta} \\ &= \boldsymbol{e}_\theta \frac{1}{r} \frac{\partial}{\partial r} \left(r \frac{\partial \Psi}{\partial \theta} \right) - \boldsymbol{e}_r \frac{1}{r \sin\theta} \frac{\partial}{\partial \theta} \left(\sin\theta \frac{\partial \Psi}{\partial \theta} \right) \end{aligned}$$

となって，式 (9.39) が得られる．

式 (9.41) で表される u_r，u_θ，u_ϕ が，球面上 $r = a$ で $u_r = u_\theta = u_\phi = 0$ となるためには，$r = a$ で

$$\frac{\partial \Psi}{\partial r} = C \text{（一定）}, \quad \Psi = \Psi_0 \text{（一定）}, \quad \Phi = \Phi_0 \text{（一定）} \tag{9.42}$$

であればよいことがわかる．このとき

$$\chi = -r \sin\theta \frac{\partial \Psi}{\partial \theta} \tag{9.43}$$

とおくと

$$\boldsymbol{u}_\Psi = \frac{1}{r^2 \sin\theta} \frac{\partial \chi}{\partial \theta} \boldsymbol{e}_r - \frac{1}{r \sin\theta} \frac{\partial \chi}{\partial r} \boldsymbol{e}_\theta \tag{9.44}$$

と表すことができ，χ は**ストークスの流れ関数**とよばれる．

例題 9.1 半径 a の球を過ぎる軸対称流れ (9.39) において，$r = a$ で $\boldsymbol{u}_\Psi = 0$ という条件を適用すると，球面上 $(r = a)$ で Ψ が一定となることを示せ.

[解] 式 (9.39) で $(\boldsymbol{u}_\Psi)_{r=a} = 0$ より，$\sin\theta\,(\partial\Psi/\partial\theta) = C_1$ が得られ，積分すると

$$\Psi = -\frac{C_1}{2}\log\frac{1+\cos\theta}{1-\cos\theta} + C_2$$

となり，$\theta = 0$ で Ψ が無限大とならないためには，$C_1 = 0$ でなければならない.

問 9.3 半径 a の球を過ぎる軸対称流れ (9.40) において，$r = a$ で $\boldsymbol{u}_\Phi = 0$ という条件を適用すると，球面上で Φ が一定となることを示せ.

9.4 遅い 3 次元流れ

トロイダル・ポロイダル分解法を用いると，一様流中に置かれた球と気泡球のまわりの流れをストークス近似で求めることができる．また，その結果から球にはたらく抵抗を計算することができる.

●9.4.1●球を過ぎる遅い流れ

円柱を過ぎる遅い 2 次元流れを取り扱ったときと同様に，ストークス近似を用いて，一様流中に置かれた半径 a の剛体球を過ぎる遅い流れを求める．流れが定常であると仮定すると，基礎方程式は式 (9.3) であり，

$$\nabla p = \mu\triangle\boldsymbol{u} \tag{9.45}$$

と表せる．式 (9.45) の両辺に回転演算子 $(\nabla\times)$ を適用すると，

$$\triangle\boldsymbol{\omega} = 0 \tag{9.46}$$

となる．一様流の方向に z 軸をとり，流れは z 軸に関して軸対称 $(\partial/\partial\phi = 0)$ で，かつ z 軸まわりの ϕ 方向流速成分は存在しない $(\boldsymbol{u}_\Phi = 0)$ とする．このとき，流速 $\boldsymbol{u}$ は式 (9.37) より

$$\boldsymbol{u} = \boldsymbol{u}_\Psi = \nabla\times[\nabla\times(\boldsymbol{r}\Psi)] \tag{9.47}$$

である．ベクトル解析の公式 (A.17) を用いると，渦度 $\boldsymbol{\omega}$ は

$$\begin{aligned}\boldsymbol{\omega} &= \nabla\times\boldsymbol{u} = \nabla\times\{\nabla\times[\nabla\times(\boldsymbol{r}\Psi)]\}\\ &= \nabla\{\nabla\cdot[\nabla\times(\boldsymbol{r}\Psi)]\} - \nabla^2[\nabla\times(\boldsymbol{r}\Psi)] = -\nabla\times[\boldsymbol{r}(\nabla^2\Psi)]\\ &= -\nabla(\triangle\Psi)\times\boldsymbol{r} = -\left(\boldsymbol{e}_r\frac{\partial}{\partial r} + \boldsymbol{e}_\theta\frac{1}{r}\frac{\partial}{\partial\theta}\right)\triangle\Psi\times r\boldsymbol{e}_r\end{aligned}$$

$$= \frac{\partial}{\partial\theta}(\triangle\Psi)\boldsymbol{e}_\phi \tag{9.48}$$

となり，$\boldsymbol{\omega}$ は ϕ 方向成分，つまりトロイダル成分のみをもつ．したがって，速度のポロイダル成分 $\boldsymbol{u}_\Psi$ は渦度のトロイダル $\boldsymbol{\omega}_\Phi$ を生じる．

つぎに，$\triangle\boldsymbol{\omega}$ を計算する．$\partial\boldsymbol{e}_\phi/\partial r = \partial\boldsymbol{e}_\phi/\partial\theta = 0$ を考慮すると，

$$\triangle\boldsymbol{\omega} = \boldsymbol{e}_\phi \frac{\partial}{\partial\theta}\nabla^4\Psi \tag{9.49}$$

となり，やはり $\triangle\boldsymbol{\omega}$ は ϕ 方向成分のみをもつ．したがって，ストークス近似の方程式 (9.46) の ϕ 成分は

$$\frac{\partial}{\partial\theta}\triangle^2\Psi = 0 \tag{9.50}$$

となる．ここで

$$\triangle^2 = \left(\frac{\partial^2}{\partial r^2} + \frac{2}{r}\frac{\partial}{\partial r} + \frac{1}{r^2}\frac{\partial^2}{\partial\theta^2} + \frac{\cot\theta}{r^2}\frac{\partial}{\partial\theta}\right)^2 \tag{9.51}$$

である．ただし，軸対称性 $(\partial/\partial\phi = 0)$ を用いた．

無限遠方で一様流に近づくと仮定しているので，この条件を Ψ に適用する．z 方向のみをもつ一様流速度 $u = U\boldsymbol{e}_z$ を速度ポロイダル部分で表すと，

$$\boldsymbol{u}_\Psi = U\cos\theta\,\boldsymbol{e}_r - U\sin\theta\,\boldsymbol{e}_\theta \tag{9.52}$$

で与えられる．したがって，式 (9.52) と式 (9.39) が $r \to \infty$ で一致する条件より

$$-\frac{1}{r\sin\theta}\frac{\partial}{\partial\theta}\left(\sin\theta\frac{\partial\Psi}{\partial\theta}\right) = U\cos\theta, \quad \frac{1}{r}\frac{\partial}{\partial r}\left(r\frac{\partial\Psi}{\partial\theta}\right) = U\sin\theta \tag{9.53}$$

となり，式 (9.53) のいずれの方程式からも $\partial\Psi/\partial\theta = -(1/2)Ur\sin\theta$ が得られ，解 Ψ は

$$\Psi = \frac{1}{2}Ur\cos\theta \tag{9.54}$$

と求められる．Ψ には，r の任意関数の不定性が存在するが，ここでの解析では結果に影響を与えないので，表現を簡単にするために無視する．$r \to \infty$ で解は式 (9.54) となることがわかったので，有限の r について Ψ は r の関数 $f(r)$ と $\cos\theta$ との積で表せると仮定し，

$$\Psi(r,\theta) = f(r)\cos\theta \tag{9.55}$$

とおく．まず，$\triangle\Psi$ を求めると，

$$\triangle\Psi = \left(\frac{\partial^2}{\partial r^2} + \frac{2}{r}\frac{\partial}{\partial r} + \frac{1}{r^2}\frac{\partial^2}{\partial\theta^2} + \frac{\cot\theta}{r^2}\frac{\partial}{\partial\theta}\right) f(r)\cos\theta$$
$$= \left(\frac{d^2}{dr^2} + \frac{2}{r}\frac{d}{dr} - \frac{2}{r^2}\right) f(r)\cos\theta$$

となり，$\triangle^2\Psi$ は

$$\triangle^2\Psi = \left(\frac{d^2}{dr^2} + \frac{2}{r}\frac{d}{dr} - \frac{2}{r^2}\right)^2 f(r)\cos\theta \tag{9.56}$$

のように求められる．式 (9.56) を式 (9.50) に代入して，$f(r)$ は

$$\left(\frac{d^2}{dr^2} + \frac{2}{r}\frac{d}{dr} - \frac{2}{r^2}\right)^2 f(r) = 0 \tag{9.57}$$

を満たさなければならないことがわかる．

式 (9.57) を解くために，

$$g(r) = \left(\frac{d^2}{dr^2} + \frac{2}{r}\frac{d}{dr} - \frac{2}{r^2}\right) f(r)$$

とおくと

$$\left(\frac{d^2}{dr^2} + \frac{2}{r}\frac{d}{dr} - \frac{2}{r^2}\right) g(r) = 0 \tag{9.58}$$

が得られる．式 (9.58) の解 $g(r)$ を $g(r) = r^s$ とおくと，

$$s(s-1) + 2s - 2 = (s+2)(s-1) = 0$$

となり，式 (9.58) の二つの特解 $g(r) = r$ と $1/r^2$ が求められ，$g(r)$ の一般解はこれらの線形結合

$$g(r) = C_0 r + \frac{C_1}{r^2} \tag{9.59}$$

で表すことができる．円柱を過ぎる 2 次元流れの場合と同様に，$f(r)$ が $r \to \infty$ で $O(r)$ であるためには $g(r)$ に $O(r)$ の項は許されないことから $C_0 = 0$ が得られ，式 (9.57) は

$$\left(\frac{d^2}{dr^2} + \frac{2}{r}\frac{d}{dr} - \frac{2}{r^2}\right) f(r) = \frac{C_1}{r^2} \tag{9.60}$$

となり，この方程式の解は

$$f(r) = \frac{C_2}{r^2} + C_3 r - \frac{C_1}{2}, \tag{9.61}$$

のように得られる．$r \to \infty$ で Ψ は式 (9.54) のように $\Psi = (1/2)Ur\cos\theta$ に近づくことから，$C_3 = (1/2)U$ が得られる．さらに，球の表面（$r = a$）での境界条件 (9.42) で $C = 0$，$\Psi_0 = 0$ とおいて，$\Psi = \partial\Psi/\partial r = 0$ となるためには，

$$f(a) = \frac{df}{dr}(a) = 0$$

でなければならない．これより，$C_1 = (3/2)Ua$，$C_2 = (a^3/4)U$ となるので

$$f(r) = \frac{1}{4}\frac{Ua^3}{r^2} + \frac{1}{2}Ur - \frac{3}{4}Ua \tag{9.62}$$

が得られ，Ψ は

$$\Psi(r,\theta) = \frac{1}{2}Ur\cos\theta\left(1 - \frac{3a}{2r} + \frac{a^3}{2r^3}\right) \tag{9.63}$$

と求められる．なお，式 (9.63) の右辺括弧内の第 2 項はストークスレット，第 3 項は 3 次元のわき出しと同じ関数形をもっている．

このようにポロイダル関数 Ψ が求められたので，球まわりの速度場と渦度場を計算することができる．式 (9.41) より速度場を $f(r)$ で表すと

$$u_r = -\frac{1}{r\sin\theta}\frac{\partial}{\partial\theta}\left(\sin\theta\frac{\partial\Psi}{\partial\theta}\right) = 2\cos\theta\frac{f(r)}{r} \tag{9.64}$$

$$u_\theta = \frac{1}{r}\frac{\partial}{\partial r}\left(r\frac{\partial\Psi}{\partial\theta}\right) = -\sin\theta\left(\frac{d}{dr} + \frac{1}{r}\right)f(r) \tag{9.65}$$

となり，これから

$$u_r = U\cos\theta\left(1 - \frac{3a}{2r} + \frac{a^3}{2r^3}\right) \tag{9.66}$$

$$u_\theta = -U\sin\theta\left(1 - \frac{3a}{4r} - \frac{a^3}{4r^3}\right) \tag{9.67}$$

と求められる．また，式 (9.48) より渦度が

$$\boldsymbol{\omega} = \frac{\partial}{\partial\theta}(\nabla^2\Psi)\boldsymbol{e}_\phi = \frac{\partial}{\partial\theta}\left(\frac{3Ua}{2r^2}\cos\theta\right)\boldsymbol{e}_\phi = -\frac{3}{2}\frac{Ua}{r^2}\sin\theta\,\boldsymbol{e}_\phi \tag{9.68}$$

のように求められる．

このように，球を過ぎる流れは円柱を過ぎる 2 次元流れとは異なり，ストークス近似の範囲内で解が決まる．しかし，実際は，r が大きくなると慣性項が無視できなくなり，オセーン近似を用いる必要が生じる．その理由を解 (9.68) を用いて考えてみよう．式 (9.1) の左辺は U^2a/r^2 程度の大きさで，右辺は $\nu Ua/r^3$ 程度の大きさとな

る．右辺に対する左辺の大きさは，$Ur/\nu = U(2a/\nu) \cdot r/(2a) = Re \cdot r/(2a)$ であり，たとえ Re が十分に小さくても，$r \gg a$ では無視できなくなる．したがって，これは解が $r \to \infty$ で正確であることを示しているのではなく，一様流に近づく解が得られたにすぎないと考えるべきである．しかし，球面付近ではレイノルズ数が非常に小さいときは，正確な解であるから，これを用いて球に加わる抵抗を求めることができる．

式 (9.63) の右辺括弧内の 3 項のうち，第 1 項は一様流を表す項である．第 3 項は，符号と絶対値は異なるが，球を過ぎるポテンシャル流れの 2 重わき出しと同じ関数形をもつ．第 2 項は，ストークス近似の粘性流体に特有な項であり，あとで説明するように，渦度および球が流体から受ける抵抗は，この項のみによって決まる．なぜなら，それ以外の項の関数形はポテンシャル流れと同様で，抵抗力への寄与は 0 となるからである．

球にはたらく抵抗を求めるために，最初に圧力場を求めよう．式 (9.45) において，$\triangle \boldsymbol{u} = \nabla(\nabla \cdot \boldsymbol{u}) - \nabla \times (\nabla \times \boldsymbol{u}) = -\nabla \times \boldsymbol{\omega}$ であることと，式 (9.68) を用いて，

$$\begin{aligned}\nabla p = -\mu \nabla \times \boldsymbol{\omega} &= -\mu \left\{ \boldsymbol{e}_r \frac{1}{r \sin\theta} \frac{\partial}{\partial \theta}(\sin\theta\, \omega_\phi) - \boldsymbol{e}_\theta \frac{1}{r} \left[\frac{\partial}{\partial r}(r\omega_\phi) \right] \right\} \\ &= \frac{3}{2} U a \mu \left(\frac{2\cos\theta}{r^3} \boldsymbol{e}_r + \frac{\sin\theta}{r^3} \boldsymbol{e}_\theta \right)\end{aligned}$$

となる．したがって

$$\frac{\partial p}{\partial r} = 3Ua\mu \frac{\cos\theta}{r^3}, \quad \frac{1}{r}\frac{\partial p}{\partial \theta} = \frac{3}{2} U a \mu \frac{\sin\theta}{r^3}$$

が得られ，これから p_0 を定数として

$$p = -\frac{3}{2} U a \mu \frac{\cos\theta}{r^2} + p_0 \tag{9.69}$$

が求められる．

圧力による z 方向の抵抗力を F_p とすると，

$$\begin{aligned}F_p &= \int_0^{2\pi} d\phi \int_0^{\pi} a^2 \sin\theta \,(-p|_{r=a} \cos\theta)\, d\theta \\ &= -2\pi a^2 \int_0^{\pi} \left(-\frac{3Ua\mu}{2} \right) \frac{\cos\theta}{a^2} \cdot \cos\theta \sin\theta \, d\theta \\ &= 2\pi a^2 \frac{3Ua\mu}{2a^2} \int_0^{\pi} \cos^2\theta \sin\theta \, d\theta = 2\pi U a \mu \end{aligned} \tag{9.70}$$

と表される．

つぎに，粘性による抵抗 F_τ を求めてみよう．F_τ を求める式は，円柱の場合と似た形で

$$F_\tau = \int_0^{2\pi} d\phi \int_0^{\pi} a^2 \sin\theta \left(\tau_{rr}\cos\theta - \tau_{r\theta}\sin\theta\right)\big|_{r=a}\, d\theta \tag{9.71}$$

$$\tau_{rr} = 2\mu\frac{\partial u_r}{\partial r}, \quad \tau_{r\theta} = \mu\left(\frac{1}{r}\frac{\partial u_r}{\partial \theta} + \frac{\partial u_\theta}{\partial r} - \frac{u_\theta}{r}\right) \tag{9.72}$$

となる．$r = a$ では

$$\frac{\partial u_r}{\partial r} = \frac{\partial u_r}{\partial \theta} = u_\theta = 0, \quad \frac{\partial u_\theta}{\partial r} = -\frac{3U}{2a}\sin\theta$$

が成り立つので，

$$\begin{aligned} F_\tau &= \int_0^{2\pi} d\phi \int_0^{\pi} \mu a^2 \sin\theta \left(-\frac{\partial u_\theta}{\partial r}\bigg|_{r=a}\sin\theta\right) d\theta \\ &= \mu\frac{3U}{2a}\cdot 2\pi a^2 \int_0^{\pi} \sin^3\theta\, d\theta = 4\pi\mu a U \end{aligned} \tag{9.73}$$

と求められる．

球にはたらく F_p と F_τ の合力 F は，式 (9.70) と式 (9.73) より

$$F = 6\pi\mu a U \tag{9.74}$$

となる．これを**ストークスの抵抗則**という．円柱を過ぎる2次元流れとは異なり，球を過ぎる3次元流れではストークス近似の範囲で抵抗を求めることができる．なお，ストークス近似で求めた解は $r \to \infty$ で一様流に漸近するが，r の大きな領域では精度が悪化する．これを補うのがオセーン近似で，2次元と同様の方程式を解くことになる．2次元の場合とは異なり，オセーン近似解は抵抗にわずかな補正を加え，

$$F = 6\pi\mu a U\left(1 + \frac{3}{16}Re\right), \quad Re = \frac{2\rho a U}{\mu} \tag{9.75}$$

のようになる[†]．

問 9.4　$\boldsymbol{u}$ をストークス方程式 (9.45) の解であるとする．渦度 $\boldsymbol{\omega} = \nabla\times\boldsymbol{u}$ を仮に速度 $\tilde{\boldsymbol{u}}$ とみなせば，速度 $\tilde{\boldsymbol{u}}$ は圧力が一定であるときのストークス方程式 (9.45) の解となることを示せ．

† 今井功著「流体力学（前編）」（裳華房，1973）の80節を参照．

例題 9.2　流れが軸対称であるとき，速度場がトロイダル成分のみの解と仮定して，z 軸のまわりに角速度 Ω で回転する剛体球のまわりの流れを求めよ．

［解］ 式 (9.38) から直接に計算するのは容易でないため，問 9.4 の結果を利用する．式 (9.48) より

$$\boldsymbol{u}_\Phi = \frac{\partial}{\partial\theta}(\nabla^2\Psi)\boldsymbol{e}_\phi$$

は，圧力 p を一定としたストークス方程式 (9.45) の解であり，この方程式の解 Ψ は，式 (9.61) より

$$\Psi = f(r)\cos\theta = \left(\frac{C_2}{r^2} + C_3 r - \frac{C_1}{2}\right)\cos\theta$$

である．3 次元ラプラシアン $\triangle$ は，円柱座標で

$$\triangle = \frac{\partial^2}{\partial r^2} + \frac{2}{r}\frac{\partial}{\partial r} + \frac{1}{r^2}\frac{\partial^2}{\partial\theta^2} + \frac{\cot\theta}{r^2}\frac{\partial}{\partial\theta}$$

と表されるので，

$$\triangle\Psi = \left(\frac{2C_2}{r^4} + \frac{2C_3}{r}\right)\cos\theta + \frac{1}{r^2}\left(\frac{C_2}{r^2} + C_3 r - \frac{C_1}{2}\right)(-2\cos\theta) = \frac{C_1}{r^2}\cos\theta$$

となり，$\boldsymbol{u}_\Phi$ は

$$\boldsymbol{u}_\Phi = -\frac{C_1}{r^2}\sin\theta\,\boldsymbol{e}_\phi$$

となる．速度場に対する境界条件は，$r = a$ で $\boldsymbol{u} = a\Omega\sin\theta$ となり，$C_1 = -a\Omega$ であり，

$$\boldsymbol{u}_\Phi = \frac{a\Omega}{r^2}\sin\theta\,\boldsymbol{e}_\phi$$

が求める解である．

●9.4.2●気泡を過ぎる遅い流れ

液体中の球形をした気泡に遅い一様流があたるとき，気泡が受ける抗力を求めてみよう．計算方法は剛体球の場合とほとんど同じであるが，球面境界上で速度の接線成分が 0 とならないため，境界条件の与え方が異なる．ストークス近似の方程式はポロイダル関数 Ψ を用いて式 (9.50) となり，

$$\Psi(r,\theta) = f(r)\cos\theta$$

とおくと，式 (9.61) より $f(r) = C_2/r^2 + C_3 r - C_1/2$ となる．これから，u_r と u_θ は $f(r)$ による式として，式 (9.64) および式 (9.65) で与えられる．

気液境界では，気体側にはたらく粘性応力 $\tau_{r\theta}|_{r=a\ (\text{気体側})}$ と液体側にはたらく粘性応力 $\tau_{r\theta}|_{r=a\ (\text{液体側})}$ とがつり合っている．しかし，気体の粘性係数は液体の粘性係数に比べて非常に小さいため，近似的に液体の粘性テンソルについて応力が 0，すなわち $\tau_{r\theta} = 0$ と考えてよい．u_r と u_θ を $\tau_{r\theta}$ を表す式 (9.72) へ代入すると，

$$\tau_{r\theta} = \mu\left[-2\sin\theta\frac{f}{r^2} - \sin\theta\left(f'' + \frac{f'}{r} - \frac{f}{r^2}\right) + \sin\theta\left(\frac{f'}{r} + \frac{f}{r^2}\right)\right]$$
$$= -\mu\sin\theta f''(r)$$

が得られる．ここで，$f''(r) = 6C_2/r^4$ であるから，$\tau_{r\theta}$ が 0 となることより $C_2 = 0$ となる．また，$r \to \infty$ で Ψ は $(1/2)Ur\cos\theta$ に近づくことから，$C_3 = (1/2)U$ が得られる．さらに，気泡球面 $r = a$ に垂直な速度成分が 0 であるとすれば，$r = a$ で $f(a) = 0$ となる．したがって，$Ua/2 - C_1/2 = 0$ より $C_1 = Ua$ となり，$f(r) = U(r-a)/2$ と求められる．この $f(r)$ を式 (9.64) と式 (9.65) に代入して

$$u_r = U\cos\theta\left(1 - \frac{a}{r}\right), \quad u_\theta = -U\sin\theta\left(1 - \frac{a}{2r}\right)$$

が得られる．したがって

$$\tau_{rr} = 2\mu\frac{\partial u_r}{\partial r} = 2\mu U\cos\theta\frac{a}{r^2}$$

となるので，粘性による z 方向の抵抗 F_τ は

$$F_\tau = \int_0^{2\pi} d\phi \int_0^\pi a^2\sin\theta\,\tau_{rr}|_{r=a}\cos\theta\,d\theta$$
$$= \int_0^{2\pi} d\phi \int_0^\pi a^2\sin\theta\,2\mu U\cos\theta\,\frac{1}{a}\cos\theta\,d\theta$$
$$= 4\pi\mu Ua^2\int_0^\pi \sin\theta\cos^2\theta\,d\theta = \frac{8\pi\mu Ua}{3} \tag{9.76}$$

と求められる．

一方，抵抗の z 方向成分への圧力からの寄与 F_p を考えると，圧力の値が C_1 のみによって決定され，気泡の場合は剛体球と比べて C_1 の値が 2/3 であるから，抵抗力 F_p は

$$F_p = 2\pi\mu Ua \times \frac{2}{3} = \frac{4}{3}\pi\mu Ua \tag{9.77}$$

となる．さらに，気泡にはたらく抵抗力の z 方向成分 F は

$$F = F_p + F_\tau = \frac{4}{3}\pi\mu Ua + \frac{8\pi\mu Ua}{3} = 4\pi\mu Ua \tag{9.78}$$

と求められる．

演習問題 9

9.1　一様な密度 ρ をもつ半径 a の小球が，それまで静止していた粘性係数 μ，密度 ρ_0 の非圧縮性粘性流体中を，$t=0$ で原点 $z=0$ から落下し始めた．この小球にはたらく抵抗は，加速度を受ける運動中も含めてストークスの抵抗則 (9.74) に従うとし，重力加速度 g は z 軸の負方向にはたらいているとする．このとき，以下の問いに答えよ．

(1) 時刻 t における小球の z 方向の位置を $Z(t)$ とするとき，$Z(t)$ の時間変化を表す微分方程式を求めよ．

(2) 十分に時間が経過したあと，小球の落下速度は一定値に近づく．これを**終端速度**とよぶ．終端速度の大きさを求めよ．

(3) 球の落下速度が，終端速度の 99% に達するのに必要な時間を求めよ．

9.2　密度 $\rho = 1\,\mathrm{kg/m^3}$，半径 a の気泡が，それまで静止していた粘性係数 $\mu = 1 \times 10^{-3}\,\mathrm{Pa{\cdot}s}$，密度 $\rho_0 = 1 \times 10^3\,\mathrm{kg/m^3}$ の非圧縮粘性流体中を，$t=0$ で原点 $z=0$ から上昇し始めた．この小球にはたらく抵抗は，加速度を受ける運動中も含めて抵抗則 (9.78) に従うとし，重力加速度 $g = 9.8\,\mathrm{m/s^2}$ は z 軸の負方向にはたらいているとする．このとき，気泡がマイクロバブル（半径 $15\,\mu\mathrm{m}$），ナノバブル（半径 $150\,\mathrm{nm}$）である場合のそれぞれについて，以下の問いに答えよ．

(1) 最終的に到達する z 軸の正方向速度（最終速度）の大きさを求めよ．なお，気泡の密度は小さいので無視することができる．

(2) 気泡の上昇速度が最終速度の 99% に達するのに必要な時間を求めよ．

9.3　流れ方向（x 方向）に，幅が緩やかに変化する 2 枚の曲板間を流れる流れを，$0 \le x \le l$ の範囲で，2 次元ストークス近似を用いて解くことを考える．一方の壁は平面で $y=0$ にあり，x の正方向に速度 U で移動している．もう一方の壁は $y = h(x) > 0$ で表される曲面であり，静止しているとする．また，$h(x)$ は x の緩やかな減少関数で，$h(0) = h_1 > h(l) = h_2$ とする．圧力 p は x のみの関数であるとし，流速は x 方向のみで，流量は Q とする．これは，**潤滑理論**の基礎となる．このとき，以下の問いに答えよ．

(1) x 方向の速度 u を，圧力勾配 dp/dx と，y の関数として求めよ．

(2) dp/dx を，粘性係数 μ，U，Q，$h(x)$ の関数として求めよ．

(3) $x=0$ と $x=l$ で $p=p_0$ とするとき，Q を U と $h(x)$ を用いて表せ．

10章 物体を過ぎる流れ

流れの中で物体は流体から力を受け，反作用として流体も物体から力を受ける．その代表例は航空機の翼であり，航空機は翼が受ける揚力により空気中を飛ぶことが可能となる．物体が流体から受ける力は揚力と抗力に分けられる．物体にはたらくこれらの力は，物体を含む領域に閉じた検査面を設け，その面を単位時間に通過する運動量の積分が物体表面にはたらく力積の和に等しいことを用いて求めることができる．

10.1 物体にはたらく流体力

流れの中に物体があるとき，物体は流れから流体力を受ける．流体力は抗力と揚力に分けられる．また，それらの力は，その起源から圧力による力と摩擦力による力とに分類できる．

●10.1.1●抗力と揚力

無風状態で乱れのない空気中を航空機や自動車が一定速度で移動するとき，航空機や自動車は静止流体中を運動しているとみなすことができる．これらのモデルとして，図 10.1 のように静止した物体に前方から一様流があたる場合を考え，一様流の方向に x 軸をとり，それと垂直に y 軸をとる．一様流は x 方向の単位ベクトル $\boldsymbol{e}_x$ を用いて $U\boldsymbol{e}_x$ と表せる．流体が物体に力 $\boldsymbol{F}$ を及ぼすとき，その力を一様流の方向 $D\boldsymbol{e}_x$ と垂直方向 $L\boldsymbol{e}_y$ に分解して，

$$\boldsymbol{F} = D\boldsymbol{e}_x + L\boldsymbol{e}_y \tag{10.1}$$

と表す．このとき，航空機の翼にはたらく力との類推から，一様流の方向の成分 D を**抗力**とよび，垂直成分 L を**揚力**とよぶ．もちろん，これらのよび方は航空機の翼にはたらく力以外にも用いる．

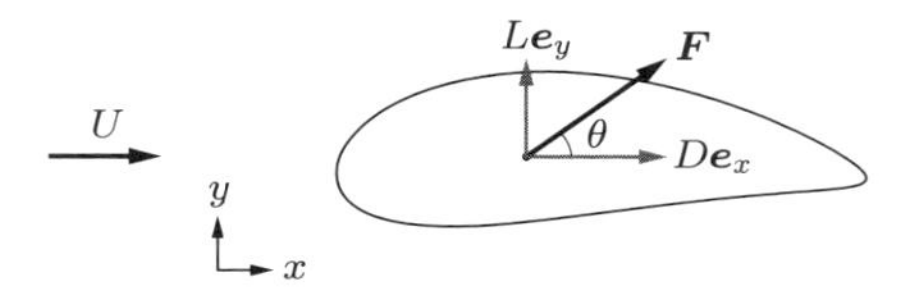

図 10.1　一様流中にある物体にはたらく力．抗力 D と揚力 L．

物体にはたらく抗力を議論するときは，抗力 D を無次元化して

$$C_D = \frac{D}{A\rho U^2/2} \tag{10.2}$$

で定義される**抗力係数** C_D を用いる．ここで，A は物体を一様流と垂直な面に投影した面積である．すなわち，A は物体を上流から見たときの面積である．ただし，翼形物体や平板などの場合には，A として最大投影面積をとることがある．また，ρ は流体の密度である．抗力係数は物体の形状やレイノルズ数により異なる．このように無次元量 C_D を用いて抗力を議論する理由は，物体の大きさや流れの速度などの個々の物理量によらず，抗力を物体の形状とレイノルズ数の関数として見ようとするためである．

抗力係数と同様に，**揚力係数** C_L は

$$C_L = \frac{L}{A\rho U^2/2} \tag{10.3}$$

で定義される．とくに航空機の場合には，揚力と抗力の比，すなわち揚抗比 L/D $(= C_D/C_L)$ が大切な指標となる．航空機の質量を M，重力加速度を g とすると，航空機にはたらく重力は Mg であり，重力と揚力がつり合っている状態 $L = Mg$ での巡航状態では，航空機の推進力 F は $F = D = Mg(L/D)^{-1}$，すなわち揚抗比の逆数と Mg との積となる．一般の大型旅客機では揚抗比は $L/D = 18$〜20 程度である．

●10.1.2●圧力と粘性摩擦力

物体が流体から力を受ける原因は二つある．一つは流体が物体表面を押す圧力であり，もう一つは物体表面に沿って流れる流体の粘性摩擦力である．前項では，物体にはたらく流体力 $\boldsymbol{F}$ はその方向によって抗力と揚力に分けられることを説明したが，その原因から分類すると，圧力による流体力 $\boldsymbol{F}_p$ と粘性摩擦による流体力 $\boldsymbol{F}_f$ に分けて，

$$\boldsymbol{F} = \boldsymbol{F}_p + \boldsymbol{F}_f \tag{10.4}$$

と表せる．式 (10.1) の D と L を式 (10.4) のように流れの方向とそれに垂直な方向の成分で表現すると，

$$D = D_p + D_f, \quad L = L_p + L_f \tag{10.5}$$

のように表される．

式 (10.5) に現れる四つの力の成分は，すべて物体表面にはたらく面積力である．それぞれの力の成分を求めるために，図 10.2 のように速さ U の一様流中にある物体を考え，物体の全表面積を S で表す．また，表面の微小な面積を dS で表す．dS は小

さな面積であり，平面であるとみなすことができる．dS の単位法線ベクトル $\boldsymbol{n}$ を物体内部から外側へ向かう方向にとる．流れの方向である x 軸と $-\boldsymbol{n}$ のなす角を θ とおく．微小面積 dS にはたらく圧力 p による力は pdS であり，その x 方向成分は $pdS\cos\theta$ と表され，x 方向の単位ベクトル $\boldsymbol{e}_x$ を用いて，$-p(\boldsymbol{n}\cdot\boldsymbol{e}_x)dS$ とも表せる．ここで，角 θ は微小面積の位置により異なることに注意する必要がある．この dS にはたらく力を全表面積 S について積分すると，圧力による抗力 D_p が

$$D_p = \int_S p\cos\theta dS = -\int_S p(\boldsymbol{n}\cdot\boldsymbol{e}_x)dS \tag{10.6}$$

と求められる．一方，dS にはたらく圧力 pdS の y 方向成分は $-pdS\sin\theta = -p(\boldsymbol{n}\cdot\boldsymbol{e}_y)dS$ である．この力を物体の全表面積 S について積分すると，

$$L_p = -\int_S p\sin\theta dS = -\int_S p(\boldsymbol{n}\cdot\boldsymbol{e}_y)dS \tag{10.7}$$

のように，圧力による揚力成分 L_p が求められる．

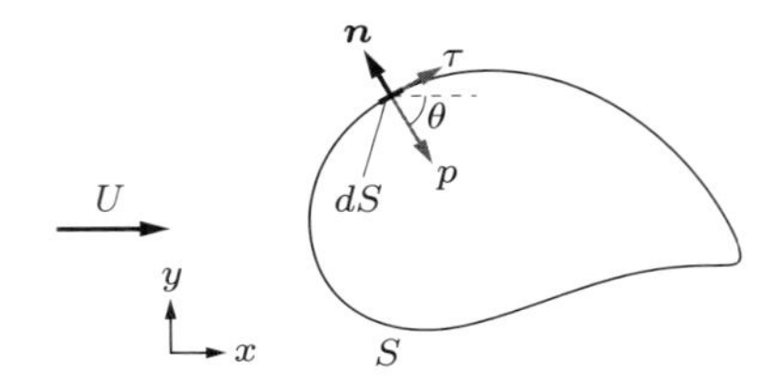

図 10.2　一様流中にある物体にはたらく力．
圧力 p と粘性摩擦力（せん断応力）τ．

物体表面には，圧力のほかに，粘性による摩擦力がはたらく．微小面積 dS にはたらく粘性摩擦力は $\tau dS = \mu(du_{\parallel}/dn)_0 dS$ と表すことができる．ここで，$u_{\parallel}$ は物体表面に沿う流速成分の大きさであり，$(du_{\parallel}/dn)_0$ は $u_{\parallel}$ を物体表面に垂直な方向に微分したときの表面での値である．この粘性摩擦力の x 成分と y 成分をそれぞれ物体の全表面について積分すると，

$$D_f = \int_S \tau\sin\theta dS = \int_S \tau(\boldsymbol{n}\cdot\boldsymbol{e}_y)dS \tag{10.8}$$

$$L_f = \int_S \tau\cos\theta dS = -\int_S \tau(\boldsymbol{n}\cdot\boldsymbol{e}_x)dS \tag{10.9}$$

のように，粘性摩擦力による抗力成分 D_f と揚力成分 L_f が求められる．

10.2 運動量の保存則と物体にはたらく力

流れの中に検査面を設け，その検査面を単位時間に通過する流体の運動量の積分から，物体にはたらく揚力と抗力を求めることができる．このとき，流体がもつ運動量の時間変化率は流体にはたらく力に等しいことを用いる．

例として，図 10.3 のような翼を過ぎる流れについて考えてみよう．流れが翼に及ぼす力を評価するために，図 10.3 に示すように，翼を取り囲むように紙面奥行き幅 w の検査体積 ABCD をとる．この翼は x 軸について対称な形で，厚さ d の対称翼であり，翼の幅（紙面奥行き）方向には一様であるとする．面 AB（幅 $2h$，奥行き w）には，流体は一様な x 方向の流速 U で流入する．また，面 CD から流出する流体はほぼ x 成分の流速のみをもち，その流速は $u(y)$ と表されるとする．時刻 t において検査体積 ABCD 内にある流体の質量を m とすれば，質量 m の時間変化率 dm/dt は検査体積を通して流入する流量の和に等しいので，面 AB から単位時間に入ってくる流量（体積流量）を q_1 とし，同様にほかの三つの面 CD，BC，AD のそれぞれから出ていく流量 q_2，q_3，q_4 とすると，

$$\frac{dm}{dt} = \rho(q_1 - q_2 - q_3 - q_4) \tag{10.10}$$

が成り立つ．流れが定常流であり，$dm/dt = 0$ であるとすれば，

$$q_1 = q_2 + q_3 + q_4 \tag{10.11}$$

となる．ここで，q_1 と q_2 はそれぞれ，

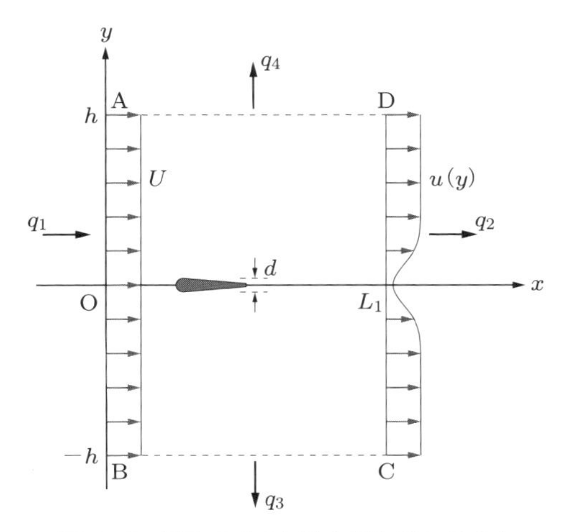

図 10.3 流れの中の対称な翼にはたらく力

$$q_1 = 2hwU, \quad q_2 = w\int_{-h}^{h} u(y)dy \tag{10.12}$$

と表される．また，対称性から q_3 と q_4 は等しいとして，式 (10.11) より，q_3 と q_4 は

$$q_3 = q_4 = \frac{1}{2}(q_1 - q_2) = \frac{1}{2}w\int_{-h}^{h} (U - u(y))\, dy \tag{10.13}$$

となる．

同様に，検査体積 ABCD 内にある流体がもつ運動量を $\boldsymbol{M}$ とすれば，運動量 $\boldsymbol{M}$ の時間変化率 $d\boldsymbol{M}/dt$ は，単位時間にこの検査体積に流入する運動量と ABCD 内の流体にはたらく力 $-\boldsymbol{F}$ の和であるから，

$$\frac{d\boldsymbol{M}}{dt} = \boldsymbol{Q}_1 - \boldsymbol{Q}_2 - \boldsymbol{Q}_3 - \boldsymbol{Q}_4 - \boldsymbol{F} \tag{10.14}$$

と表される．ここで，$\boldsymbol{F}$ は流体が物体に及ぼす力であり，流体は物体から $-\boldsymbol{F}$ の力を受けているとしている．すべての検査面での圧力は等しいと仮定する．また，$\boldsymbol{Q}_1$ は面 AB から流入する運動量であり，$\boldsymbol{Q}_2$，$\boldsymbol{Q}_3$，$\boldsymbol{Q}_4$ はほかの三つの面 CD，BC，AD のそれぞれから出ていく運動量である．式 (10.14) で定常流を仮定し，$d\boldsymbol{M}/dt = 0$ とおくと，物体にはたらく力は

$$\boldsymbol{F} = \boldsymbol{Q}_1 - \boldsymbol{Q}_2 - \boldsymbol{Q}_3 - \boldsymbol{Q}_4 \tag{10.15}$$

と求められる．式 (10.15) はベクトル式なので，この式の各成分を考えると，それぞれの方向成分の力を求めることができる．

式 (10.15) を x 成分と y 成分に分けて書くと，抗力 D は $\boldsymbol{F}$ の x 成分なので，

$$D = Q_{1x} - Q_{2x} - Q_{3x} - Q_{4x} \tag{10.16}$$

となる．ここで，Q_{ix} $(i = 1, 2, 3, 4)$ は $\boldsymbol{Q}_i$ の x 成分である．同様にして，式 (10.15) の y 成分を考えると，揚力 L が

$$L = Q_{1y} - Q_{2y} - Q_{3y} - Q_{4y} \tag{10.17}$$

と表せる．

面 AB から単位時間に流入する x 方向の運動量 Q_{1x} は，流量 q_1 に流体の密度 ρ と速度 U をかけて，

$$Q_{1x} = \rho q_1 U = 2\rho hwU^2 \tag{10.18}$$

と求められる．この面に流入する y 方向の運動量 Q_{1y} は，面 AB で速度が x 成分だけであるという仮定より，

$$Q_{1y} = 0 \tag{10.19}$$

である．同様に，面 CD から流出する x 方向の運動量 Q_{2x} および y 方向の運動量 Q_{2y} はそれぞれ，

$$Q_{2x} = \rho w \int_{-h}^{h} u(y)^2 dy, \quad Q_{2y} = 0 \tag{10.20}$$

と表される．また，面 BC と面 AD から流出する流体は x 方向速度成分のみをもち，その速度が U であると考えると，これらの面から流出する運動量 Q_{3x} と Q_{3y} および Q_{4x} と Q_{4y} はそれぞれ

$$\begin{aligned} Q_{3x} = Q_{4x} = \rho q_3 U = \rho q_4 U &= \frac{1}{2}\rho U(q_1 - q_2) \\ &= \frac{1}{2}\rho w U \int_{-h}^{h} (U - u(y))\, dy \end{aligned} \tag{10.21}$$

および

$$Q_{3y} = Q_{4y} = 0 \tag{10.22}$$

となる．これらを式 (10.16) と式 (10.17) に代入すると，抗力 D と揚力 L が

$$D = \rho w \int_{-h}^{h} u(y)\,(U - u(y))\, dy, \quad L = 0 \tag{10.23}$$

と表される．ここで，$L = 0$ となり，翼に揚力がはたらかないのは，翼が対称形であり，流れと平行にあるからである．

それではもう少し具体的な例として，位置 $x = L_1$ における流速分布 $u(y)$ が

$$u(y) = U\left\{1 - e^{-[y/(\alpha d)]^2}\right\} \tag{10.24}$$

と与えられているときに，抗力 D を求めてみよう．なお，式 (10.24) は，流れに垂直方向の厚さが d の 2 次元物体の，2 次元後流の漸近形（ある程度物体下流における流れの形）としてよく用いられている．また，α は具体的な物体形状に対する調節パラメータである．

式 (10.12) より，面 AB から流入する流量と面 CD から流出する流量の差 $q_1 - q_2$ は

$$\begin{aligned} q_1 - q_2 = 2hwU - w\int_{-h}^{h} u(y)dy &= wU\int_{-h}^{h} e^{-[y/(\alpha d)]^2} dy \\ &\approx wU\int_{-\infty}^{\infty} e^{-[y/(\alpha d)]^2} dy \end{aligned} \tag{10.25}$$

となる．ここでは，$h \gg \alpha d$ であるとして，$|y|$ が十分大きいとき被積分関数の絶対

値が十分小さくなることから，積分範囲 $-h \le y \le h$ を $-\infty < y < \infty$ で近似した．変数変換 $\xi = y/(\alpha d)$ を行い，ガウス積分が

$$\int_{-\infty}^{\infty} e^{-\xi^2} d\xi = \sqrt{\pi} \tag{10.26}$$

となることを用いると，式 (10.25) は

$$q_1 - q_2 = wU\alpha d \int_{-\infty}^{\infty} e^{-\xi^2} d\xi = \sqrt{\pi}\alpha wUd \tag{10.27}$$

と求められる．この式を式 (10.13) に代入すれば，

$$q_3 = q_4 = \frac{1}{2}\sqrt{\pi}\alpha wUd \tag{10.28}$$

となる．また，$Q_{1x} - Q_{2x}$ は

$$\begin{aligned} Q_{1x} - Q_{2x} &= \rho w \int_{-h}^{h} \left(U^2 - u(y)^2\right) dy \\ &= \rho w U^2 \int_{h}^{h} \left\{2e^{-[y/(\alpha d)]^2} - e^{-2[y/(\alpha d)]^2}\right\} dy \end{aligned} \tag{10.29}$$

となるが，ここでも，変数変換 $\xi = y/(\alpha d)$ を行い，式 (10.25) と同様に積分範囲 $-h \le y \le h$ を $-\infty < y < \infty$ で近似すれば，

$$Q_{1x} - Q_{2x} = \rho w U^2 \int_{-\infty}^{\infty} \left(2e^{-\xi^2} - e^{-2\xi^2}\right) d\xi = \sqrt{\pi}\frac{4-\sqrt{2}}{2}\alpha\rho wU^2 d \tag{10.30}$$

となる．また，

$$Q_{3x} = Q_{4x} = \frac{1}{2}\sqrt{\pi}\alpha\rho wU^2 d \tag{10.31}$$

である．式 (10.30) と式 (10.31) を式 (10.23) に代入すれば，抗力 D が

$$D = \frac{2-\sqrt{2}}{2}\sqrt{\pi}\alpha\rho wU^2 d = 0.52\alpha\rho wU^2 d \tag{10.32}$$

と得られる．

例題 10.1 翼が流れの方向とある角度（迎え角）をなしている場合を考える．図 10.4 のような検査体積（紙面奥行き幅 w）の ABCD 内に置かれた翼にかかる揚力を求めよ．ただし検査面 AB には一様流が流入するとし，検査面 CD ($x = L_1$) における速度分布 $u(y)$ は

$$u(y) = U\left\{1 - \delta e^{-[y/(\alpha d)]^2}\right\} \tag{10.33}$$

であるとする．また，検査面 AD および BC での速度は，x 方向速度 U のみでなく，y 方向にもそれぞれ速度

$$
\begin{aligned}
v_3(x) &= -U\gamma_3 e^{-[(x-L_3)/(\beta_3 l)]^2} \\
v_4(x) &= -U\gamma_4 e^{-[(x-L_4)/(\beta_4 l)]^2}
\end{aligned}
\tag{10.34}
$$

をもつとする．ここで，L_3，L_4，β_3，β_4 は調節パラメータである．

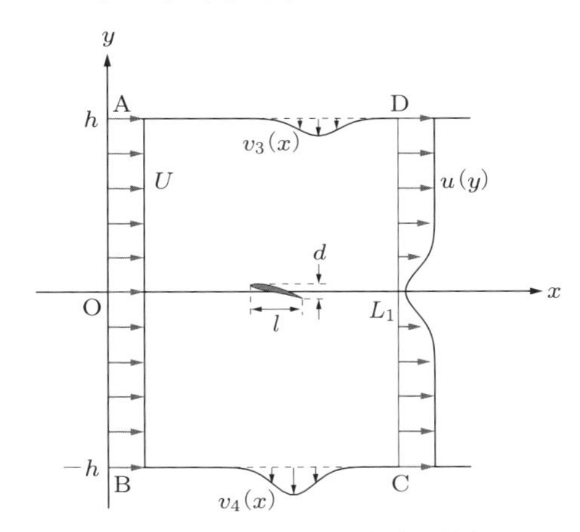

図 10.4 翼にはたらく揚力と抗力

[解] 揚力 L は，y 方向の運動量の保存式より，

$$L = Q_{1y} - Q_{2y} - Q_{3y} - Q_{4y} \tag{10.35}$$

と表すことができるが，仮定より $Q_{1y} = Q_{2y} = 0$ である．検査面 AD からは負の y 方向運動量をもつ流体が流入するので，流出する y 方向運動量 Q_{3y} は正であり，

$$
\begin{aligned}
Q_{3y} &= \rho w \int_0^{L_1} v_3(x)^2 dx = \rho w \int_0^{L_1} U^2 \gamma_3^2 e^{-2[x/(\beta_3 l)]^2} dx \\
&\approx \rho w U^2 \gamma_3^2 \int_{-\infty}^{\infty} e^{-2[x/(\beta_3 l)]^2} dx = \sqrt{\frac{\pi}{2}} \rho \beta_3 \gamma_3^2 l w U^2
\end{aligned}
\tag{10.36}
$$

となる．検査面 BC からは負の y 方向運動量をもつ流体が流出するので，

$$Q_{4y} \approx -\sqrt{\frac{\pi}{2}} \rho \beta_4 \gamma_4^2 l w U^2 \tag{10.37}$$

となる．これらを式 (10.35) に代入すると，

$$L = -Q_{3y} - Q_{4u} = \sqrt{\frac{\pi}{2}} \rho l w U^2 (\beta_4 \gamma_4^2 - \beta_3 \gamma_3^2) \tag{10.38}$$

と求められる．このように，一様流が翼によって曲げられて，検査面 AD と BC で y 方向速度 $v_3(x)$ および $v_4(x)$ をもつことが，翼による揚力発生機構の重要な点である．

10.3 物体を過ぎる流れの例

物体を過ぎる流れの代表例は，円柱を過ぎる流れと翼を過ぎる流れである．円柱を過ぎる流れはレイノルズ数によって大きく異なり，レイノルズ数が大きくなると，流れは円柱表面からはく離したり，振動流あるいは乱流へと遷移したりする．翼形状は，はく離が生じにくく，揚力が大きくなるように流線形状となっているが，大きな迎え角でははく離も生じる．

●10.3.1●円柱を過ぎる流れ

非粘性流体である完全流体の場合，物体表面には粘性摩擦力ははたらかず，円柱を過ぎる流れでは円柱上流と下流が対称な圧力分布をしているため，結果として円柱には抗力ははたらかない．これは，6 章で複素速度ポテンシャルの重ね合わせによって説明され，ダランベールのパラドックスとよばれる．一方，粘性流体では，物体表面上で流体と物体の速度差が 0 であるため，物体表面には粘性摩擦力がはたらき，完全流体の流れとは大きく異なる．流速 U の一様流中に置かれた直径 d の円柱を過ぎる流れで，レイノルズ数を $Re = Ud/\nu$ で定義すると，粘性の影響が支配的である低レイノルズ数流れ ($Re \ll 0.1$) の場合（図 10.5 (a)），9 章で説明したように，円柱まわりの流線は，円柱の前後左右において対称であり，完全流体と似ているが，摩擦抵抗の影響があるため，抗力が発生する．レイノルズ数が大きくなると，円柱前方におい

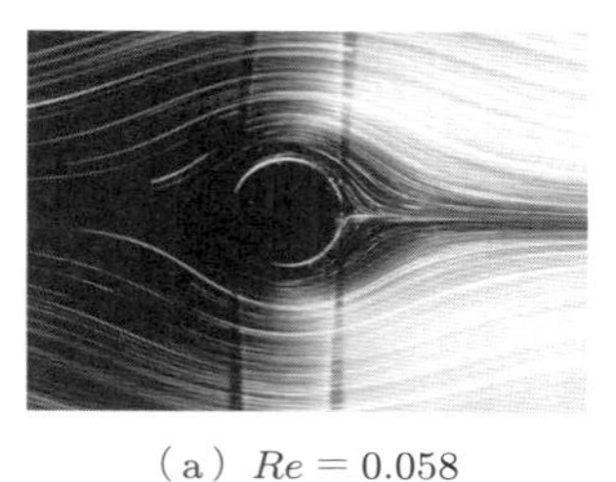

（a）$Re = 0.058$

（b）$Re = 25.5$

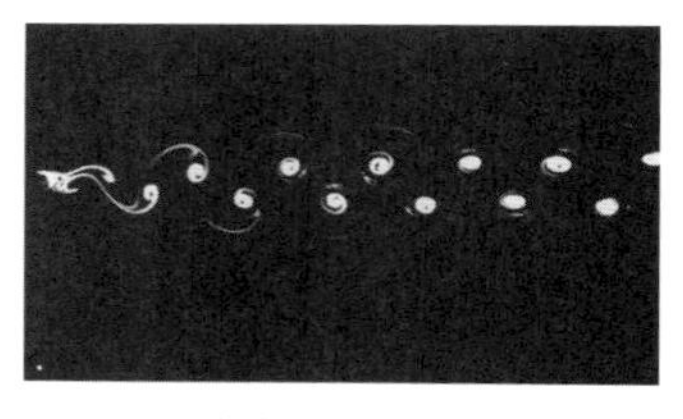

（c）$Re = 152$

（d）$Re = 1404$

図 10.5　円柱を過ぎる流れ
［出典：種子田定俊著「画像から学ぶ流体力学」（朝倉書店，1988）］

て流れは物体に沿っているため，円柱表面近傍を除くと，完全流体に近い流れであるが，円柱後方において，境界層（8 章を参照）が発達し，ある位置で流れのはく離が生じる．レイノルズ数が $6 \leq Re \leq 50$ の場合，円柱の上下で流れは対称にはく離し，双子渦を形成する（図 10.5 (b)）．双子渦はおよそ $Re = 6$ 程度で現れ，その長さは図 10.6 のように，レイノルズ数 Re の 1 次関数として Re の増加とともに長くなる．双子渦の発生は後に説明する振動流の発生とは異なり，流れの不安定性や解の分岐現象ではなく，単に流れ場の構造の変化であるということがわかっている．

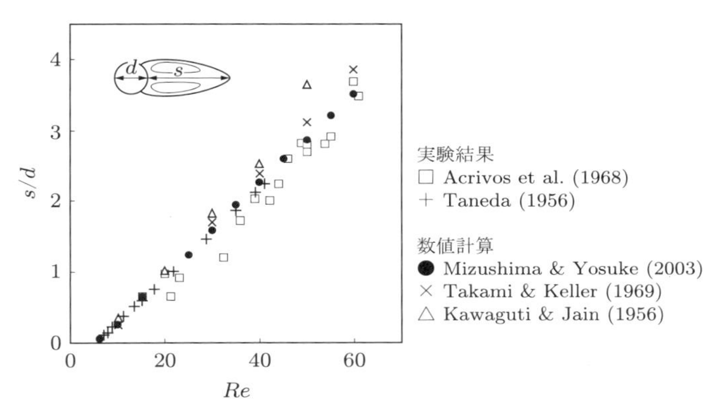

図 10.6 円柱後方にできる双子渦の長さ

レイノルズ数がおよそ 50 以上になると，定常状態の双子渦は存在できなくなり，交互に円柱からはがれるようになる．その結果，流れは振動流へと遷移する．この対称定常流から振動流への遷移は，対称定常流が不安定となって，不安定性によって振動流が誘起された結果生じる．数学的には，支配方程式の解は $Re \lesssim 50$ では対称定常解だけが存在しているが，$Re \sim 50$ で振動解が現れて，不安定となった対称定常解と安定な振動解が同時に共存するようになる．このように解の数が変化することを解の分岐現象といい，図 10.7 のような分岐図で表される．この図は円柱後方のある位置での流れと垂直な方向の流速 v_1 をレイノルズ数の関数として描いた図であり，実線は安定な解を表し，破線は不安定な解を表す．また，$Re > Re_{\mathrm{c}} = 46.7$ での 2 本の実線は流速 v_1 の最大値と最小値を表しており，流れが振動していることを示している．

さらにレイノルズ数が大きくなって，$Re \approx 100$ を超えると，円柱下流には互い違いに配置された渦列が生じる（図 10.5 (c)）．この渦列を**カルマン渦列**という．カルマン渦列の発生機構については 7 章で詳しく述べられている．カルマン渦列が発生すると，物体にかかる力が周期的に変動する．この現象はわれわれの身近で起きる現象で，たとえば，風の強い日に送電線から発せられる音は，送電線のまわりに発生した

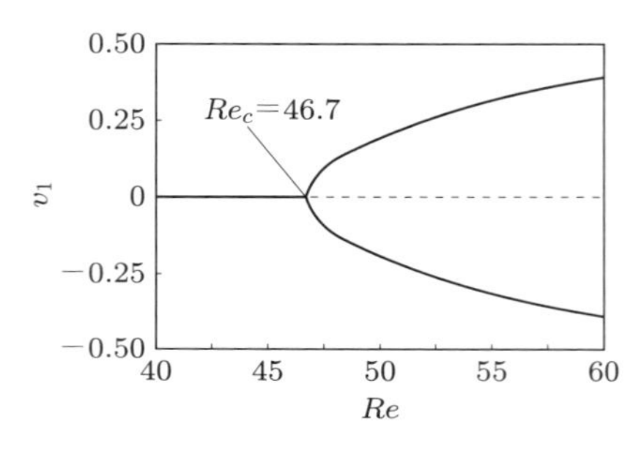

図 10.7　円柱まわり流れの分岐図

カルマン渦列の発生周波数に対応した流体音である．ここで，この渦対の発生周波数 f を d/U で無次元化して

$$St = \frac{fd}{U} \tag{10.39}$$

と定義する．この無次元量 St を**ストローハル数**という．レイノルズ数が $250 < Re < 2 \times 10^5$ のとき，ストローハル数は $St \approx 0.2$ とほぼ一定になる．流れが振動する周期を T とすると，ストローハル数は流体にはたらく周期的な力 $\rho(\partial u/\partial t) \sim \rho U/T \sim f\rho U$ と慣性力 $\rho u(\partial u/\partial x) \sim \rho U^2/d$ との比 $(1/T)(d/U) \sim fd/U$ であるということもできる．レイノルズ数がさらに大きくなると，円柱後方の流れは乱れて非常に複雑となる（図 10.5 (d)）．

レイノルズ数が $Re = 1.1 \times 10^5$ と 6.7×10^5 の場合，および完全流体の場合の円柱まわりの圧力分布を，前端からの角 θ の関数としてグラフにすると，図 10.8 のようになる．完全流体の場合，圧力分布は円柱前後で対称となり，先に述べたように円柱には力はかからない．一方，粘性流体の場合，$\theta = 0°$ から $90°$ にかけて，しだいに速度が増加し，圧力は下がる．角度が $\theta = 90°$ よりも大きくなると，圧力が上昇するとともに，発達した境界層がはく離し，結果として円柱後方に渦が発生する．円柱後方のはく離域は前方に比べて圧力が低下するため，円柱には抗力が発生する．

図 10.9 は円柱まわりの流れにおけるレイノルズ数 Re と抗力係数 C_D の関係を表している．この図から，C_D は $Re \approx 5 \times 10^5$ 付近で急に小さくなり，円柱にかかる抗力が急に低下することがわかる．これは，はく離点での境界層が層流から乱流へと遷移するためである．図 10.8 と合わせて考えると理解しやすい．図 10.8 の $Re = 1.1 \times 10^5$ は層流境界層流，$Re = 6.7 \times 10^5$ は乱流境界層流に相当する．$Re = 1.1 \times 10^5$ でのはく離点は $\theta = 80°$ 付近にあるのに対して，$Re = 6.7 \times 10^5$ でははく離点は $\theta = 110°$ 付近と後方へ移動している．その理由は，乱流境界層では流れに垂直な方向の運動量の交換があるため，層流境界層に比べてはく離しにくくな

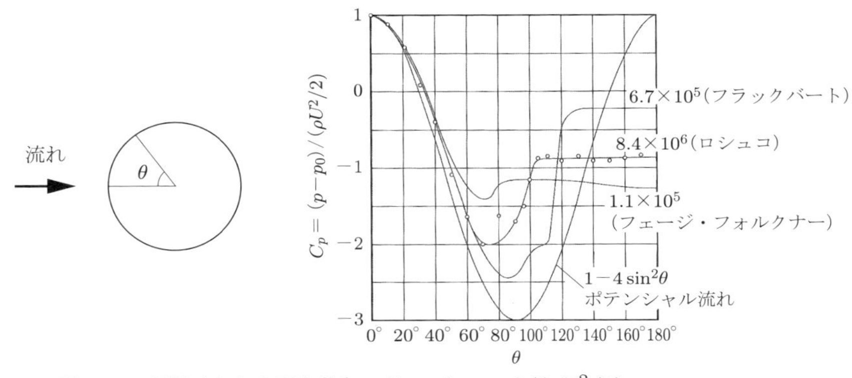

図 10.8　円柱まわりの圧力分布．$C_p = (p - p_0)/(\rho U^2/2)$.
［出典：日本機械学会編，機械工学便覧基礎編 $\alpha 4$ 流体工学，2006］

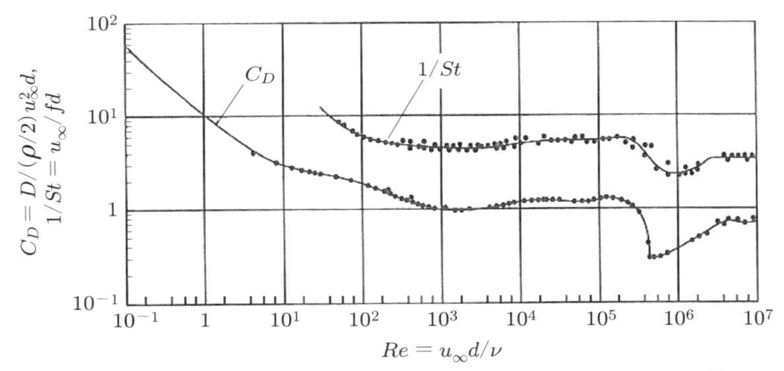

図 10.9　円柱の抗力係数 C_D とレイノルズ数の関係．$C_D = 2D/(\rho d U^2)$.
［出典：日本機械学会編，機械工学便覧基礎編 $\alpha 4$ 流体工学，2006］

り，はく離点は下流へと移動するためである．その結果，乱流境界層によって流れがはく離したときのほうが抗力が減少する．

円柱が一様流中で回転している場合，流体は粘性のため円柱に引きずられて回転運動をして，円柱まわりに循環をもつ流れと同じ状態となり，流れに垂直な方向の力，つまり揚力を受ける．これは 6 章の円柱まわりに循環がある非粘性流れに対応する．粘性をもつ流れ場中で円柱や球が回転しているとき，それらの物体が流れと垂直な方向に力を受ける現象を，**マグヌス効果**という．

例題 10.2　一様流速 10 m/s の流体中に直径 30 cm，長さ 1.0 m の円柱が置かれている．このとき円柱にかかる抗力を求めよ．ここで，空気の動粘性係数を $1.5 \times 10^{-5}\ \mathrm{m^2/s}$，空気の密度を $1000\ \mathrm{kg/m^3}$ とする．また，流速が 30 m/s になると，抗力はどうなるか．

［解］ この円柱まわりのレイノルズ数は，

$$Re = \frac{Ud}{\nu} = \frac{10 \times 30 \times 10^{-2}}{1.5 \times 10^{-5}} = 2.0 \times 10^5$$

となる．このとき，図 10.9 より抗力係数 $C_D = 1.2$ なので，抗力 D は円柱の直径を d，長さを l とすると

$$D = C_D \cdot \frac{1}{2}\rho U^2 dl = 1.8 \times 10^4\,\mathrm{N}$$

となる．また，流速が 30 m/s のときはレイノルズ数 $Re = 2.0 \times 10^5$ で，抗力係数 $C_D = 0.3$ より，$D = 4.1 \times 10^4\,\mathrm{N}$ となる．

●10.3.2●球を過ぎる流れ

球を過ぎる流れは，レイノルズ数の増加とともに，円柱を過ぎる流れとよく似た変化を示すが，分岐解析に基づく研究は，円柱を過ぎる流れのレベルには達していない．球の直径を代表長さとしたレイノルズ数が 28 を超えるあたりから，球背後に明瞭な渦巻きが現れる（図 10.10 (a), (b)）．この渦巻は軸対称な渦輪である．また，レイノルズ数が 200 を超えると，ほぼ周期的な非定常流れが球背後の流れに現れる（図 10.10 (c)）．さらに，400 を超えると，非軸対称な 3 次元渦構造が周期的に変化するようになることが知られている（図 10.10 (d)）．

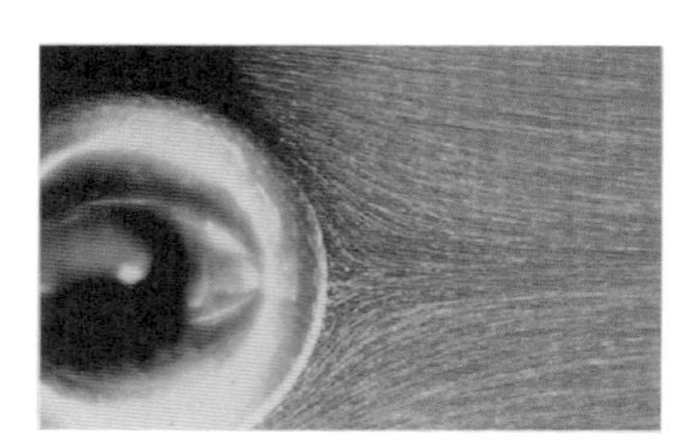

（a） $Re = 25$

（b） $Re = 118$

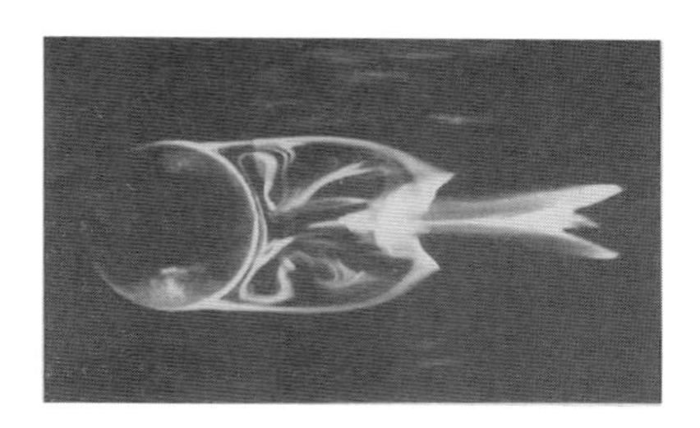

（c） $Re = 300$

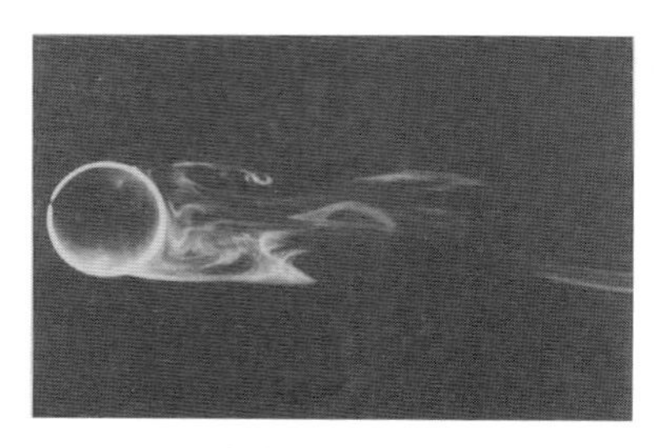

（d） $Re = 420$

図 10.10　球を過ぎる流れ

［出典：種子田定俊著「画像から学ぶ流体力学」（朝倉書店，1988）］

図 10.11 は円柱まわりの流れにおけるレイノルズ数 Re と抗力係数 C_D の関係を表している．この図から，円柱を過ぎる流れと同様に，C_D は $Re \approx 5 \times 10^5$ 付近で急に小さくなり，乱流境界層による抵抗の減少が見られる．この乱流境界層による抵抗の減少はさまざまなところで利用されており，例として，ゴルフボールのディンプルは，ゴルフボールの表面に凹凸を入れることにより，境界層を強制的に乱流に遷移させてはく離を遅らせ，抵抗を小さくしている．

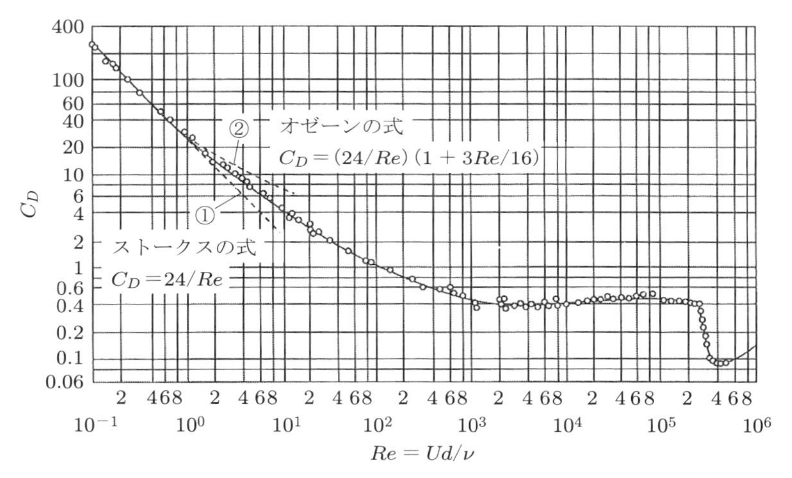

図 10.11　球の抗力係数 C_D とレイノルズ数の関係． $C_D = 8D/(\pi\rho d^2 U^2)$
［出典：日本機械学会編，機械工学便覧基礎編 α4 流体工学，2006］

演習問題 10

10.1　速度 10 m/s の一様流中に円柱が置かれている．このとき，カルマン渦列の発生振動数（＝発生周波数/2π）を求めよ．ここで，円柱の直径を 4.5×10^{-2} m，空気の動粘性係数を 1.5×10^{-5} m^2/s とする．

10.2　直径 43 mm のゴルフボールが時速 250 km で空気中を飛ぶときに，抗力係数が 0.2 であった場合，表面のディンプルによって抵抗は何 % 軽減されたか求めよ．ここで，空気の動粘性係数を 1.5×10^{-5} m^2/s とする．

10.3　動いている翼が急に停止すると，翼まわりの流れはどのようになるかを説明せよ．

付録　ベクトル解析の公式

流れを支配する方程式はベクトル形で表すと便利で簡潔になる．解析的あるいは数値的に方程式を解くときには，ベクトル形で表された方程式を問題に応じて，デカルト座標（直交座標，直角座標）で表したり，あるいは円柱（円筒）座標や球座標で表したりすると，解が得やすくなる場合がある．

A.1 ベクトル演算子の定義

3 次元空間中のスカラー関数 $f(\boldsymbol{x})$ と $g(\boldsymbol{x})$，およびベクトル関数 $\boldsymbol{A}(\boldsymbol{x})$ と $\boldsymbol{B}(\boldsymbol{x})$ を考える．ここでは，これらの関数はすべて位置座標 $\boldsymbol{x}$ の関数であり，どのような座標系を選んでもその座標の各成分について無限回微分可能であると仮定する．

スカラー関数 $f(\boldsymbol{x})$ の勾配 ∇f は，2 点 $\boldsymbol{x}_1$ と $\boldsymbol{x}_2$ を結ぶ任意の線分を C として，

$$f(\boldsymbol{x}_1) - f(\boldsymbol{x}_2) = \int_C \nabla f \cdot d\boldsymbol{x} \tag{A.1}$$

が満たされるように定義する．ここで，∇ はベクトル微分演算子である．長さが非常に短い変位 $\delta\boldsymbol{x}$ ($|\delta\boldsymbol{x}| \ll 1$) については

$$\delta f = f(\boldsymbol{x} + \delta\boldsymbol{x}) - f(\boldsymbol{x}) = \nabla f \cdot \delta\boldsymbol{x} \tag{A.2}$$

が成り立つ．∇f はベクトルである．デカルト座標 $\boldsymbol{x} = (x, y, z)$ では，$\nabla f = (\partial f/\partial x, \partial f/\partial y, \partial f/\partial z)$ と表される．

ベクトル $\boldsymbol{A}$ の発散 $\nabla \cdot \boldsymbol{A}$ は，任意の閉曲面 S で囲まれる体積を V として，

$$\iint_S \boldsymbol{A} \cdot d\boldsymbol{S} = \iiint_V (\nabla \cdot \boldsymbol{A}) dV \tag{A.3}$$

により定義する．これより，非常に小さい体積 δV ($\ll 1$) を考えて，

$$\nabla \cdot \boldsymbol{A} = \frac{\displaystyle\iint_S \boldsymbol{A} \cdot d\boldsymbol{S}}{\delta V} \tag{A.4}$$

と表すことができる．$\nabla \cdot \boldsymbol{A}$ はスカラーである．デカルト座標では，$\boldsymbol{A} = (A_x, A_y, A_z)$ とおけば，$\nabla \cdot \boldsymbol{A} = \partial A_x/\partial x + \partial A_y/\partial y + \partial A_z/\partial z$ と表される．

ベクトル $\boldsymbol{A}$ の回転 $\nabla \times \boldsymbol{A}$ は，任意の閉曲線 C により囲まれた面を S として，

$$\oint_C \boldsymbol{A} \cdot d\boldsymbol{s} = \iint_S (\nabla \times \boldsymbol{A}) \cdot d\boldsymbol{S} \tag{A.5}$$

により定義する．ここで，$d\boldsymbol{S} = \boldsymbol{n} dS$ であり，$\boldsymbol{n}$ は面 dS に垂直な単位ベクトルである．式 (A.5) より，非常に小さい面積 δS $(\ll 1)$ を考えて，

$$(\nabla \times \boldsymbol{A}) \cdot \boldsymbol{n} = \frac{\oint_C \boldsymbol{A} \cdot d\boldsymbol{s}}{\delta S} \tag{A.6}$$

と表すことができる．デカルト座標では，$\nabla \times \boldsymbol{A} = (\partial A_z/\partial y - \partial A_y/\partial z, \partial A_x/\partial z - \partial A_z/\partial x, \partial A_y/\partial x - \partial A_x/\partial y)$ と表される．

A.2 ベクトル解析の公式

以下のベクトル解析の公式は，座標系によらずに成り立つ．

$$\nabla \cdot (f\boldsymbol{A}) = (\nabla f) \cdot \boldsymbol{A} + f(\nabla \cdot \boldsymbol{A}) \tag{A.7}$$

$$\nabla \cdot (\boldsymbol{A} \times \boldsymbol{B}) = (\nabla \times \boldsymbol{A}) \cdot \boldsymbol{B} - \boldsymbol{A} \cdot (\nabla \times \boldsymbol{B}) \tag{A.8}$$

$$\nabla (fg) = (\nabla f)g + f(\nabla g) \tag{A.9}$$

$$\nabla \times (f\boldsymbol{A}) = (\nabla f) \times \boldsymbol{A} + f(\nabla \times \boldsymbol{A}) \tag{A.10}$$

$$\nabla (\boldsymbol{A} \cdot \boldsymbol{B}) = (\boldsymbol{B} \cdot \nabla)\boldsymbol{A} + (\boldsymbol{A} \cdot \nabla)\boldsymbol{B} - (\nabla \times \boldsymbol{A}) \times \boldsymbol{B} + \boldsymbol{A} \times (\nabla \times \boldsymbol{B}) \tag{A.11}$$

$$\nabla \times (\boldsymbol{A} \times \boldsymbol{B}) = (\boldsymbol{B} \cdot \nabla)\boldsymbol{A} - (\boldsymbol{A} \cdot \nabla)\boldsymbol{B} + \boldsymbol{A}(\nabla \cdot \boldsymbol{B}) - \boldsymbol{B}(\nabla \cdot \boldsymbol{A}) \tag{A.12}$$

$$\nabla^2 (fg) = (\nabla^2 f)g + 2(\nabla f) \cdot (\nabla g) + f\nabla^2 g \tag{A.13}$$

$$\nabla \cdot (\nabla f \times \nabla g) = 0 \tag{A.14}$$

$$\nabla \cdot (\nabla \times \boldsymbol{A}) = 0 \tag{A.15}$$

$$\nabla \times (\nabla f) = 0 \tag{A.16}$$

$$\nabla \times (\nabla \times \boldsymbol{A}) = \nabla(\nabla \cdot \boldsymbol{A}) - \nabla^2 \boldsymbol{A} \tag{A.17}$$

これらのベクトル解析の公式を証明するには，外微分形式を用いると簡潔であり，直交曲線座標について一般に証明するときは，計量テンソルを用いると便利である．デカルト座標系に限れば，公式 (A.7)〜(A.17) の証明はベクトルとテンソルの成分表示を用いて比較的容易に行うことができるので，簡単に紹介する．ここで，ベクトルとテンソルの成分表示においては，一つの項に同じ添え字が二つある場合は，和の記号 Σ を省略して，その添え字について 1〜3 までの和をとること（アインシュタインの和の規約あるいは縮約規則）とする．例として，式 (A.7) の証明を試みると，

$$\nabla \cdot (f\boldsymbol{A}) = \frac{\partial (fA_i)}{\partial x_i} = \left(\frac{\partial f}{\partial x_i}\right) A_i + f\left(\frac{\partial A_i}{\partial x_i}\right) = (\nabla f) \cdot \boldsymbol{A} + f(\nabla \cdot \boldsymbol{A})$$

のように容易に証明できる．式 (A.8) の証明では，エディントンのイプシロン記号の性質 $\epsilon_{ijk}=\epsilon_{kij}=-\epsilon_{jik}$ に注意して，

$$\nabla\cdot(\boldsymbol{A}\times\boldsymbol{B})=\frac{\partial}{\partial x_i}(\epsilon_{ijk}A_jB_k)=\epsilon_{ijk}\left(\frac{\partial A_j}{\partial x_i}\right)B_k+\epsilon_{ijk}A_j\left(\frac{\partial B_k}{\partial x_i}\right)$$
$$=(\nabla\times\boldsymbol{A})\cdot\boldsymbol{B}-\boldsymbol{A}\cdot(\nabla\times\boldsymbol{B})$$

のように証明できる．式 (A.9) と式 (A.10) の証明にはとくに難しい点はない．式 (A.11) の証明では，$\epsilon_{ijk}\epsilon_{jlm}=\delta_{kl}\delta_{im}-\delta_{km}\delta_{il}$ であることを用いる．

A.3 デカルト座標系

●A.3.1●デカルト座標系でのベクトル演算の基本

デカルト座標（直交座標）系 (x,y,z) を考える．各座標成分方向の単位ベクトルをそれぞれ $\boldsymbol{e}_x$, $\boldsymbol{e}_y$, $\boldsymbol{e}_z$ とし，f をスカラー場，$\boldsymbol{A}=(A_x,A_y,A_z)$ をベクトル場とする．デカルト座標の特徴は，単位ベクトル $\boldsymbol{e}_x$, $\boldsymbol{e}_y$, $\boldsymbol{e}_x$ が空間内の点（座標）によらずに全空間で一定であることである．すなわち，

$$\frac{\partial\boldsymbol{e}_x}{\partial x}=\frac{\partial\boldsymbol{e}_x}{\partial y}=\frac{\partial\boldsymbol{e}_x}{\partial z}=\frac{\partial\boldsymbol{e}_y}{\partial x}=\frac{\partial\boldsymbol{e}_y}{\partial y}=\frac{\partial\boldsymbol{e}_y}{\partial z}=\frac{\partial\boldsymbol{e}_z}{\partial x}=\frac{\partial\boldsymbol{e}_z}{\partial y}=\frac{\partial\boldsymbol{e}_z}{\partial z}=0 \tag{A.18}$$

が成り立つ．

ベクトル演算子 ∇（ナブラ，またはハミルトン演算子とよばれる）は

$$\nabla\equiv\boldsymbol{e}_x\frac{\partial}{\partial x}+\boldsymbol{e}_y\frac{\partial}{\partial y}+\boldsymbol{e}_z\frac{\partial}{\partial z}=\left(\frac{\partial}{\partial x},\ \frac{\partial}{\partial y},\ \frac{\partial}{\partial z}\right) \tag{A.19}$$

と定義される．この定義を用いて，f の勾配 ∇f は

$$\nabla f=\mathrm{grad}\ f=\boldsymbol{e}_x\frac{\partial f}{\partial x}+\boldsymbol{e}_y\frac{\partial f}{\partial y}+\boldsymbol{e}_z\frac{\partial f}{\partial z}=\left(\frac{\partial f}{\partial x},\ \frac{\partial f}{\partial y},\ \frac{\partial f}{\partial z}\right) \tag{A.20}$$

となる．ベクトル場 $\boldsymbol{A}$ の発散 $\nabla\cdot\boldsymbol{A}$ は

$$\nabla\cdot\boldsymbol{A}=\mathrm{div}\ \boldsymbol{A}=\left(\boldsymbol{e}_x\frac{\partial}{\partial x}+\boldsymbol{e}_y\frac{\partial}{\partial y}+\boldsymbol{e}_z\frac{\partial}{\partial z}\right)\cdot(A_x\boldsymbol{e}_x+A_y\boldsymbol{e}_y+A_z\boldsymbol{e}_z)$$
$$=\frac{\partial A_x}{\partial x}+\frac{\partial A_y}{\partial y}+\frac{\partial A_z}{\partial z} \tag{A.21}$$

となる．ここで，$\boldsymbol{e}_x\cdot\boldsymbol{e}_x=1$，$\boldsymbol{e}_x\cdot\boldsymbol{e}_y=\boldsymbol{e}_x\cdot\boldsymbol{e}_z=0$ などの正規直交関係を用いた．ベクトル場 $\boldsymbol{A}$ の回転 $\nabla\times\boldsymbol{A}$ は

$$\nabla \times \boldsymbol{A} = \mathrm{rot}\ \boldsymbol{A} = \left(\boldsymbol{e}_x \frac{\partial}{\partial x} + \boldsymbol{e}_y \frac{\partial}{\partial y} + \boldsymbol{e}_z \frac{\partial}{\partial z}\right) \times (A_x \boldsymbol{e}_x + A_y \boldsymbol{e}_y + A_z \boldsymbol{e}_z)$$
$$= \left(\frac{\partial A_z}{\partial y} - \frac{\partial A_y}{\partial z},\ \frac{\partial A_x}{\partial z} - \frac{\partial A_z}{\partial x},\ \frac{\partial A_y}{\partial x} - \frac{\partial A_x}{\partial y}\right) \quad \text{(A.22)}$$

となる．ここで，$\boldsymbol{e}_x \times \boldsymbol{e}_x = 0$，$\boldsymbol{e}_x \times \boldsymbol{e}_y = \boldsymbol{e}_z$，$\boldsymbol{e}_x \times \boldsymbol{e}_z = -\boldsymbol{e}_y$ などの関係を用いた．ラプラシアン $\triangle$ は ∇ と ∇ の内積で定義される演算子 ($\triangle = \nabla \cdot \nabla = \nabla^2$) であり，つぎのように表される．

$$\triangle = \left(\boldsymbol{e}_x \frac{\partial}{\partial x} + \boldsymbol{e}_y \frac{\partial}{\partial y} + \boldsymbol{e}_z \frac{\partial}{\partial z}\right) \cdot \left(\boldsymbol{e}_x \frac{\partial}{\partial x} + \boldsymbol{e}_y \frac{\partial}{\partial y} + \boldsymbol{e}_z \frac{\partial}{\partial z}\right)$$
$$= \frac{\partial^2}{\partial x^2} + \frac{\partial^2}{\partial y^2} + \frac{\partial^2}{\partial z^2} \quad \text{(A.23)}$$

●A.3.2●デカルト座標系でのナビエ・ストークス方程式

デカルト座標系 (x, y, z) における速度ベクトル $\boldsymbol{u}$ の速度成分を (u, v, w) と表すと，非圧縮性流れの連続の式は

$$\nabla \cdot \boldsymbol{u} = \frac{\partial u}{\partial x} + \frac{\partial v}{\partial y} + \frac{\partial w}{\partial z} = 0 \quad \text{(A.24)}$$

と表され，ひずみ速度テンソルの各成分は

$$e_{xx} = \frac{\partial u}{\partial x}, \quad e_{yy} = \frac{\partial v}{\partial y}, \quad e_{zz} = \frac{\partial w}{\partial z},$$
$$e_{xy} = e_{yx} = \frac{1}{2}\left(\frac{\partial v}{\partial x} + \frac{\partial u}{\partial y}\right), \quad e_{yz} = e_{zy} = \frac{1}{2}\left(\frac{\partial w}{\partial y} + \frac{\partial v}{\partial z}\right), \quad \text{(A.25)}$$
$$e_{zx} = e_{xz} = \frac{1}{2}\left(\frac{\partial u}{\partial z} + \frac{\partial w}{\partial x}\right)$$

と表される．非圧縮性流れでは，粘性応力テンソル σ_{ij} とひずみ速度テンソル e_{ij} とは $\sigma_{ij} = 2\mu e_{ij}$ の関係があることに注意すること．

ナビエ・ストークス方程式は

$$\frac{\partial u}{\partial t} + u\frac{\partial u}{\partial x} + v\frac{\partial u}{\partial y} + w\frac{\partial u}{\partial z} = -\frac{1}{\rho}\frac{\partial p}{\partial x} + \nu\left(\frac{\partial^2 u}{\partial x^2} + \frac{\partial^2 u}{\partial y^2} + \frac{\partial^2 u}{\partial z^2}\right) \quad \text{(A.26)}$$

$$\frac{\partial v}{\partial t} + u\frac{\partial v}{\partial x} + v\frac{\partial v}{\partial y} + w\frac{\partial v}{\partial z} = -\frac{1}{\rho}\frac{\partial p}{\partial y} + \nu\left(\frac{\partial^2 v}{\partial x^2} + \frac{\partial^2 v}{\partial y^2} + \frac{\partial^2 v}{\partial z^2}\right) \quad \text{(A.27)}$$

$$\frac{\partial w}{\partial t} + u\frac{\partial w}{\partial x} + v\frac{\partial w}{\partial y} + w\frac{\partial w}{\partial z} = -\frac{1}{\rho}\frac{\partial p}{\partial z} + \nu\left(\frac{\partial^2 w}{\partial x^2} + \frac{\partial^2 w}{\partial y^2} + \frac{\partial^2 w}{\partial z^2}\right) \quad \text{(A.28)}$$

となり，渦度はつぎのように表される．

$$\omega_x = \frac{\partial w}{\partial y} - \frac{\partial v}{\partial z}, \quad \omega_y = \frac{\partial u}{\partial z} - \frac{\partial w}{\partial x}, \quad \omega_z = \frac{\partial v}{\partial x} - \frac{\partial u}{\partial y} \tag{A.29}$$

A.4 円柱座標系

●A.4.1●円柱座標系でのベクトル演算の基本

円柱座標系（円筒座標系）(r, θ, z) を考え，各座標成分方向の単位ベクトルをそれぞれ $\boldsymbol{e}_r, \boldsymbol{e}_\theta, \boldsymbol{e}_z$ とし，f をスカラー場，$\boldsymbol{A} = A_r\boldsymbol{e}_r + A_\theta\boldsymbol{e}_\theta + A_z\boldsymbol{e}_z = (A_r, A_\theta, A_z)$ をベクトル場とする．円柱座標系では，単位ベクトル $\boldsymbol{e}_r$ と $\boldsymbol{e}_\theta$ が空間内の点（θ 座標）に依存して変化する．すなわち，

$$\begin{aligned}
&\frac{\partial \boldsymbol{e}_r}{\partial r} = 0, \quad \frac{\partial \boldsymbol{e}_r}{\partial \theta} = \boldsymbol{e}_\theta, \quad \frac{\partial \boldsymbol{e}_r}{\partial z} = 0, \quad \frac{\partial \boldsymbol{e}_\theta}{\partial r} = 0, \quad \frac{\partial \boldsymbol{e}_\theta}{\partial \theta} = -\boldsymbol{e}_r, \\
&\frac{\partial \boldsymbol{e}_\theta}{\partial z} = 0, \quad \frac{\partial \boldsymbol{e}_z}{\partial r} = \frac{\partial \boldsymbol{e}_z}{\partial \theta} = \frac{\partial \boldsymbol{e}_z}{\partial z} = 0
\end{aligned} \tag{A.30}$$

が成り立つ．

ベクトル演算子 ∇ は

$$\nabla = \boldsymbol{e}_r \frac{\partial}{\partial r} + \boldsymbol{e}_\theta \frac{1}{r}\frac{\partial}{\partial \theta} + \boldsymbol{e}_z \frac{\partial}{\partial z} = \left(\frac{\partial}{\partial r}, \ \frac{1}{r}\frac{\partial}{\partial \theta}, \ \frac{\partial}{\partial z}\right) \tag{A.31}$$

と表される．式 (A.31) を用いて，f の勾配 ∇f は

$$\nabla f = \mathrm{grad}\ f = \boldsymbol{e}_r \frac{\partial f}{\partial r} + \boldsymbol{e}_\theta \frac{1}{r}\frac{\partial f}{\partial \theta} + \boldsymbol{e}_z \frac{\partial f}{\partial z} = \left(\frac{\partial f}{\partial r}, \ \frac{1}{r}\frac{\partial f}{\partial \theta}, \ \frac{\partial f}{\partial z}\right) \tag{A.32}$$

となる．ベクトル場 $\boldsymbol{A}$ の発散 $\nabla \cdot \boldsymbol{A}$ は

$$\begin{aligned}
\nabla \cdot \boldsymbol{A} = \mathrm{div}\ \boldsymbol{A} &= \left(\boldsymbol{e}_r \frac{\partial}{\partial r} + \boldsymbol{e}_\theta \frac{1}{r}\frac{\partial}{\partial \theta} + \boldsymbol{e}_z \frac{\partial}{\partial z}\right) \cdot (A_r\boldsymbol{e}_r + A_\theta\boldsymbol{e}_\theta + A_z\boldsymbol{e}_z) \\
&= (\boldsymbol{e}_r \cdot \boldsymbol{e}_r)\frac{\partial A_r}{\partial r} + (\boldsymbol{e}_\theta \cdot \boldsymbol{e}_\theta)\frac{1}{r}A_r + (\boldsymbol{e}_\theta \cdot \boldsymbol{e}_\theta)\frac{1}{r}\frac{\partial A_\theta}{\partial \theta} + (\boldsymbol{e}_z \cdot \boldsymbol{e}_z)\frac{\partial A_z}{\partial z} \\
&= \frac{\partial A_r}{\partial r} + \frac{1}{r}A_r + \frac{1}{r}\frac{\partial A_\theta}{\partial \theta} + \frac{\partial A_z}{\partial z} \\
&= \frac{1}{r}\frac{\partial}{\partial r}(rA_r) + \frac{1}{r}\frac{\partial A_\theta}{\partial \theta} + \frac{\partial A_z}{\partial z}
\end{aligned} \tag{A.33}$$

となる．ここで，$\boldsymbol{e}_r \cdot \boldsymbol{e}_r = 1$，$\boldsymbol{e}_r \cdot \boldsymbol{e}_\theta = \boldsymbol{e}_r \cdot \boldsymbol{e}_z = 0$ などの関係を用いた．ベクトル場 $\boldsymbol{A}$ の回転 $\nabla \times \boldsymbol{A}$ は

$$\nabla \times \boldsymbol{A} = \mathrm{rot}\ \boldsymbol{A} = \left(\boldsymbol{e}_r \frac{\partial}{\partial r} + \boldsymbol{e}_\theta \frac{1}{r}\frac{\partial}{\partial \theta} + \boldsymbol{e}_z \frac{\partial}{\partial z}\right) \times (A_r\boldsymbol{e}_r + A_\theta\boldsymbol{e}_\theta + A_z\boldsymbol{e}_z)$$

$$= (\boldsymbol{e}_r \times \boldsymbol{e}_\theta)\frac{\partial A_\theta}{\partial r} + (\boldsymbol{e}_r \times \boldsymbol{e}_z)\frac{\partial A_z}{\partial r} + (\boldsymbol{e}_\theta \times \boldsymbol{e}_r)\frac{1}{r}\frac{\partial A_r}{\partial \theta} - (\boldsymbol{e}_\theta \times \boldsymbol{e}_r)\frac{1}{r}A_\theta$$

$$+ (\boldsymbol{e}_\theta \times \boldsymbol{e}_z)\frac{1}{r}\frac{\partial A_z}{\partial \theta} + (\boldsymbol{e}_z \times \boldsymbol{e}_r)\frac{\partial A_r}{\partial z} + (\boldsymbol{e}_z \times \boldsymbol{e}_\theta)\frac{\partial A_\theta}{\partial z}$$

$$= \boldsymbol{e}_r\left(\frac{1}{r}\frac{\partial A_z}{\partial \theta} - \frac{\partial A_\theta}{\partial z}\right) + \boldsymbol{e}_\theta\left(\frac{\partial A_r}{\partial z} - \frac{\partial A_z}{\partial r}\right)$$

$$+ \boldsymbol{e}_z\left(\frac{\partial A_\theta}{\partial r} + \frac{1}{r}A_\theta - \frac{1}{r}\frac{\partial A_\theta}{\partial r}\right) \tag{A.34}$$

となる．ここで，$\boldsymbol{e}_r \times \boldsymbol{e}_r = 0$，$\boldsymbol{e}_r \times \boldsymbol{e}_\theta = \boldsymbol{e}_z$，$\boldsymbol{e}_r \times \boldsymbol{e}_z = -\boldsymbol{e}_\theta$ などの関係を用いた．
ラプラシアン $\triangle = \nabla \cdot \nabla$ はつぎのように表される．

$$\triangle = \left(\boldsymbol{e}_r\frac{\partial}{\partial r} + \boldsymbol{e}_\theta\frac{1}{r}\frac{\partial}{\partial \theta} + \boldsymbol{e}_z\frac{\partial}{\partial z}\right) \cdot \left(\boldsymbol{e}_r\frac{\partial}{\partial r} + \boldsymbol{e}_\theta\frac{1}{r}\frac{\partial}{\partial \theta} + \boldsymbol{e}_z\frac{\partial}{\partial z}\right)$$

$$= \frac{1}{r}\frac{\partial}{\partial r}\left(r\frac{\partial}{\partial r}\right) + \frac{1}{r^2}\frac{\partial^2}{\partial \theta^2} + \frac{\partial^2}{\partial z^2} \tag{A.35}$$

●A.4.2●円柱座標系での連続の式とナビエ・ストークス方程式

円柱座標系 (r, θ, z) における速度ベクトル $\boldsymbol{u}$ の速度成分を (u_r, u_θ, u_z) と表すと，非圧縮性流れの連続の式は

$$\nabla \cdot \boldsymbol{u} = \frac{1}{r}\frac{\partial}{\partial r}(ru_r) + \frac{1}{r}\frac{\partial u_\theta}{\partial \theta} + \frac{\partial u_z}{\partial z} = 0 \tag{A.36}$$

となる．また，ひずみ速度テンソルの各成分は

$$\begin{aligned}
&e_{rr} = \frac{\partial u_r}{\partial r}, \quad e_{\theta\theta} = \frac{1}{r}\frac{\partial u_\theta}{\partial \theta} + \frac{u_r}{r}, \quad e_{zz} = \frac{\partial u_z}{\partial z}, \\
&e_{r\theta} = e_{\theta r} = \frac{1}{2}\left[r\frac{\partial}{\partial r}\left(\frac{u_\theta}{r}\right) + \frac{1}{r}\frac{\partial u_r}{\partial \theta}\right], \\
&e_{\theta z} = e_{z\theta} = \frac{1}{2}\left(\frac{1}{r}\frac{\partial u_z}{\partial \theta} + \frac{\partial u_\theta}{\partial z}\right), \quad e_{zr} = e_{rz} = \frac{1}{2}\left(\frac{\partial u_r}{\partial z} + \frac{\partial u_z}{\partial r}\right)
\end{aligned} \tag{A.37}$$

と表される．非圧縮性流れでは，粘性応力テンソル σ_{ij} とひずみ速度テンソル e_{ij} とは $\sigma_{ij} = 2\mu e_{ij}$ の関係があることに注意すること．

ナビエ・ストークス方程式と渦度は，それぞれつぎのように表せる．

$$\frac{\partial u_r}{\partial t} + u_r\frac{\partial u_r}{\partial r} + \frac{u_\theta}{r}\frac{\partial u_r}{\partial \theta} + u_z\frac{\partial u_r}{\partial z} - \frac{u_\theta^2}{r}$$

$$= -\frac{1}{\rho}\frac{\partial p}{\partial r} + \nu\left(\triangle u_r - \frac{u_r}{r^2} - \frac{2}{r^2}\frac{\partial u_\theta}{\partial \theta}\right) \tag{A.38}$$

$$\frac{\partial u_\theta}{\partial t} + u_r \frac{\partial u_\theta}{\partial r} + \frac{u_\theta}{r}\frac{\partial u_\theta}{\partial \theta} + u_z \frac{\partial u_\theta}{\partial z} + \frac{u_r u_\theta}{r}$$
$$= -\frac{1}{\rho r}\frac{\partial p}{\partial \theta} + \nu\left(\triangle u_\theta - \frac{u_\theta}{r^2} + \frac{2}{r^2}\frac{\partial u_r}{\partial \theta}\right) \tag{A.39}$$

$$\frac{\partial u_z}{\partial t} + u_r \frac{\partial u_z}{\partial r} + \frac{u_\theta}{r}\frac{\partial u_z}{\partial \theta} + u_z \frac{\partial u_z}{\partial z} = -\frac{1}{\rho}\frac{\partial p}{\partial z} + \nu \triangle u_z \tag{A.40}$$

$$\triangle = \frac{\partial^2}{\partial r^2} + \frac{1}{r}\frac{\partial}{\partial r} + \frac{1}{r^2}\frac{\partial^2}{\partial \theta^2} + \frac{\partial}{\partial z^2}$$

$$\omega_r = \frac{1}{r}\frac{\partial u_z}{\partial \theta} - \frac{\partial u_\theta}{\partial z}, \quad \omega_\theta = \frac{\partial u_r}{\partial z} - \frac{\partial u_z}{\partial r}, \quad \omega_z = \frac{1}{r}\frac{\partial (r u_\theta)}{\partial r} - \frac{1}{r}\frac{\partial u_r}{\partial \theta} \tag{A.41}$$

A.5 球座標系（極座標系）

●A.5.1●球座標系でのベクトル演算の基本

球座標系（極座標系）(r, θ, φ) を考え，各座標成分方向の単位ベクトルをそれぞれ $\boldsymbol{e}_r, \boldsymbol{e}_\theta, \boldsymbol{e}_\varphi$ とし，f をスカラー場，$\boldsymbol{A} = A_r\boldsymbol{e}_r + A_\theta\boldsymbol{e}_\theta + A_\varphi\boldsymbol{e}_\varphi = (A_r, A_\theta, A_\varphi)$ をベクトル場とする．球座標では，単位ベクトル $\boldsymbol{e}_r$ と $\boldsymbol{e}_\theta$ が θ 座標に依存して変化し，$\boldsymbol{e}_r$ と $\boldsymbol{e}_\theta$ および $\boldsymbol{e}_\varphi$ が φ 座標に依存して変化する．すなわち，

$$\begin{aligned}
&\frac{\partial \boldsymbol{e}_r}{\partial r} = 0, \quad \frac{\partial \boldsymbol{e}_r}{\partial \theta} = \boldsymbol{e}_\theta, \quad \frac{\partial \boldsymbol{e}_r}{\partial \varphi} = \sin\theta\,\boldsymbol{e}_\varphi \\
&\frac{\partial \boldsymbol{e}_\theta}{\partial r} = 0, \quad \frac{\partial \boldsymbol{e}_\theta}{\partial \theta} = -\boldsymbol{e}_r, \quad \frac{\partial \boldsymbol{e}_\theta}{\partial \varphi} = \cos\theta\,\boldsymbol{e}_\varphi \\
&\frac{\partial \boldsymbol{e}_\varphi}{\partial r} = 0, \quad \frac{\partial \boldsymbol{e}_\varphi}{\partial \theta} = 0, \quad \frac{\partial \boldsymbol{e}_\varphi}{\partial \varphi} = -\sin\theta\,\boldsymbol{e}_r - \cos\theta\,\boldsymbol{e}_\theta
\end{aligned} \tag{A.42}$$

が成り立つ．

ベクトル演算子 ∇ は

$$\nabla = \boldsymbol{e}_r\frac{\partial}{\partial r} + \boldsymbol{e}_\theta\frac{1}{r}\frac{\partial}{\partial \theta} + \boldsymbol{e}_\varphi\frac{1}{r\sin\theta}\frac{\partial}{\partial \varphi} = \left(\frac{\partial}{\partial r}, \frac{1}{r}\frac{\partial}{\partial \theta}, \frac{1}{r\sin\theta}\frac{\partial}{\partial \varphi}\right) \tag{A.43}$$

と表される．式 (A.43) を用いて，f の勾配 ∇f は

$$\nabla f = \mathrm{grad}\ f = \boldsymbol{e}_r\frac{\partial f}{\partial r} + \boldsymbol{e}_\theta\frac{1}{r}\frac{\partial f}{\partial \theta} + \boldsymbol{e}_\varphi\frac{1}{r\sin\theta}\frac{\partial f}{\partial \varphi}$$
$$= \left(\frac{\partial f}{\partial r}, \frac{1}{r}\frac{\partial f}{\partial \theta}, \frac{1}{r\sin\theta}\frac{\partial f}{\partial \varphi}\right) \tag{A.44}$$

となる．ベクトル場 $\boldsymbol{A}$ の発散 $\nabla \cdot \boldsymbol{A}$ は

$$\nabla \cdot \boldsymbol{A} = \mathrm{div}\ \boldsymbol{A}$$

$$= \left(\boldsymbol{e}_r \frac{\partial}{\partial r} + \boldsymbol{e}_\theta \frac{1}{r}\frac{\partial}{\partial \theta} + \boldsymbol{e}_\varphi \frac{1}{r\sin\theta}\frac{\partial}{\partial \varphi} \right) \cdot (A_r \boldsymbol{e}_r + A_\theta \boldsymbol{e}_\theta + A_\varphi \boldsymbol{e}_\varphi)$$

$$= (\boldsymbol{e}_r \cdot \boldsymbol{e}_r)\frac{\partial A_r}{\partial r} + (\boldsymbol{e}_\theta \cdot \boldsymbol{e}_\theta)\frac{1}{r}\frac{\partial A_\theta}{\partial \theta} + (\boldsymbol{e}_\varphi \cdot \boldsymbol{e}_\varphi)\frac{1}{r\sin\theta}\frac{\partial A_\varphi}{\partial \varphi}$$

$$+ (\boldsymbol{e}_\theta \cdot \boldsymbol{e}_\theta)\frac{1}{r}A_r + (\boldsymbol{e}_\varphi \cdot \boldsymbol{e}_\varphi)\frac{1}{r\sin\theta}A_r \sin\theta + (\boldsymbol{e}_\varphi \cdot \boldsymbol{e}_\varphi)\frac{1}{r\sin\theta}A_\theta \cos\theta$$

$$= \frac{1}{r^2}\frac{\partial}{\partial r}(r^2 A_r) + \frac{1}{r\sin\theta}\frac{\partial}{\partial \theta}(A_\theta \sin\theta) + \frac{1}{r\sin\theta}\frac{\partial A_\varphi}{\partial \varphi} \tag{A.45}$$

と表される．ここで，$\boldsymbol{e}_r \cdot \boldsymbol{e}_r = 1$，$\boldsymbol{e}_r \cdot \boldsymbol{e}_\theta = \boldsymbol{e}_r \cdot \boldsymbol{e}_\varphi = 0$ などの直交関係を用いた．

ベクトル場 $\boldsymbol{A}$ の回転 $\nabla \times \boldsymbol{A}$ は

$$\nabla \times \boldsymbol{A} = \mathrm{rot}\ \boldsymbol{A}$$

$$= \left(\boldsymbol{e}_r \frac{\partial}{\partial r} + \boldsymbol{e}_\theta \frac{1}{r}\frac{\partial}{\partial \theta} + \boldsymbol{e}_\varphi \frac{1}{r\sin\theta}\frac{\partial}{\partial \varphi} \right) \times (A_r \boldsymbol{e}_r + A_\theta \boldsymbol{e}_\theta + A_\varphi \boldsymbol{e}_\varphi)$$

$$= \boldsymbol{e}_r \left(\frac{1}{r}\frac{\partial A_\varphi}{\partial \theta} - \frac{1}{r\sin\theta}\frac{\partial A_\theta}{\partial \varphi} + \frac{A_\varphi \cos\theta}{r\sin\theta} \right)$$

$$+ \boldsymbol{e}_\theta \left[\frac{1}{r\sin\theta}\frac{\partial A_r}{\partial \varphi} - \frac{1}{r}\frac{\partial (rA_\varphi)}{\partial r} \right] + \boldsymbol{e}_\varphi \left[\frac{1}{r}\frac{\partial (rA_\theta)}{\partial r} - \frac{1}{r}\frac{\partial A_r}{\partial \theta} \right]$$

$$= \left(\frac{1}{r}\frac{\partial A_\varphi}{\partial \theta} - \frac{1}{r\sin\theta}\frac{\partial A_\theta}{\partial \varphi} + \frac{A_\varphi \cos\theta}{r\sin\theta},\ \frac{1}{r\sin\theta}\frac{\partial A_r}{\partial \varphi} - \frac{1}{r}\frac{\partial (rA_\varphi)}{\partial r}, \right.$$

$$\left. \frac{1}{r}\frac{\partial (rA_\theta)}{\partial r} - \frac{1}{r}\frac{\partial A_r}{\partial \theta} \right) \tag{A.46}$$

となる．ここで，$\boldsymbol{e}_r \times \boldsymbol{e}_r = 0$, $\boldsymbol{e}_r \times \boldsymbol{e}_\theta = \boldsymbol{e}_\varphi$, $\boldsymbol{e}_r \times \boldsymbol{e}_\varphi = -\boldsymbol{e}_\theta$ などを用いた．ラプラシアン $\triangle = \nabla \cdot \nabla$ はつぎのように表される．

$$\triangle = \left(\boldsymbol{e}_r \frac{\partial}{\partial r} + \boldsymbol{e}_\theta \frac{1}{r}\frac{\partial}{\partial \theta} + \boldsymbol{e}_\varphi \frac{1}{r\sin\theta}\frac{\partial}{\partial \varphi} \right) \cdot \left(\boldsymbol{e}_r \frac{\partial}{\partial r} + \boldsymbol{e}_\theta \frac{1}{r}\frac{\partial}{\partial \theta} + \boldsymbol{e}_\varphi \frac{1}{r\sin\theta}\frac{\partial}{\partial \varphi} \right)$$

$$= \frac{1}{r^2}\frac{\partial}{\partial r}\left(r^2 \frac{\partial}{\partial r} \right) + \frac{1}{r^2 \sin\theta}\frac{\partial}{\partial \theta}\left(\sin\theta \frac{\partial}{\partial \theta} \right) + \frac{1}{r^2 \sin^2\theta}\frac{\partial^2}{\partial \varphi^2} \tag{A.47}$$

●A.5.2●球座標系での連続の式とナビエ・ストークス方程式

球座標系 (r, θ, φ) における速度ベクトル $\boldsymbol{u}$ の速度成分を $(u_r, u_\theta, u_\varphi)$ と表すと，非圧縮性流れの連続の式は

$$\frac{1}{r^2}\frac{\partial}{\partial r}(r^2 u_r) + \frac{1}{r\sin\theta}\frac{\partial}{\partial \theta}(\sin\theta\, u_\theta) + \frac{1}{r\sin\theta}\frac{\partial u_\varphi}{\partial \varphi} = 0 \tag{A.48}$$

となる．ひずみ速度テンソルの各成分は

$$
\begin{aligned}
&e_{rr} = \frac{\partial u_r}{\partial r}, \quad e_{\theta\theta} = \frac{1}{r}\frac{\partial u_\theta}{\partial \theta} + \frac{u_r}{r}, \quad e_{\varphi\varphi} = \frac{1}{r\sin\theta}\frac{\partial u_\varphi}{\partial \varphi} + \frac{u_r}{r} + \frac{u_\theta \cot\theta}{r}, \\
&e_{r\theta} = e_{\theta r} = \frac{1}{2}\left[r\frac{\partial}{\partial r}\left(\frac{u_\theta}{r}\right) + \frac{1}{r}\frac{\partial u_r}{\partial \theta}\right], \\
&e_{\theta\varphi} = e_{\varphi\theta} = \frac{1}{2}\left[\frac{\sin\theta}{r}\frac{\partial}{\partial \theta}\left(\frac{u_\varphi}{\sin\theta}\right) + \frac{1}{r\sin\theta}\frac{\partial u_\theta}{\partial \varphi}\right], \\
&e_{\varphi r} = e_{r\varphi} = \frac{1}{2}\left[\frac{1}{r\sin\theta}\frac{\partial u_r}{\partial \varphi} + r\frac{\partial}{\partial r}\left(\frac{u_\varphi}{r}\right)\right]
\end{aligned}
\tag{A.49}
$$

と表される．非圧縮性流れでは，粘性応力テンソル σ_{ij} とひずみ速度テンソル e_{ij} とは $\sigma_{ij} = 2\mu e_{ij}$ の関係がある．

ナビエ・ストークス方程式および渦度は，それぞれ以下のように表せる．

$$
\begin{aligned}
&\frac{\partial u_r}{\partial t} + u_r\frac{\partial u_r}{\partial r} + \frac{u_\theta}{r}\frac{\partial u_r}{\partial \theta} + \frac{u_\varphi}{r\sin\theta}\frac{\partial u_r}{\partial \varphi} - \frac{u_\theta^2 + u_\varphi^2}{r} \\
&\quad = -\frac{1}{\rho}\frac{\partial p}{\partial r} + \nu\left(\triangle u_r - \frac{2u_r}{r^2} - \frac{2}{r^2}\frac{\partial u_\theta}{\partial \theta} - \frac{2u_\theta\cot\theta}{r^2} - \frac{2}{r^2\sin\theta}\frac{\partial u_\varphi}{\partial \varphi}\right)
\end{aligned}
\tag{A.50}
$$

$$
\begin{aligned}
&\frac{\partial u_\theta}{\partial t} + u_r\frac{\partial u_\theta}{\partial r} + \frac{u_\theta}{r}\frac{\partial u_\theta}{\partial \theta} + \frac{u_\varphi}{r\sin\theta}\frac{\partial u_\theta}{\partial \varphi} + \frac{u_r u_\theta}{r} - \frac{u_\varphi^2\cot\theta}{r} \\
&\quad = -\frac{1}{\rho r}\frac{\partial p}{\partial \theta} + \nu\left(\triangle u_\theta - \frac{u_\theta}{r^2\sin^2\theta} - \frac{2\cos\theta}{r^2\sin^2\theta}\frac{\partial u_\varphi}{\partial \varphi} + \frac{2}{r^2}\frac{\partial u_r}{\partial \theta}\right)
\end{aligned}
\tag{A.51}
$$

$$
\begin{aligned}
&\frac{\partial u_\varphi}{\partial t} + u_r\frac{\partial u_\varphi}{\partial r} + \frac{u_\theta}{r}\frac{\partial u_\varphi}{\partial \theta} + \frac{u_\varphi}{r\sin\theta}\frac{\partial u_\varphi}{\partial \varphi} + \frac{u_\varphi u_r}{r} + \frac{u_\theta u_\varphi\cot\theta}{r} \\
&\quad = -\frac{1}{\rho r\sin\theta}\frac{\partial p}{\partial \varphi} + \nu\left(\triangle u_\varphi - \frac{u_\varphi}{r^2\sin^2\theta} + \frac{2}{r^2\sin\theta}\frac{\partial u_r}{\partial \varphi} + \frac{2\cos\theta}{r^2\sin^2\theta}\frac{\partial u_\theta}{\partial \varphi}\right)
\end{aligned}
\tag{A.52}
$$

$$
\triangle = \frac{1}{r^2}\frac{\partial}{\partial r}\left(r^2\frac{\partial}{\partial r}\right) + \frac{1}{r^2\sin\theta}\frac{\partial}{\partial \theta}\left(\sin\theta\frac{\partial}{\partial \theta}\right) + \frac{1}{r^2\sin^2\theta}\frac{\partial^2}{\partial \varphi^2}
$$

$$
\begin{aligned}
&\omega_r = \frac{1}{r\sin\theta}\left[\frac{\partial}{\partial \theta}(u_\varphi\sin\theta) - \frac{\partial u_\theta}{\partial \varphi}\right], \\
&\omega_\theta = \frac{1}{r\sin\theta}\frac{\partial u_r}{\partial \varphi} - \frac{1}{r}\frac{\partial}{\partial r}(r u_\varphi), \quad \omega_\varphi = \frac{1}{r}\frac{\partial}{\partial r}(r u_\theta) - \frac{1}{r}\frac{\partial u_r}{\partial \theta}
\end{aligned}
\tag{A.53}
$$

問・演習問題の略解

●1章●

問 1.1 $Kn = 3.06 \times 10^{-6}$．連続体近似が可能．

問 1.2 1 N の力が，その力の方向に物体を 1 m 動かすときの仕事．$[\mathrm{J}] = \mathrm{ML^2T^{-2}}$．

問 1.3 400 N.

問 1.4 1080 kg·m²/s.

問 1.5 式 (1.14) より，$h = 7.43 \times 10^{-3}$ m.

演習問題 1

1.1 p, V の次元は $[p] = \mathrm{ML^{-1}T^{-2}}$，$[V] = \mathrm{L^3}$ であるから，pV の次元は $[pV] = \mathrm{ML^2T^{-2}}$ となる．

1.2 移動面の面積を $S[\mathrm{m^2}]$，面の移動速度を $U[\mathrm{m/s}]$，2 面間の距離を $d[\mathrm{m}]$ とすると，面を動かすのに必要な力 $F[\mathrm{N}]$ は $F = S\mu(U/d) = 1\,\mathrm{N}$ となる．仕事率は $FU = 1\,\mathrm{J/S}$ となる．

1.3 気体：気体分子の熱運動による運動量交換，液体：液体分子間力．

1.4 T を表面張力，ρ を水の密度，g を重力加速度とすると，このときの接触角はほぼ $0°$ なので，仕事 $= 2\pi rT \times h = 4\pi T^2/\rho g = 6.77 \times 10^{-6}\,\mathrm{J}$ となる．

1.5 立方体：$d = V^{1/3}$，$S = 6d^2$，$U = 6V^{2/3}T$，球：$R = [3V/(4\pi)]^{1/3}$，$S = 4\pi R^2 = 3^{2/3}(4\pi)^{1/3}V^{2/3}$，$U = 3^{2/3}(4\pi)^{1/3}V^{2/3}T = 4.84V^{2/3}T$．よって，球のほうが小さなポテンシャルエネルギーをもつ．

1.6 $R = PV/(nT) = 8.31\,\mathrm{J/(mol{\cdot}K)}$.

1.7 $pV^\gamma = p'(V/2)^\gamma$，$\gamma = 1.4$，$p' = 2.64p$．$pV = nRT$，$p'V/2 = nRT'$，$T' = 2^{\gamma-1} = 1.32T$．気体の内部エネルギーと圧力エネルギーになった．

1.8 水：$c = \sqrt{K/\rho} = \sqrt{2\times10^9/1000} = 1414\,\mathrm{m/s}$．空気：$c = \sqrt{\gamma p/\rho} = \sqrt{1.4\times10^5/1.2} = 341.6\,\mathrm{m/s}$.

●2章●

問 2.1 力 $F = (p - p_0)\pi r_2^2$.

問 2.2 仕事 $\Delta W = p_1V_1\log(V_1/V_2)$，熱量 $\Delta Q = -\Delta W$，内部エネルギーの増加 $\Delta U = 0$．$\Delta Q = \Delta U - \Delta W$.

問 2.3 $T = 217.0\,\mathrm{K}$，$\rho = 0.399\,\mathrm{kg/m^3}$，$p = 2.31 \times 10^4\,\mathrm{Pa}$.

演習問題 2

2.1 図 2.2 で三角柱状の静止流体にはたらく力の z 方向成分のつり合いを考える．$S\sin\alpha = S_z$ を用いると，面 S にはたらく圧力 p は面 S_z にはたらく圧力 p_z に等しいことが示せる．p_x，p_y も同様に p に等しい．標準気圧は 1.013×10^5 Pa.

2.2 $p = p_0 + \rho g h = 1.013 \times 10^5 + 1.03 \times 10^3 \times 9.8 \times 1000 = 1.02 \times 10^7\,\mathrm{Pa} \sim 100\,\mathrm{atm}$.

2.3 $p/\rho = p_0/\rho_0 = 7.823 \times 10^4\,\mathrm{m/s^2}$ であり，$dp/dz = -p\rho_0 g/p_0$ を解いて，$p = p_0 e^{-\rho_0 g z/p_0} = 8.94 \times 10^4$ Pa.

2.4 式 (2.21) より 8.93×10^4 Pa.

2.5 $f = \rho V g = 998.2 \times 4/3 \times \pi \times 0.1^3 \times 9.8 = 40.98$ N.

2.6 $f = (\rho_a - \rho_h)Vg = (1.2 - 0.18) \times 4/3 \times \pi \times 3^3 \times 9.8 = 1.13 \times 10^3$ N.

2.7 $dz/dr = r\Omega^2/g$ から $z - z_0 = r^2\Omega^2/(2g)$ であり，$\Omega = \sqrt{2g(z-z_0)/r^2} = \sqrt{2 \times 9.8 \times 0.1/0.5^2} = 2.8$ rad/s.

●3 章●

問 3.1 $U = \mu Re/\rho D = 2.60 \times 10^{-1}$ m/s.

問 3.2 $v = \sqrt{2(p_1 - p_0)/\rho} = 42.7\,\mathrm{m/s}$，$Q = 1.71 \times 10^{-4}\,\mathrm{m^3/s}$.

問 3.3 $v = 3.15\,\mathrm{m/s}$, $Q = 1.58 \times 10^{-2}\,\mathrm{m^3/s}$.

演習問題 3

3.1 流線：流体中に浮遊し流れと共に移動する粒子の軌跡を短い線として写るように少し長いシャッター速度で撮影する．流脈線：ある点から煙や染料を出し続けその軌跡を短いシャッター速度で撮影する．流跡線：1 個あるいは数個の粒子が流れと共に移動するときの軌跡を長いシャッター速度で撮影する.

3.2 $Re = 1 \times 10^{-1}/(1 \times 10^{-6}) = 10^5 > 13000$ より乱流とみなす.

3.3 $u = 2\cos t$, $v = 2\sin t$．これから流体粒子の位置 (x, y) は $x = x_0 + \sin(t - t_0)$, $y = y_0 - \cos(t - t_0)$ となる．$t = 0$ での流線は x 軸に平行な直線すべて．流跡線は $(0, 2)$ を中心とする半径 2 の円．流脈線は $(x - 2\sin t)^2 + (y + 2\cos t)^2 = 4$ より，$(0, -2)$ を中心とする半径 2 の円.

3.4 180 m/s.

3.5 密度一定の場合の連続の式 (3.10) とベルヌーイの式 (3.17) より，$v_1 = 0.244\,\mathrm{m/s}$, $v_2 = 2.44\,\mathrm{m/s}$.

3.6 式 (3.34) より $v = c_v\sqrt{2gH} = 0.828$ m/s.

3.7 式 (3.60) より $t = (\pi R_1^2/S)\sqrt{2/g}(H_0^{1/2} - H_1^{1/2}) = 78.5$ s.

3.8 式 (3.66) より $Q = (8/15)cH^{5/2}\sqrt{2g}\tan(\theta/2) = 4.22 \times 10^{-2}\,\mathrm{m^3/s}$.

3.9 式 (3.80) より $F = \rho b w v_0^2 \sin\theta = 25\,\mathrm{kg \cdot m/s^2}$．流量の比は $(1 + \cos\theta) : (1 - \cos\theta) = (2 + \sqrt{3}) : (2 - \sqrt{3}) = 1 : 0.072$.

●4 章●

問 4.1 $\dfrac{\partial w}{\partial z} = -(\alpha + \beta)$，$w = -(\alpha + \beta)z + w_0$.

問 4.2 $\dfrac{\partial\rho}{\partial t}+\left(u_r\dfrac{\partial\rho}{\partial r}+\dfrac{u_\theta}{r}\dfrac{\partial\rho}{\partial\theta}+u_z\dfrac{\partial\rho}{\partial z}\right)+\rho\left(\dfrac{1}{r}\dfrac{\partial(ru_r)}{\partial r}+\dfrac{1}{r}\dfrac{\partial u_\theta}{\partial\theta}+\dfrac{\partial u_z}{\partial z}\right)=0.$

問 4.3 $\nabla\cdot\boldsymbol{u}=\alpha+\beta$, $D_{E,ij}=0$, $\nabla\times\boldsymbol{u}=(0,0,2\Omega)$.

問 4.4 $U=Re\,\nu/d=0.06\,\mathrm{m/s}$, $\Delta p=\Delta p_*\rho U^2=2.41\,\mathrm{Pa}$.

演習問題 4

4.1 時刻 t_0 での密度分布を $\rho(x,y,z,t_0)=f(x,y,z)$ とすると，t での密度分布は $\rho(x,y,z,t)=f(x-u_1(t-t_0),\,y-v_1(t-t_0),\,z-w_1(t-t_0))$.

4.2 非圧縮性により式 (A.36) が成り立つので，$u_z=-\dfrac{b}{r}\left(z-\dfrac{4z^3}{3h^2}\right)$.

4.3 変形速度テンソルの $(1,2)$ 成分 $\partial u_1/\partial x_2$ $(=\partial u_x/\partial y)$ のみが有限の値をもちうる.

4.4 変形速度テンソルの $(2,1)$ 成分 $\partial u_\theta/\partial r$ のみが有限の値をもちうる.

4.5 付録の式 (A.38)〜(A.40) で，粘性項の ν を Re^{-1} で置き換えた式になる.

4.6 $u_\theta=\dfrac{r_1^2r_2^2(\Omega_1-\Omega_2)}{(r_2^2-r_1^2)r}+\dfrac{(r_2^2\Omega_2-r_1^2\Omega_1)r}{r_2^2-r_1^2}$, $N_1=-N_2=4\pi\mu\dfrac{r_1^2r_2^2(\Omega_1-\Omega_2)}{r_2^2-r_1^2}$.

4.7 回転系では仮想的なコリオリ力がはたらくため，$\boldsymbol{k}$ を回転軸方向の単位ベクトルとして，$\dfrac{\partial\boldsymbol{u}}{\partial t}+(\boldsymbol{u}\cdot\nabla)\boldsymbol{u}+2\Omega\boldsymbol{k}\times\boldsymbol{u}=-\dfrac{1}{\rho}\nabla p+\nu\triangle\boldsymbol{u}$. なお，遠心力は圧力に含めてある.

4.8 $C_D=\dfrac{D}{\rho dlU^2}$.

4.9 $\dfrac{\partial\boldsymbol{u}_*}{\partial t_*}+Re(\boldsymbol{u}_*\cdot\nabla_*)\boldsymbol{u}_*=-\nabla_*p_*+\triangle_*\boldsymbol{u}_*$, $p_*=\dfrac{p}{\rho U^2Re}$.

●5章●

問 5.1 $u=-\dfrac{a}{\mu^2}(\mu\log\mu-\mu_0\log\mu_0-\mu+\mu_0)$.

問 5.2 $u_\infty(y)=U_0y/d$, $\widetilde{u}(y,t)$ は y について反対称.

$$u(y,t)=U_0\frac{y}{d}+\sum_{k=1}^{\infty}\frac{2U_0}{n\pi}(-1)^n\sin\left(\frac{n\pi}{d}y\right)\exp\left(-\frac{n^2\pi^2}{d^2}t\right).$$

問 5.3 $u_z(r)=\dfrac{a}{4\mu}\left[r_1^2-r^2+\dfrac{r_2^2-r_1^2}{\log r_2-\log r_1}(\log r-\log r_1)\right]$,

$$Q=\frac{\pi a}{8\mu}\left[r_2^4-r_1^4-\frac{(r_2^2-r_1^2)^2}{\log r_2-\log r_1}\right].$$

問 5.4 $4.0\times10^3\,\mathrm{Pa}$.

演習問題 5

5.1 $\dfrac{\partial p}{\partial x}=\dfrac{3\mu}{2d^3}\left(\dfrac{Q}{w}-Ud\right)$, $u=\dfrac{U}{2}\left(1-\dfrac{y}{d}\right)-\dfrac{3}{4d}\left(\dfrac{Q}{w}-Ud\right)\left(1-\dfrac{y^2}{d^2}\right)$.

5.2 $\dfrac{3}{5}\dfrac{\rho Q^2}{dw}$.

5.3　式 (5.16) を考慮すると，$Re = \dfrac{\rho d^3}{3\mu^2}\left|\dfrac{dp}{dx}\right|$.

5.4　$\mu = \dfrac{\pi d^4 \rho g}{128Q}\left(1 + \dfrac{h}{l}\right)$.

5.5　式 (5.48) を考慮すると，$Re = \dfrac{\rho d^3}{32\mu^2}\left|\dfrac{dp}{dz}\right|$.

●6章●

問 6.1　$p = p_0 - 2\rho(a^2x^2 + b^2y^2)$.

問 6.2　ϕ_1 の単位法線ベクトルは $\nabla\phi_1/|\nabla\phi_1|$，$\psi_1$ の単位法線ベクトルは $\nabla\psi_1/|\nabla\psi_1|$ となり，$\nabla\phi_1 \cdot \nabla\psi_1 = (u, v)\cdot(-v, u) = 0$ より ϕ_1 と ψ_1 直交する.

問 6.3　$W = \dfrac{i\Gamma}{2\pi}\log(z - ih) - \dfrac{i\Gamma}{2\pi}\log(z + ih)$.

問 6.4　$W = Az^{3/5}$，$q = \infty$.

問 6.5　$\Gamma = 1.97\,\mathrm{m^2/s}$，$L = 73.9\,\mathrm{N}$.

演習問題 6

6.1　(1) $u = U$，$v = V$，$w = W$.　(2) $v_r = m/r^2$，$v_\theta = v_z = 0$.

6.2　$u = -my/(x^2 + y^2)$，$v = mx/(x^2 + y^2)$ より，$\boldsymbol{\omega} = 0$（渦なし）. 循環は $\Gamma = 2\pi m$.

6.3　ベルヌーイの式 (3.24) で v^2 を $u^2 + v^2$ に置き換えて，$p = p_a + \rho m^2(1/a^2 - 1/r^2)/2$.

6.4　$W = Uz + m\log z$，よどみ点は $z = -m/U$，流線の式は $\mathrm{Im}[W] = \psi =$ 定数で表され，とくによどみ点 $(-m/U, 0)$ を通る流線は，$r = m(\pi - \theta)/(U\sin\theta)$.

6.5　$W = \dfrac{i\Gamma}{2\pi}[\log(z + ih) - \log(z - ih)]$. x 軸上の流速は $u = \dfrac{\Gamma h}{\pi(x^2 + h^2)}$，$v = 0$

6.6　循環は $\Gamma = 3.925 \times 10^{-3}\,\mathrm{m^2/s}$. 揚力は，式 (6.34) と円柱の長さ（奥行き幅）が 2 m であることより，$L = 2\rho U\Gamma = 9.4 \times 10^{-2}\,\mathrm{N}$.

6.7　$\xi^2/(R - a^2/R)^2 + \eta^2/(R + a^2/R)^2 = 1$ で表される $(0, \pm 2a)$ を焦点とする楕円に移される. よどみ点の圧力は $p = p_\infty + \rho U^2/2$. 平板両端の流速は $q = \infty$.

●7章●

問 7.1　渦度が 0 なので，流体粒子の局所的な回転は存在しない. したがって，十字麦わらは回転しない.

問 7.2　$\omega_\theta = \partial u_r/\partial z - \partial u_z/\partial r = \alpha r$.

問 7.3　電流がつくる磁場との類推で考えることができる. 電流が流れる方向に右ねじが進む方向を考えると z 軸上で誘導される磁場は z 軸の正の向きである. もちろん，式 (5.26) より，明らかに誘導速度は z の正方向となる. また，渦フィラメントの微小部分にはたらくほかの部分からの誘導速度は明らかに z の正方向であるため，渦フィラメントは z の正方向へ移動する. ただし，厳密な計算は容易ではない.

問 7.4　二つの渦糸は，点 $(2a/3, 0)$ を中心にして，角速度 $3\Gamma/(8\pi a^2)$ で反時計回りに回転する．

問 7.5　$\omega_z(y) = -\dfrac{U_1 - U_2}{2\delta}\mathrm{sech}^2\dfrac{y}{\delta}$ となる．$\delta \to 0$ の極限において，$y \neq 0$ で $\omega_z(y) = 0$，$y = 0$ で $\omega_z(y) = -\infty$ となる．

演習問題 7

7.1　極座標表示で $r\sin 2\theta = a$，$a^2 = 4x_0^2y_0^2/(x_0^2 + y_0^2)$，デカルト座標で $1/x^2 + 1/y^2 = 1/x_0^2 + 1/y_0^2$ と表される曲線上を，点 (x_0, y_0) を始点として，$(x, y) \to (\infty, a/2)$ に近づく．

7.2　原点 $(0, 0)$ を中心に，互いの相対位置を保ちながら反時計回りに一定角速度 $\varGamma/(2\pi a^2)$ で回転する．

7.3　$x_1 = a^2/x_0$．一定角速度 $\varGamma a^2/[2\pi x_0^2(x_0^2 - a^2)]$ で，時計回りに回転する．

7.4　ρ を流体の密度とし，$\varOmega$ をランキン渦の強制渦部分の角速度とすると，$0 \leq r < a$ で $p = \rho\varOmega^2 r^2/2 - \rho\varOmega^2 a^2 + p_0$，$a \leq r < \infty$ で $p = -\rho\varOmega^2 a^4/(2r^2) + p_0$．

7.5　$P + U$ を改めて一般化圧力 P_g とおけば，本文とまったく同様の議論が成立する．

7.6　$u_\theta = r^{-1}\partial\phi/\partial\theta$ より，ϕ_0 を定数として，$\phi = C\theta + \phi_0$．

●8 章●

演習問題 8

8.1　$f(\eta) = \dfrac{\alpha}{2!}\eta^2 - \dfrac{\alpha^2}{2}\dfrac{\eta^5}{5!}$.

8.2　$\dfrac{\partial^3 g(\eta)}{\partial\eta^3} + \dfrac{1}{2}(\eta - \beta)\dfrac{\partial^2 g(\eta)}{\partial\eta^2} = 0$ の解は，条件 $g(\infty) = 0$ より

$$g(\eta) = C\int_\infty^\eta d\eta' \int_\infty^{\eta'} \exp\left[-\frac{1}{4}(\eta'' - \beta)^2\right] d\eta''$$ となる．ここで，C は未定定数．

8.3　$\delta_{99} = 0.99\delta$，$\delta^* = \delta/2$，$\delta_M = \delta/6$.

8.4　$u = \dfrac{G}{2\rho\varOmega}\left(1 - e^{-\sqrt{\varOmega/\nu}z}\cos\sqrt{\dfrac{\varOmega}{\nu}}z\right)$，$v = \dfrac{G}{2\rho\varOmega}e^{-\sqrt{\varOmega/\nu}z}\sin\sqrt{\dfrac{\varOmega}{\nu}}z$.

●9 章●

問 9.1　式 (9.1) の左辺は，U^2/r 程度の大きさ，右辺粘性項は $U^2/r \times a/rRe^{-1}$ となる．したがって，$r \to \infty$ の場合，いくら Re が小さくても左辺を右辺と比べて無視することができなくなる．

問 9.2　式 (9.18) の右辺第 1 項は $\nabla^2(r\log r\sin\theta) = 2r^{-1}\sin\theta$，第 2 項は $\nabla^2(r\sin\theta) = 0$，第 3 項は $\nabla^2(r^{-1}\sin\theta) = 0$ となることにより導かれる．

問 9.3　$r = a$ で $\boldsymbol{u}_\varPhi = 0$ より，$\partial\varPhi/\partial\theta = 0$．$\varPhi$ は ϕ に依存しないため，球面上 $r = a$ で一定となる．

問 9.4　式 (9.45) の両辺の回転をとると，$0 = \mu\nabla^2(\nabla \times \boldsymbol{u}) = \mu\nabla^2\tilde{\boldsymbol{u}}$ となる．これは圧力

p が一定であるときのストークス方程式である．

演習問題 9

9.1　(1) 小球は浮力とストークスの抵抗を受けるので，$\rho V \dfrac{d^2 Z}{dt^2} = -V(\rho - \rho_0)g - 6\pi a\mu \dfrac{dZ}{dt}$．ここで，$V = 4\pi a^3/3$．

(2) (1) で左辺を 0 とすると，終端速度の大きさは $\dfrac{2(\rho - \rho_0)ga^2}{9\mu}$．

(3) $Z(t)$ の微分方程式を $U(t) = -\dfrac{dZ(t)}{dt}$ とおいて解くことにより，必要な時間は $\dfrac{4a^2\rho}{9\mu}\ln 10$ と求められる．

9.2　(1) マイクロバブル：4.41 cm/min．ナノバブル：0.265 mm/h．

(2) マイクロバブル：0.345 ms．ナノバブル：0.0345 ns．

9.3　(1) $u = U\left(1 - \dfrac{y}{h}\right) - \dfrac{h^2}{2\mu}\dfrac{dp}{dx}\dfrac{y}{h}\left(1 - \dfrac{y}{h}\right)$．

(2) $\dfrac{dp}{dx} = 12\mu\left(\dfrac{U}{2h^2} - \dfrac{Q}{h^3}\right)$．

(3) $Q = \dfrac{U}{2}\left(\displaystyle\int_0^l \dfrac{dx}{h^2}\right)\left(\displaystyle\int_0^l \dfrac{dx}{h^3}\right)^{-1}$．

●10 章●

演習問題 10

10.1　円柱の直径を d，一様流速を U とし，$Re = Ud/\nu$ と定義する．$Re = 3.0 \times 10^{-4}$ より，$St \approx 0.2$．したがって，発生振動数 $f = 44.4$ Hz．

10.2　球の直径を d, ゴルフボールの速度を U とし, $Re = Ud/\nu$ と定義する．$Re = 2.0 \times 10^5$ より，$C_D \approx 0.5$．したがって，約 60% の低減．

10.3　翼まわりの束縛渦はなくなり，出発渦と同じ大きさで時計回りの停止渦が翼後縁から下方にかけて形成される．

参考文献

[1] 今井功 著，物理学テキストシリーズ 9「流体力学」，岩波書店，1993 年
[2] 谷一郎 著，岩波全書「流れ学（第 3 版）」，岩波書店，1967 年
[3] 巽友正 著，新物理学シリーズ 21「流体力学」，培風館，1982 年
[4] 巽友正 著，岩波基礎物理シリーズ 2「連続体の力学」，岩波書店，1995 年
[5] 種子田定俊 著，「画像から学ぶ流体力学」，朝倉書店，1988 年
[6] 日野幹雄 著，「流体力学」，朝倉書店，1992 年
[7] 日本流体力学会 編，「流体力学ハンドブック（第 2 版）」，丸善，1998 年
[8] 水島二郎・藤村薫 著，流体力学シリーズ 5「流れの安定性」，朝倉書店，2003 年
[9] 木田重雄・柳瀬眞一郎 著，「乱流力学」，朝倉書店，1999 年
[10] 中村育雄 著，「乱流現象」，朝倉書店，1992 年
[11] 日本流体力学会 編，流体力学シリーズ 4「流れの可視化」，朝倉書店，1996 年
[12] 日本機械学会 編，「写真集 流れ」，丸善，1984 年
[13] 杉山弘・松村昌典・河合秀樹・風間俊治 編著，「明解入門 流体力学」，森北出版，2012 年
[14] 堀内龍太郎・水島二郎・柳瀬眞一郎・山本恭二 著，「理工学のための応用解析学 I，II，III」，朝倉書店，2001 年
[15] 水島二郎・柳瀬眞一郎 著，「理工学のための数値計算法（第 2 版）」，サイエンス社，2009 年
[16] G. K. Batchelor: An Introduction to Fluid Dynamics, Cambridge Univ. Press, 1967
[17] D. J. Tritton: Physical Fluid Dynamics (Second edition), Oxford Sci. Pub., 1988
[18] D. J. Acheson: Elementary Fluid Dynamics, Oxford Univ. Press, 1990
[19] M. Van Dyke: An Album of Fluid Motion, The Parabolic Press, 1982
[20] M. Samimy, K. S. Breuer, L. G. Leal, P. H. Steen: A Gallery of Fluid Motion, Cambridge Univ. Press, 1982

索　引

著 者 略 歴
水島　二郎（みずしま・じろう）
1976 年　京都大学大学院理学研究科博士（後期）課程 修了
1990 年　同志社大学工学部（現 理工学部）機械工学科（現 機械システム工学科）教授
現在に至る．理学博士

柳瀬　眞一郎（やなせ・しんいちろう）
1980 年　京都大学大学院理学研究科博士後期課程 修了
2007 年　岡山大学大学院自然科学研究科 教授
現在に至る．理学博士

百武　徹（ひゃくたけ・とおる）
2001 年　九州大学大学院工学研究科航空宇宙工学専攻 修了
2009 年　横浜国立大学大学院工学研究院システムの創生部門 准教授
現在に至る．博士（工学）

編集担当　村瀬健太(森北出版)
編集責任　上村紗帆・富井　晃(森北出版)
組　　版　ウルス
印　　刷　創栄図書印刷
製　　本　　同

流体力学

2017 年 9 月 29 日　第 1 版第 1 刷発行

著　　者　水島二郎・柳瀬眞一郎・百武徹
発 行 者　森北博巳
発 行 所　森北出版株式会社
東京都千代田区富士見 1–4–11（〒102–0071）
電話 03–3265–8341 ／ FAX 03–3264–8709
http://www.morikita.co.jp/
日本書籍出版協会・自然科学書協会　会員
JCOPY ＜(社)出版者著作権管理機構 委託出版物＞
落丁・乱丁本はお取替えいたします．

Printed in Japan／ISBN978–4–627–67571–1